职业教育
数字媒体应用人才培养系列教材

Animate 动画设计与制作

实例教程

王德永／主编　蔡丽霞 梁俊娟 常新峰 陶琳 刘雨瞳／副主编

U0234225

人民邮电出版社

北　京

图书在版编目（CIP）数据

Animate动画设计与制作实例教程：Animate CC 2019 / 王德永主编. -- 北京：人民邮电出版社，2022.5（2023.8重印）
职业教育数字媒体应用人才培养系列教材
ISBN 978-7-115-57657-6

Ⅰ．①A… Ⅱ．①王… Ⅲ．①动画制作软件－职业教育－教材 Ⅳ．①TP391.414

中国版本图书馆CIP数据核字(2021)第208787号

内 容 提 要

本书以培养学生的职业能力为核心，落实 OBE 教学理念，突出以学生为中心，强调学习结果的能力输出，以工作实践为主线，采用项目导向、任务驱动的教学模式，针对动画设计师岗位优化课程内容。Animate 是功能强大的交互式动画制作软件之一。本书对 Animate CC 2019 的基本操作方法、绘图和编辑工具的使用、各类型动画的设计方法，以及如何将动作脚本应用在复杂动画和交互动画设计中，进行了详细的介绍。

全书共 9 个项目，全面介绍 VI 标识、电子贺卡、电子相册、广告、MTV、电子阅读物、动画片、游戏和网站的制作方法，涵盖 Animate 绘图，Animate 动画，元件、实例和库，骨骼动画、滤镜和混合模式，位图、声音和视频素材，Animate 文本，代码片段和模板，ActionScript 3.0 基础，交互式动画的制作等 Animate 软件知识。复杂度逐步提高的案例，让学生循序渐进地掌握软件的使用方法与技巧；取自商业真实项目的实训任务，可培养学生的实际项目开发能力。

本书适合作为高等职业院校数字媒体专业动画设计与制作课程的教材，也可供相关人员自学参考。

◆ 主　　编　王德永
　　副 主 编　蔡丽霞　梁俊娟　常新峰　陶　琳　刘雨瞳
　　责任编辑　王亚娜
　　责任印制　王　郁　焦志炜

◆ 人民邮电出版社出版发行　　北京市丰台区成寿寺路 11 号
　　邮编　100164　电子邮件　315@ptpress.com.cn
　　网址　https://www.ptpress.com.cn
　　山东百润本色印刷有限公司印刷

◆ 开本：787×1092　1/16
　　印张：17.25　　　　　　　　　　　2022 年 5 月第 1 版
　　字数：465 千字　　　　　　　　　2023 年 8 月山东第 3 次印刷

定价：59.80 元

读者服务热线：(010)81055256　印装质量热线：(010)81055316
反盗版热线：(010)81055315
广告经营许可证：京东市监广登字 20170147 号

前　言　PREFACE

Animate 是 Adobe 公司推出的一款矢量动画制作和多媒体设计软件，它功能强大、易学易用，广泛应用于各种动画设计与制作领域。目前，我国很多高等职业院校的数字媒体类专业，都将"Animate 动画设计与制作"作为一门重要的专业课程。为了使教师能够比较全面、系统地讲授这门课程，使学生能够熟练地使用 Animate 进行动画制作和多媒体软件设计，也为了巩固国家高职示范院校和双高校成果，并将成果推广应用到更多的课程和院校，我们几位长期从事 Animate 教学的教师联合专业动画设计公司经验丰富的设计师，共同编写了本书。

本书全面贯彻党的二十大精神，以社会主义核心价值观为引领，传承中华优秀传统文化，坚定文化自信，使内容更好地体现时代性、把握规律性、富于创造性。为了培养学生的动手能力，增加学生的项目制作经验，同时熟悉软件基础知识，本书采用任务驱动的方式编写。每个项目首先都是知识准备，然后进行效果展示和分析，再进行任务实施，最后通过实训任务进行任务考核。每个项目都包括 4 个任务，两个用于课堂讲解（一个详讲、一个略讲），一个用于学生课堂实训，一个用于学生课外拓展练习。4 个任务体现了从简单到复杂、从认知到实践的学习过程。全书选用了多个企业真实实例，让学生真正实现技能提升。

为方便教师组织教学活动，本书打造了配套的精品课程网站，并提供课程标准、授课计划、PPT 课件、微课视频、电子教案、案例效果、范例源文件及各种素材等丰富的教学资源。任课教师可到人邮教育社区（www.ryjiaoyu.com）免费下载教学资源。

本书的参考学时为 78 学时，其中理论课为 24 学时，实践课为 54 学时。建议全部在实训室采用理论实践一体化形式授课，各章的参考学时参见下面的学时分配表。

项目号	课程内容	学时分配	
		理论课	实践课
项目一	制作 VI 标识	2	4
项目二	制作电子贺卡	4	4
项目三	制作电子相册	2	2
项目四	制作广告	2	6
项目五	制作 MTV	2	6
项目六	制作电子阅读物	2	8
项目七	制作动画片	4	8
项目八	制作游戏	2	8
项目九	制作网站	4	8
学时总计		24	54

本书由王德永主编，蔡丽霞、梁俊娟、常新峰、陶琳、刘雨瞳任副主编。项目一、项目六、项目八、项目九由王德永、常新峰、刘雨瞳编写，项目三、项目四由梁俊娟编写，项目二、项目七由蔡丽霞编写，项目五由陶琳编写，刘雨瞳老师对项目一、项目六、项目八、项目九的案例素材进行整理美化和修改。中平能化集团二矿分公司的司士军高级工程师担任本书的主审，并提出了很多宝贵的修改意见，在此表示诚挚的感谢！

由于编者水平有限，书中难免存在不足之处，敬请广大读者批评指正。

编者

2023 年 5 月

目 录

CONTENTS

目 录

CONTENTS

目 录

01

项目一
制作 VI 标识

项目简介

　　企业形象识别系统（Corporate Identity System，CIS）包括
3 个部分，分别是理念识别（Mind Identity，MI）、行为识别
（Behavior Identity，BI）和视觉识别（Visual Identity，VI）。其
中 VI 包括基本要素（企业名称、企业标志、标准字、标准色、
企业造型等）和应用要素（产品造型、办公用品、服装、招牌、
交通工具等）。VI 标识通过展示视觉元素，能够较好地体现企
业的经营理念和经营风格，是传播企业形象的有效手段。

　　本项目详细介绍 Animate CC 2019 的基础知识和基本操
作，并通过 3 个实例，讲解 Animate CC 2019 在企业标识制作
中的应用。通过本项目的学习，读者可以了解 Animate CC 2019
的操作界面，掌握绘制图形、编辑图形的方法和技巧，掌握用
Animate CC 2019 绘制企业静态及动态 VI 的方法和技巧。

学习目标

- ✔ 了解 Animate 的绘制模式；
- ✔ 掌握工具箱中各种工具的使用方法；
- ✔ 掌握"混色器"面板、"变形"面板的使用方法；
- ✔ 掌握石化商标、企业标识、校园文化节会徽的制作方法。

1.1　知识准备——Animate 绘图

2015 年 12 月 2 日，Adobe 公司宣布将 Flash Professional 更名为 Animate CC。它支持动画、声音及交互，具有强大的多媒体编辑功能，在支持 Flash SWF 文件的基础上，加入了对 HTML5 的支持。Animate CC 的操作界面如图 1-1 所示。

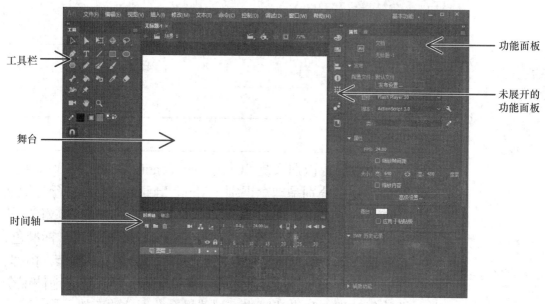

图 1-1

1.1.1　Animate 的绘制模式

Animate 有两种绘制模式：默认绘制模式和对象绘制模式。

1. 默认绘制模式

用 Animate CC 2019 工具箱中的绘图工具直接绘制的图形叫作"形状"，选中时形状上出现网格点，如图 1-2（a）所示。形状在"属性"面板中的属性只有"宽""高"和"坐标值"，如图 1-2（b）所示。

（1）形状的切割和融合

选择"椭圆"工具，设置边框色为无色，绘制两个大小不同和填充色不同的圆，大圆填充红色，小圆填充蓝色，如图 1-3 所示。用"选择"工具将蓝色的圆移到红色的圆

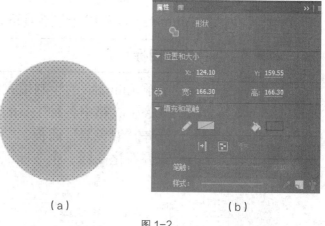

（a）　　　　　　　（b）

图 1-2

上，单击蓝色圆，如图 1-4 所示。然后拖动小圆将其移动到大圆旁边，这时的效果如图 1-5 所示。可以看出小圆将大圆切割了。

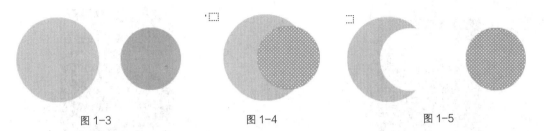

图 1-3	图 1-4	图 1-5

绘制一大一小两个相同填充色的圆，如图 1-6 所示。用"选择"工具将小圆移到大圆上，如图 1-7 所示，单击大圆，会发现两个圆形全部被选中，如图 1-8 所示。拖动鼠标将会移动全部图形，这说明两个圆融合在一起了。

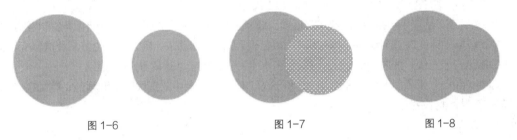

图 1-6	图 1-7	图 1-8

（2）将形状转换为组

执行"修改"＞"组合"命令，可以将选中的对象组合成"组"。

选择"椭圆"工具，在"舞台"上绘制一个没有边框、黄色填充的圆。切换到"选择"工具，单击选中舞台上的圆，执行"修改"＞"组合"命令，这时，处在选中状态的圆上面的网格点消失了，圆的周围出现一个蓝色的矩形线框，如图 1-9 所示。

在"属性"面板中，会看到转换后的圆被称为"组"。组的属性也很简单，也只有"宽""高"和"坐标值"，如图 1-10 所示。

再选择"椭圆"工具，在"舞台"上的圆上绘制一个没有边框的绿色圆形，效果如图 1-11 所示。

图 1-9	图 1-10	图 1-11

此时会发现，绿色的圆跑到了黄色圆的后面。切换到"选择"工具，将绿色的圆拖走，并没有出现切割的现象，还是两个独立的对象。由此看出"形状"和"组"是不会切割或者融合的。

2．**对象绘制模式**

在"矩形""椭圆""钢笔""刷子"等工具的选项中找到"对象绘制"选项，如图 1-12 所示。

绘制一个对象，选择"椭圆"工具，在工具箱的选项中单击"对象绘制"按钮，在"舞台"上绘制一个圆形，如图 1-13 所示。展开"属性"面板，可以看到这里绘制的椭圆不再是形状，而是一个绘制对象，如图 1-14 所示。

使用"对象绘制"选项后，在同一图层绘制出的形状和线条自动成组，在移动时不会互相切割、互相影响。

图 1-12   图 1-13   图 1-14

1.1.2 "线条"工具

"线条"工具 用于绘制各种各样的直线。选择工具箱中的"线条"工具，将鼠标指针移到"舞台"中，鼠标光标变为+形状，在"舞台"中按住鼠标左键并拖动鼠标到需要的位置后释放鼠标左键，即可绘制出一条直线。按住 Shift 键，可以绘制水平、垂直或者 45° 角方向的直线。

选中"线条"工具后，可以在图 1-15 所示的"属性"面板中对直线的笔触颜色、笔触高度和笔触样式等属性进行设置。

1. 笔触颜色

在"属性"面板中，单击"笔触颜色"按钮，会弹出一个调色板，此时鼠标指针变成滴管状。用滴管直接拾取颜色或者在文本框中直接输入颜色的十六进制数字，就可以完成线条颜色的设置，如图 1-16 所示。

2. 笔触高度

在"属性"面板中，直接在"笔触"选项的文本框 笔触：○───2.00 中输入数字，可以设置线条笔触高度。

3. 笔触样式

在"属性"面板中，单击"样式"下拉列表右边的向下箭头按钮会弹出一个下拉菜单，如图 1-17 所示，在其中可以选择线条笔触样式。

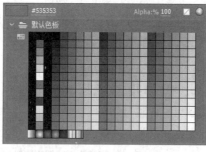

图 1-15   图 1-16   图 1-17

4. 自定义笔触样式

在"属性"面板中单击"编辑笔触样式"按钮 样式：───────✎⟘ ，打开"笔触样式"对话框，如图 1-18 所示，在其中可自定义笔触样式。

5. 线条的端点

在"属性"面板中单击"端点"的图标 端点：⊏﹀ ，弹出下拉菜单，其中包括 3 个选项：无、圆角、方形，如图 1-19 所示。"圆角"是系统默认的端点类型，"无"是对齐路径的终点，"方形"是超出路径半个笔触的宽度，不同端点设置效果如图 1-20 所示。

6. 线条的接合

在"属性"面板中单击"接合"图标，弹出下拉菜单，其中包括 3 个选项，两条路径线段接合的方式有尖角、圆角、斜角 3 种，如图 1-21 所示。圆角是系统默认的接合方式，斜角是指被"削平"的方形端点。

两条路径线段不同接合方式的效果如图 1-22 所示。

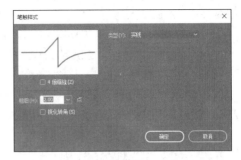

图 1-18

图 1-19	图 1-20	图 1-21　　图 1-22

1.1.3 "选择"工具

"选择"工具 用于选择、移动、复制图形以及改变图形的形状，操作时单击"选择工具"按钮或者按 V 键。

1. 更改线条的长度和方向

在工具箱中选中"选择"工具，然后移动鼠标指针到线条的端点处，当鼠标指针右下角出现直角标志后，按下鼠标左键拖动鼠标，即可改变线条的长度和方向，如图 1-23 所示。

2. 更改线条的轮廓

将鼠标指针移动到线条上，当鼠标指针右下角出现弧线标志后，按下鼠标左键拖动鼠标，即可改变线条的轮廓，使直线变成各种形状的弧线，如图 1-24 所示。

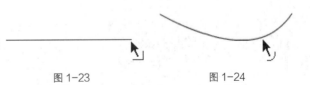

图 1-23　　　　　　　　图 1-24

1.1.4 "颜料桶"工具

"颜料桶"工具 用于填充颜色，操作时单击"颜料桶工具"按钮或者按 K 键。选择"颜料桶"工具，在"属性"面板中设置填充颜色，如图 1-25 所示。在舞台上绘制好的内容内（图形线框内）单击，线框内被填充颜色。

在工具箱下方提供了 4 种填充模式，根据线框空隙的大小，应用不同的模式进行填充，如图 1-26 所示。

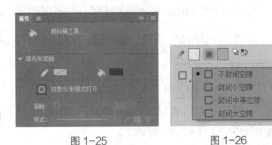

图 1-25　　　　　　　图 1-26

实例练习——绘制雨伞

（1）启动 Animate CC 2019 后，执行"文件" > "新建"命令或按 Ctrl+N 组合键，弹出"新建文档"对话框，设置宽高，选择平台类型为 ActionScript 3.0，即可进入 Animate CC 2019 的编辑界面。

（2）执行"视图">网格"显示网格"命令，"舞台"会出现 10 像素×10 像素大小的灰色网格。

（3）执行"视图">网格"编辑网格"命令，打开"网格"对话框，选中"贴紧至网格"复选框，如图 1-27 所示。

（4）在"舞台"左侧的工具箱中单击"线条"工具，在"舞台"上绘制多条线段（注意：在画图形时不能用对象绘制模式；图形线条与线条之间应完全闭合），如图 1-28 所示。

（5）利用"选择"工具，将"舞台"上的几条线段改为曲线，如图 1-29 所示。

（6）单击"填充颜色"按钮，会出现一个调色板，同时鼠标指针变成吸管状，选择喜欢的颜色后，利用"颜料桶"工具给雨伞填充几种不同的颜色，如图 1-30 所示。

（7）用"选择"工具进行多选（按住 Shift 键），选中伞头和伞把对应的线条，在"属性"面板中，设置笔触大小为 4，如图 1-31 所示。

图 1-27

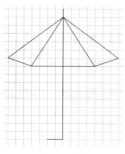

图 1-28

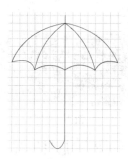

图 1-29

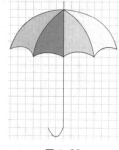

图 1-30

图 1-31

（8）用"选择"工具将绘制的图形全部选中（或利用 Ctrl+A 组合键），执行"修改"＞"组合"命令（或利用 Ctrl+G 组合键），使所绘制的图形成为一个"组"。

（9）按 Ctrl+Enter 组合键测试影片，并保存文档。

1.1.5 "矩形"工具与"多角星形"工具

1. "矩形"工具

"矩形"工具 用于绘制矩形或正方形，操作时，单击"矩形"工具按钮或者按 R 键。选择"矩形"工具，在"属性"面板中设置填充颜色、笔触颜色等属性。

2. "多角星形"工具

"多角星形"工具 用于绘制多边形和星形。选择"多角星形"工具，单击"属性"面板中"工具设置"下的"选项"按钮，弹出"工具设置"对话框（见图 1-32），在该对话框中可设置参数。

◎ 样式：可以选择绘制多边形或星形。

◎ 边数：用于设置多边形的边数或星形的顶点数，取值范围为 3～32。

图 1-32

◎ 星形顶点大小：用于设置星形顶点的角度，取值范围为 0 ~ 1，值越小，顶点角度越小，顶角越尖锐。

实例练习——绘制蜂窝

（1）新建 Animate 文档，命名为"蜂窝.fla"，大小为 550 像素×550 像素，其他参数为默认值。

（2）选择"多角星形"工具，在"属性"面板中设置"笔触颜色"为"绿色"，"填充颜色"为"无"。单击"选项"按钮，弹出"工具设置"对话框，按图 1-32 所示设置其参数。把鼠标指针移到舞台的中心位置，绘制出一个绿色的六边形。

选择选取工具，选中六边形，按住 Alt 键的同时拖曳鼠标，复制多个六边形，并调整其位置，效果如图 1-33（a）所示。

（3）选择"新建图层"按钮 新建图层 2，选择多角星形工具，设置不同的边数，绘制出不同的多边形，再复制多个多边形，并调整其位置，效果如图 1-33（b）所示。

（4）新建图层 3，选择多角星形工具，设置不同的边数，绘制出不同的多边形，再复制多个多边形，并调整其位置，效果如图 1-33（c）所示。

（5）完成后三个图层最终的合成效果如图 1-33（d）所示。

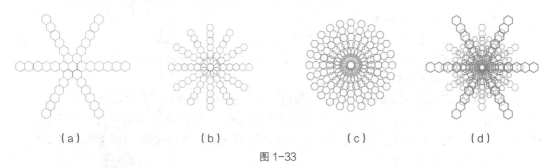

（a）　　　　　　　　（b）　　　　　　　　（c）　　　　　　　　（d）

图 1-33

1.1.6 "椭圆"工具

"椭圆"工具 用于绘制椭圆或者圆，操作时单击"椭圆"工具或者按 O 键。

实例练习——绘制阴阳鱼图形

（1）新建 Animate 文档，命名为"阴阳鱼图形.fla"，参数为默认值。

（2）将填充颜色改为无。

（3）使用"椭圆"工具，按住 Shift 键的同时，在"舞台"上绘制一个圆。

（4）再次使用"椭圆"工具，绘制出另外两个圆。

（5）单击"直线"工具，在图 1-34 所示的图形中绘制一条垂直直线，如图 1-35 所示。

（6）利用"选择"工具和按住 Shift 键选择要删除的线条，如图 1-36 所示。按 Delete 键，删除所选择的线，如图 1-37 所示。

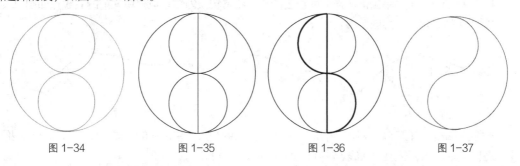

图 1-34　　　　　　　　图 1-35　　　　　　　　图 1-36　　　　　　　　图 1-37

（7）再利用"椭圆"工具，绘制两个圆，如图 1-38 所示。

（8）单击"颜料桶"工具，并设置填充色为"黑色"，在图 1-39 所示的"1""2"处单击，将其填充为黑色。

（9）单击"颜料桶"工具，设置填充色为"白色"，在图 1-40 所示的"3""4"处单击，将其填充为白色，如图 1-41 所示。

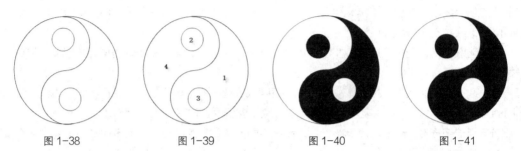

图 1-38　　　　　　　图 1-39　　　　　　　图 1-40　　　　　　　图 1-41

1.1.7　"钢笔"工具

1. 用"钢笔"工具绘制直线

选择"钢笔"工具 ，将鼠标指针放置在"舞台"上想要绘制直线的起始位置，在直线的起点处单击，然后依次移动鼠标指针到另一点单击，最后在直线的终点处双击即可，如图 1-42 所示。

2. 用"钢笔"工具绘制曲线

选择"钢笔"工具，将鼠标指针放置在"舞台"上想要绘制曲线的起始位置，然后按住鼠标不放，此时出现第一个锚点，并且鼠标指针由钢笔形状变为箭头形状。松开鼠标，将鼠标指针放置在想要绘制的第二个锚点的位置，按住鼠标不放，将鼠标向其他方向拖曳。松开鼠标，并用鼠标右键单击，一条曲线绘制完成，如图 1-43 所示。

3. 修改曲线的方法

（1）若要添加锚点，可以选择"钢笔"工具，然后在曲线上希望添加锚点的位置单击，如图 1-44 所示。

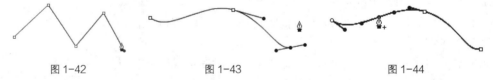

图 1-42　　　　　　　　图 1-43　　　　　　　　图 1-44

（2）若要删除锚点，可以用"删除锚点"工具选择该点并删除，如图 1-45 所示。

提示：单击"钢笔"工具右下角的三角形，即可显示"删除锚点"工具。

（3）曲线点与角点转换。

用"转换锚点"工具单击需转换的曲线上的点，将其转换为转角点。单击前的曲线点如图 1-46 所示，单击后转成角点，如图 1-47 所示。

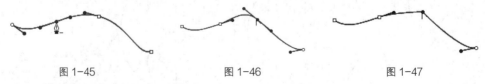

图 1-45　　　　　　　　图 1-46　　　　　　　　图 1-47

用"转换锚点"工具单击要转换的角，将其转换为曲线点。单击前的角点如图 1-48 所示，拖动鼠标如图 1-49 所示，转换成曲线点，如图 1-50 所示。

| 图 1-48 | 图 1-49 | 图 1-50 |

1.1.8 "部分选取"工具

"部分选取"工具 ▶ 用于调整节点，改变图形的形状，操作时单击"部分选取工具"按钮或者按 A 键。

选择"部分选取"工具，在对象的外边线上单击，对象上出现多个节点。拖动节点来调整控制线的长度和斜率，从而改变对象的曲线形状。

（1）移动锚点，可以用"部分选取"工具来拖动该点，如图 1-51 ~ 图 1~53 所示。

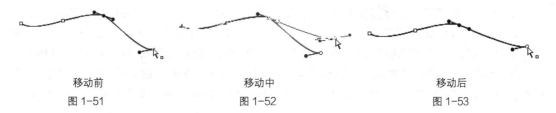

| 移动前 | 移动中 | 移动后 |
| 图 1-51 | 图 1-52 | 图 1-53 |

（2）微调锚点，可用"部分选取"工具选择锚点，然后使用键盘方向键进行移动。

（3）拉长（见图 1-54）或缩短（见图 1-55），用部分选取工具拖放相应一侧的方向线手柄即可。

（4）转角点与曲线点的区别及相互转换。

将转角点转换为曲线点，可使用"部分选取"工具选择该点，如图 1-56 所示。然后按住 Alt 键拖动该点以生成方向手柄，如图 1-57 所示。

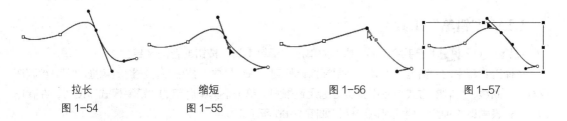

| 拉长 | 缩短 | 图 1-56 | 图 1-57 |
| 图 1-54 | 图 1-55 | | |

实例练习——制作"心"图形

（1）新建 Animate 文档，选择"钢笔"工具（快捷键为 P），在"舞台"绘制 3 个点，如图 1-58 所示。

（2）利用"部分选取"工具单击图形，显示调节线，将 3 个关键点的曲率进行调整，如图 1-59 所示。

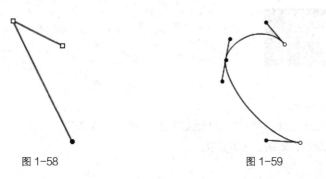

| 图 1-58 | 图 1-59 |

（3）使用"选择"工具将调整好的曲线进行移动后复制，如图 1-60 所示。选择新复制的曲线，执行"修改">"变形">"水平翻转"命令将其水平翻转，将两条曲线对齐，拼成心状，如图 1-61 所示。

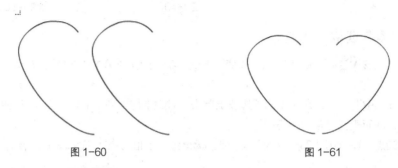

图 1-60   图 1-61

（4）使用"橡皮擦"工具 将多余线段删除，如图 1-62 所示。打开"颜色"面板 ，设置填充样式为线形，在渐变条上将左边色块颜色设置为#AF057C，将右边色块颜色设置为#E207C8。使用"颜料桶"工具，从右下向左上拖动鼠标填充颜色，再将填充色外的线条删除，如图 1-63 所示。

（5）选取红心，执行"修改">"形状">"柔化填充边缘"命令，在弹出的"柔化填充边缘"对话框中进行设置，使红心的边缘有柔化、淡出的效果，如图 1-64 所示。最终效果如图 1-65 所示。

图 1-62   图 1-63   图 1-64   图 1-65

1.1.9 "铅笔"工具

"铅笔工具" 用于手绘图形，操作时单击"铅笔工具"按钮或者按 Y 键。

选择工具箱中的"铅笔"工具，将鼠标指针移到"舞台"中，按住鼠标左键随意拖动即可绘制任意直线或曲线，绘制的方式与使用真实铅笔大致相同。单击工具箱底部的"铅笔模式"按钮，在弹出的下拉列表中有 3 种绘图模式可以选择，如图 1-66 所示。

◎ 在伸直模式下，线条自动转化成接近形状的直线。

◎ 在平滑模式下，线条转化为接近形状的平滑线。

◎ 在墨水模式下，不加修饰，完全保持鼠标轨迹的形状。

应用伸直、平滑、墨水 3 种绘图模式绘制的树叶最终效果如图 1-67 所示。

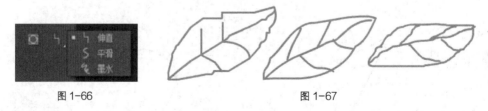

图 1-66   图 1-67

实例练习——绘制鸟

（1）新建 Animate 文档，绘制鸟的大致轮廓，如图 1-68 所示。

（2）绘制鸟的眼睛，如图 1-69 所示。

（3）绘制鸟的翅膀，如图 1-70 所示。

（4）绘制鸟的脚，如图 1-71 所示。

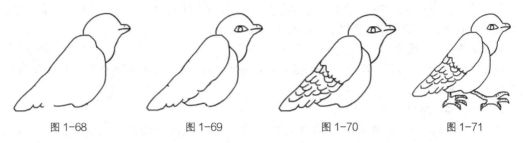

图 1-68 　　　　　　　图 1-69 　　　　　　　图 1-70 　　　　　　　图 1-71

1.1.10 "画笔"工具

使用"画笔"工具 可以绘制任意形状、大小及颜色的填充区域，也可以给已经绘制好的对象
填充颜色。操作时单击"画笔"工具按钮或者按 B 键。单击"画笔"工具，将鼠标指针移到"舞台"
中，鼠标指针变成一个黑色的圆形或方形的刷子，单击即可在"舞台"中绘制对象。

选中"画笔"工具后，激活工具箱底部的下拉菜单按钮，显示画笔的 5 种绘
画模式，如图 1-72 所示。

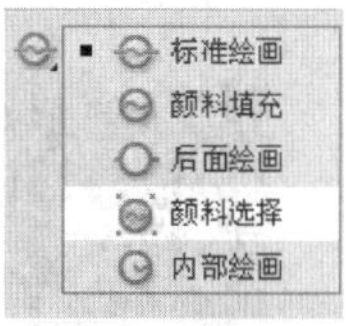

◎ 标准绘画：不管是线条，还是填充范围，只要是画笔经过的地方，都变成
了画笔的颜色。

◎ 颜料填充：只影响填充的内容，不会遮盖住线条。

图 1-72

◎ 后面绘画：无论怎么画，它都在图像的后方，不会影响前景图像。

◎ 颜料选择：用"选择"工具选中图形的一块，再选择"画笔"工具进行绘制，此时选择区域
被涂上所选的颜色。

◎ 内部绘画：在绘画时，画笔的起点必须在轮廓线以内，而且画笔的范围也只作用在轮廓线以内。

以上 5 种绘画模式的效果如图 1-73 所示。

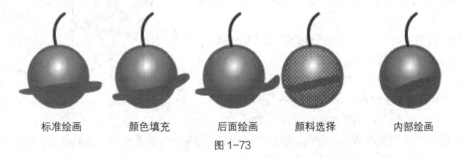

标准绘画　　　　　颜色填充　　　　　后面绘画　　　　　颜料选择　　　　　内部绘画

图 1-73

实例练习——绘制一串葡萄

（1）新建 Animate 文档，选择"画笔"工具，在"颜
色"面板中设置填充样式为径向渐变，左边色块颜色为
#FBC6F0，中间色块颜色为#AE557D，右边色块颜色为
#72385A，如图 1-74 所示。

（2）在"属性"面板中，将画笔的平滑度调整到 0.25。

（3）使用最大的圆形画笔，在"舞台"上单击，画
出一串葡萄，然后选择绿色填充色，选择稍小的笔刷，
采用"后面绘画"模式画一小段枝条，效果如图 1-75
所示。

图 1-74 　　　　　　　　　图 1-75

1.1.11 "套索"工具

"套索"工具 用于选择形状图形的不规划区域或者相同的颜色区域，操作时单击"套索工具"
按钮或者按 L 键。"套索"工具提供了 3 个按钮，如图 1-76 所示。

1. "套索工具"选项

选择"套索工具"选项，用鼠标在位图上任意勾选想要的区域，形成一个封闭的选区，释放鼠标，
选区中的图像被选中。

2. "魔术棒"选项

选中"魔术棒"选项，将鼠标指针放在位图上，指针变化，在要选择的位图上单击，与点取点颜
色相近的图像区域被选中，如图 1-77 所示。

3. "多边形工具"选项

选中"多边形工具"选项，在图像上单击，确定第一个定位点。释放鼠标并将鼠标指针移至下一
个定位点，再单击，用相同的方法直到勾画出想要的图像，并使选区形成一个封闭的状态。双击，选
区中的图像被选中，如图 1-78 所示。

图 1-76

图 1-77

图 1-78

1.1.12 "任意变形"工具

"任意变形"工具 用于缩放、旋转、倾斜、扭曲
以及封套图形，操作时单击"任意变形工具"按钮或者按
Q 键。

选择"任意变形"工具，在图形的周围出现控制点，
拖动控制点改变图形的大小，如图 1-79 所示。工具箱的
下方提供了 5 种变形模式，如图 1-80 所示。

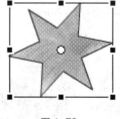

图 1-79

图 1-80

1. 移动、旋转与倾斜

移动、旋转与倾斜对图形对象和元件都适用。

将鼠标指针移动到图形的中心点，鼠标指针右下角出现一个圆圈标志，这时拖动鼠标可以将图形
移动到任何位置，如图 1-81 所示。

将鼠标指针移到变形框任一角的手柄上，鼠标指针变成圆弧状，按住鼠标左键拖动到合适位置，
就实现了对图形的旋转，如图 1-82 所示。

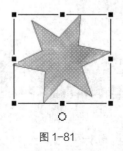

图 1-81

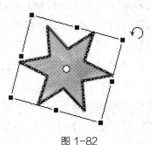

图 1-82

将鼠标指针移到变形框任一边手柄外的地方，当鼠标指针变为两个平行反向的箭头形状时，拖动鼠标可以使对象倾斜，如图 1-83 所示。

2．缩放

缩放对图形对象和元件都适用。将鼠标指针移到任一手柄上，鼠标指针变成双向箭头形状，拖动鼠标可以放大或缩小对象，如图 1-84 所示。

3．扭曲和封套

扭曲和封套不能运用于元件上，除非将元件打散。

选择"扭曲"按钮，选中对象，拖动边框上的角手柄或边手柄，移动该角或边，如图 1-85 所示。选择"封套"按钮，拖动点和切线手柄修改封套，如图 1-86 所示。

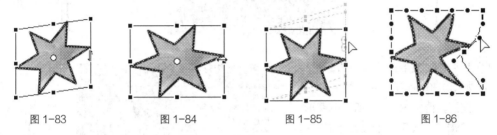

图 1-83　　　　　图 1-84　　　　　图 1-85　　　　　图 1-86

实例练习——绘制变形文字

（1）新建 Animate 文档，选择工具箱中的"文本"工具 T，在文本"属性"面板中设置文本字体为"幼圆"，大小为 35，颜色为绿色，在"舞台"上输入"平顶山学院"文字，如图 1-87 所示。

（2）按 Ctrl+B 组合键将文本打散，第 1 次打散时，文字被拆分为一个个独立的字母，如图 1-88 所示。再次按 Ctrl+B 组合键将文本进行第 2 次打散，这时一个个独立的字母变成了图形，不再具有文本属性，如图 1-89 所示，这时可以把文字当成图形来处理。

图 1-87　　　　　　　　图 1-88　　　　　　　　图 1-89

（3）选取工具箱中的"任意变形"工具，在工具箱的下部会出现该工具的相关属性选项。选择"扭曲"工具，拖动四角的黑点对文字进行透视变化设置，如图 1-90 所示。

（4）选择"封套"工具，调整封套如图 1-91 所示。最终效果如图 1-92 所示。

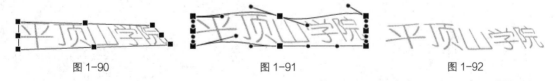

图 1-90　　　　　　　　图 1-91　　　　　　　　图 1-92

实例练习——绘制齿轮

（1）运行 Animate CC 2019，新建一个空白文档。

（2）执行"插入">"新建元件"命令，在弹出的"创建新元件"对话框中设置参数，如图 1-93 所示，单击"确定"按钮，新建一个元件。

（3）单击"直线"工具，在元件中绘制一条直线，如图 1-94 所示。

图 1-93

（4）选中所绘制的直线，设置"变形"面板如图 1-95 所示。单击"重制选区和变形"按钮，得到图 1-96 所示的图形。

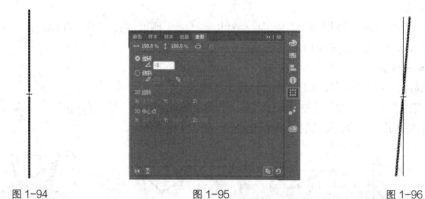

图 1-94　　　　　　　　　图 1-95　　　　　　　　　图 1-96

（5）选中刚才复制的直线，设置"变形"面板如图 1-97 所示，单击"重制选区和变形"按钮，得到图 1-98 所示的图形。

（6）单击"多边形"工具，绘制一个六边形，大小、位置如图 1-99 所示。

（7）单击"选择"工具，在按住 Shift 键的同时，单击所要删除的线条，如图 1-100 所示。按 Delete 键，将所选线条删除，得到图 1-101 所示的图形。

（8）单击"任意变形"工具，并将任意变形的固定点移到与绘图区的"+"重合，如图 1-102 所示。

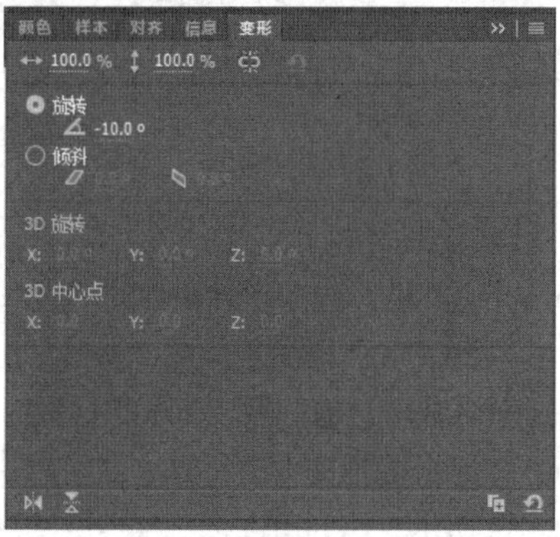

图 1-97 　　　　　　　　　图 1-98

（9）设置"任意变形"工具的参数如图 1-103 所示，并连续单击"重制选区和变形"按钮，直到得到图 1-104 所示的图形为止。

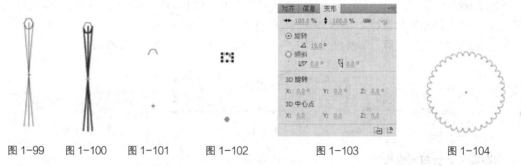

图 1-99　　图 1-100　　图 1-101　　图 1-102　　　　图 1-103　　　　　图 1-104

（10）单击"颜料桶"工具，并设置填充为黑白渐变，在图 1-104 所示的图形中单击，得到图 1-105 所示的图形。

（11）单击"选择"工具，复制一个图形，并调整好位置，如图 1-106 所示。

（12）单击"颜料桶"工具，并设置填充为黑蓝渐变，得到图 1-107 所示的图形。

（13）单击"椭圆"工具，绘制一个圆，并删除其填充颜色，如图 1-108 所示。

（14）单击"颜料桶"工具，并设置填充为黑蓝渐变，在图形中单击，得到图 1-109 所示的图形。

（15）按 Ctrl+Enter 组合键测试影片，并保存文档。

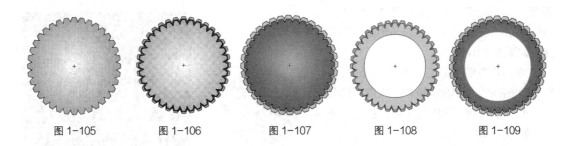

图 1-105　　　　图 1-106　　　　图 1-107　　　　图 1-108　　　　图 1-109

1.1.13　"渐变变形"工具

使用"渐变变形"工具 ，可以方便地对填充效果进行旋转、拉伸、倾斜、缩放等各种变换。

（1）当图形填充为线性渐变时，选择"渐变变形"工具，单击图形，出现 3 个控制点和 2 条平行线，如图 1-110 所示。

向图形中间拖动方形控制点，渐变区域缩小，如图 1-111 所示。

将鼠标指针放置在旋转控制点上，指针形状变化，拖动旋转控制点可以改变渐变区域的角度，如图 1-112 所示。

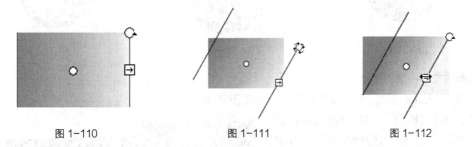

图 1-110　　　　　　　　图 1-111　　　　　　　　图 1-112

（2）当图形填充为放射状渐变时，选择"渐变变形"工具，单击图形，出现 4 个控制点和一个圆形外框，如图 1-113 所示。

向图形中间拖动方形控制点，水平拉伸渐变区域，如图 1-114 所示。

将鼠标指针放置在旋转控制点上，指针形状变化，拖动旋转控制点可以改变渐变区域的角度，如图 1-115 所示。

向图形中间拖动圆形控制点，渐变区域缩小，如图 1-116 所示。

移动中心控制点可以改变渐变区域的位置，如图 1-117 所示。

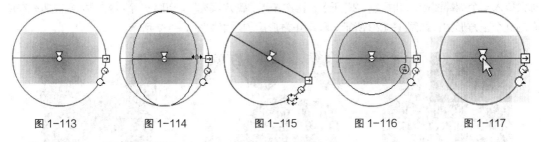

图 1-113　　　图 1-114　　　　图 1-115　　　　图 1-116　　　图 1-117

实例练习——绘制凹陷按钮

（1）新建 Animate 文档，绘制凹陷按钮的效果如图 1-118 所示，并将文件保存为"按钮.fla"。

（2）选择"椭圆"工具，线条色为无，按住 Shift 键绘制一个圆。按 Ctrl+F9 组合键打开"颜色"

面板，在"类型"下拉列表中选择"线性渐变"，在渐变定义栏中设置灰色到黑色的渐变，如图 1-119 所示。

（3）用"颜料桶"工具填充该渐变色，用"渐变变形"工具拖动旋转控制点调整渐变为由左上角到右下角的灰色到黑色的渐变，如图 1-120 所示。

（4）用"选择"工具框选整个圆，按住 Alt 键并拖动复制出一个新的圆。

图 1-118　　　　　　　　图 1-119

（5）选择"任意变形"工具将正圆缩小，如图 1-121 所示。

（6）选择"渐变变形"工具，将渐变旋转 180°，使灰色到黑色由右下角到左上角渐变，如图 1-122 所示。

（7）选择小圆，将其放置在大圆之上，完成按钮的制作。

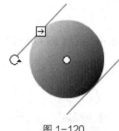

图 1-120　　　　　　　图 1-121　　　　　　　图 1-122

实例练习——填充图案

新建 Animate 文档，并将文件保存为"位图图案.fla"。

（1）选择"矩形"工具，按住 Shift 键绘制一个正方形。选中正方形，按住 Alt 键并拖曳复制出 9 个正方形，并按图 1-123 所示进行排列。

（2）按 Ctrl+F9 组合键打开颜色面板，如图 1-124 所示，在填充颜色类型中选择"位图填充"，弹出"导入到库"对话框，导入"蝴蝶 01"图像。

图 1-123　　　　　　　　图 1-124

（3）选择"颜料桶"工具，并按下"锁定填充"按钮，然后依次单击各个正方形，每个正方形中都会填入一个蝴蝶图标，如图 1-125 所示。再次按下"锁定填充"按钮，一个蝴蝶图标会被填充在所有的 9 个正方形中，如图 1-126 所示。移动正方形后的效果如图 1-127 所示。

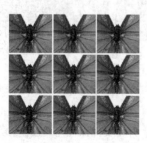

图 1-125　　　　　　　图 1-126　　　　　　　图 1-127

1.1.14 "滴管"工具和"墨水瓶"工具

1."滴管"工具

"滴管"工具 用于提取线条或填充的属性,操作时单击"滴管工具"按钮或者按 I 键吸取填充色。

(1)吸取填充色

选择"滴管"工具,将鼠标指针放在图 1-128 所示左边图形的填充色上,在填充色上单击,吸取填充色样本。在工具箱的下方,取消对"锁定填充"按钮的选取,在右边图形的填充色上单击,修改图形的颜色,如图 1-129 所示。

(2)吸取边框属性

选择"滴管"工具,将鼠标指针放在右边图形的外边框上,在外边框上单击,吸取边框样本,如图 1-130 所示。在左边图形的外边框上单击,修改线条的颜色和样式,如图 1-131 所示。

(3)吸取位图图案

选择"滴管"工具,将鼠标指针移到图 1-132 所示右侧的位图上,单击,吸取图案样本。然后在左侧矩形图形上单击,填充图案,如图 1-133 所示。

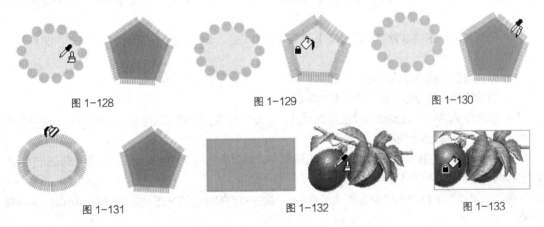

图 1-128   图 1-129   图 1-130

图 1-131   图 1-132   图 1-133

(4)吸取文字属性

"滴管"工具还可以吸取文字的属性,如颜色、字体、字型、大小等。选择要修改的目标文字,如图 1-134 所示。选择"滴管"工具,将鼠标指针放在源文字上,在源文字上单击,如图 1-135 所示。源文字的文字属性被应用到了目标文字上,如图 1-136 所示。

图 1-134   图 1-135   图 1-136

2."墨水瓶"工具

"墨水瓶"工具 用于描绘填充的边缘或者改变线条的属性,操作时单击"墨水瓶工具"按钮或者按 S 键。

使用"滴管"工具和"墨水瓶"工具可以快速将一条线条的属性套用到其他线条上。

图 1-137

(1)使用"滴管"工具单击要套用属性的线条,如图 1-137 所示。当前的"属性"面板显示该线条的属性,如图 1-138 所示。此时,所选工具自动变成"墨水瓶"工具,如图 1-139 所示。

（2）使用"墨水瓶"工具单击其他属性的线条，被单击线条的属性变成了当前在"属性"面板中所设置的属性，如图 1-140 所示。

图 1-138　　　　　　　　　　图 1-139　　　　　　　　　　图 1-140

1.1.15 "橡皮擦"工具

"橡皮擦"工具 用于擦除不需要的图形。双击"橡皮擦"工具，可以删除"舞台"上的所有内容。选择"橡皮擦"工具，在图形上想要删除的地方拖动鼠标，图形被擦除。可以在工具箱下方的"橡皮擦形状"按钮的下拉菜单中选择橡皮擦的形状与大小。工具箱的下方提供了 5 种擦除模式，如图 1-141 所示。

◎ 标准擦除：拖动鼠标擦除同一层上的笔触和填充色。橡皮的大小和形状与"刷子"工具的设置相同。

◎ 擦除填色：只擦除填充色，不影响笔触。

◎ 擦除线条：只擦除笔触，不影响填充。

◎ 擦除所选填充：只擦除当前选定的填充，不影响笔触，不管此时笔触是否被选中。使用此模式之前都需先选择要擦除的填充。

◎ 内部擦除：只擦除橡皮擦笔触开始处的填充。如果从空白点开始擦除，则不会擦除任何内容。以这种模式使用橡皮擦并不影响笔触。

在"橡皮擦"工具的选项中选择"水龙头"，单击需要擦除的填充区域或笔触段，可以快速将其擦除。

5 种擦除模式擦除图形的效果如图 1-142 所示。

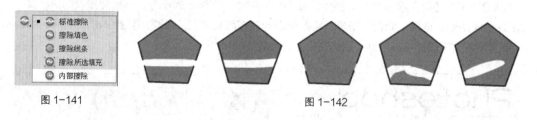

图 1-141　　　　　　　　　　　　　　　图 1-142

1.1.16 3D 工具

使用"3D 平移"工具，可以在 x、y 和 z 轴上全方位地移动对象；使用"3D 旋转"工具，可以在 3D 空间移动对象。

1.1.17 "手形"工具和"缩放"工具

1. "手形"工具

如果图形很大或被放大得很大，就需要使用"手形"工具调整观察区域。选择"手形"工具，鼠标指针变为手形，拖动图像到需要的位置。

2."缩放"工具

利用"缩放"工具放大图形以便观察细节，缩小图形以便观看整体效果。选择"缩放"工具，在"舞台"上单击可放大图形。要想放大图像中的局部区域，可在图像上拖曳出一个矩形选取框，松开鼠标后，所选取的局部图像被放大。选中工具箱下方的"缩小"按钮，在"舞台"上单击可缩小图像。

实例练习——绘制 QQ 图像

（1）新建 Animate 文档，尺寸为550 像素×400 像素，如图 1-143 所示，命名为"可爱的 QQ 图像制作.fla"。单击图层外的空白处，在右侧的属性中单击颜色按钮，设置背景色为粉红，其他参数为默认值。

图 1-143　　　　　　　　图 1-144

（2）将"图层 1"重命名为"身子"，将填充颜色调整为黑色，笔触颜色调整为无色，在"舞台"的适当位置绘制图 1-144 所示的椭圆。

（3）使用同样的方法，新建图层"头"，在该层绘制一个新的椭圆，如图 1-145 所示。

（4）新建图层"眼睛"。使用"椭圆"工具，绘制图 1-146 所示的图形。选中图 1-147 所示的图形，复制出图 1-148 所示的图形。

（5）新建图层"嘴"。使用"椭圆"工具，绘制图 1-149 所示的图形。

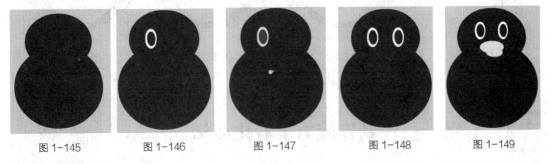

图 1-145　　　　图 1-146　　　　图 1-147　　　　图 1-148　　　　图 1-149

（6）新建图层"蝴蝶结"。使用"线条"工具，绘制图 1-150 所示的图形，将填充颜色修改为玫红色，使用填充工具，将蝴蝶结填充为玫瑰红色，适当调整其大小和位置。

（7）新建图层"翅膀"。使用"线条"工具绘制图形，并使用填充工具，为其填充黑色，如图 1-151所示。将图形选中，并复制出另一个相同的图形，再执行"修改"＞"变形"＞"水平翻转"命令调整，如图 1-152 所示。

图 1-150　　　　　　　图 1-151　　　　　　　图 1-152

（8）新建图层"围巾"。使用"铅笔"工具绘制出围巾的大样，使用"钢笔"工具并结合"添加锚点"工具以及"部分选取"工具绘制出围巾的外部轮廓，如图 1-153 所示。为其填充白色，如图 1-154所示。

（9）新建图层"围巾2"。使用同样的方法，绘制图 1-155 所示的图形，并填充玫红色，如图 1-156 所示。

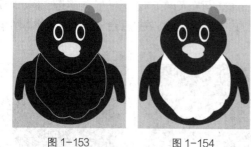

图 1-153   图 1-154   图 1-155   图 1-156

（10）新建图层"脚"。使用"椭圆"工具，先绘制出其外部轮廓，如图 1-157 所示，然后填充黄色，如图 1-158 所示。按住 Alt 键的同时，使用"选择"工具将其选中并移动，复制出另外一只脚，如图 1-159 所示。再执行"修改"＞"变形"＞"水平翻转"命令调整，如图 1-160 所示。

图 1-157   图 1-158   图 1-159   图 1-160

（11）按 Ctrl+Enter 组合键测试影片，并保存文档。

1.2 任务一——制作威力士石化商标

制作威力士
石化商标

1.2.1 案例效果分析

本案例设计的威力士润滑油企业商标是通过 5 个"V"的变形来有机组合成的。"V"字母通常有胜利之意，商标的整体像一个花卉。以绿色调为主凸显绿色产品之含义，橙色的"V"字母进行颜色和造型强调，寓意企业的创新精神，如图 1-161 所示。

1.2.2 设计思路

（1）用"直线"工具和"颜料桶"工具绘制商标图案。
（2）用"文字"工具和"钢笔"工具绘制商标文字。

1.2.3 相关知识和技能点

利用"直线"工具、"钢笔"工具和"部分选取"工具绘制图形，利用"变形"面板对图形进行复制旋转变形，利用"颜料桶"工具为图形填充颜色，使用"渐变变形"工具调整渐变的位置和大小。

图 1-161

1.2.4　任务实施

（1）新建一个 Animate 文档，并设置文档属性，如图 1-162 所示。

（2）选择工具栏中的"直线"工具绘制出商标的 V 字形部分，效果如图 1-163 所示。使用"颜料桶"工具为其填充黄色，效果如图 1-164 所示。

（3）在黄色 V 字形旁边绘制 4 个小三角形，效果如图 1-165 所示。用"颜料桶"工具分别为其填充绿色和深绿色，效果如图 1-166 所示。

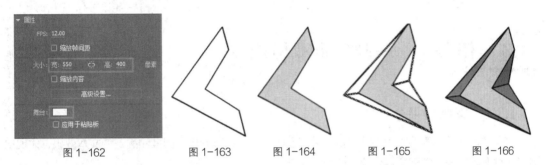

図 1-162　　　　图 1-163　　　图 1-164　　　　图 1-165　　　　图 1-166

（4）删除边线，利用"选择"工具选择绘制的所有图形，将它们组合在一起，把图形的中心点放到尖角位置，如图 1-167 所示。打开"变形"面板，对其进行旋转复制，复制出 3 个实例，将它们组成商标的下半部分，如图 1-168 所示。

（5）选择"直线"工具绘制商标最上面的部分，用"颜料桶"工具为 V 字形下左右两个三角形填充不同深度的黄色，用"颜料桶"工具为上方 V 字形填充橘红到橘黄的线性渐变，并用"渐变变形"工具调整渐变的方向和位置，删除边线，效果如图 1-169 所示。

图 1-167　　　　　　　图 1-168　　　　　　　图 1-169

（6）用"文本"工具输入"威力士"文字，在"属性"面板中调整其颜色为绿色，字体为华文细黑。调整合适的大小并放到合适的位置，最后将文字打散，效果如图 1-170 所示。

（7）用"钢笔"工具勾绘出英文字母轮廓，效果如图 1-171 所示，并用"颜料桶"工具为其填充红色，效果如图 1-172 所示。

图 1-170　　　　　　　　图 1-171

（8）利用"直线"工具绘制一个小菱形，然后用"部分选取"工具选中菱形的角点，按 Alt 键调整角点使其弧度，效果如图 1-173 所示。用"文本"工具输入 R，颜色为粉红色，放置在菱形中间，效果如图 1-174 所示。

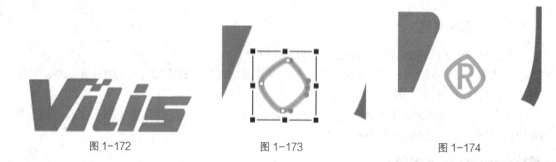

图 1-172　　　　　　　图 1-173　　　　　　　图 1-174

1.3 任务二——制作企业标识

制作企业标识

1.3.1　案例效果分析

　　本案例设计的是雅洁彩妆企业标识，桃红色的背景、扇形的标识图案和醒目的文本效果，体现出雅洁彩妆面向年轻女性的企业定位，如图 1-175 所示。

图 1-175

1.3.2　设计思路

　　（1）用"直线"工具、"颜料桶"工具和"变形"面板绘制标识图案。

　　（2）用"文字"工具和"钢笔"工具绘制商标文字。

1.3.3　相关知识和技能点

　　使用"线条"工具、"椭圆"工具绘制标识图案，使用"颜料桶"工具填充图形，使用"选择"工具选择绘制图形，利用"变形"面板复制并变形图案，使用"文本"工具输入并设置文本。

1.3.4　任务实施

　　（1）新建一个 Animate 文档，设置宽和高分别为
450 像素和 400 像素，背景颜色为粉红色（#FF6699），
如图 1-176 所示。

　　（2）选择"线条"工具，设置笔触颜色为白色，
笔触高度为 0.1，如图 1-177 所示。在"舞台"上绘
制一个闭合的三角形，效果如图 1-178 所示。

图 1-176

（3）选择"颜料桶"工具，设置填充颜色为白色，为三角形填充白色，如图 1-179 所示。

图 1-177

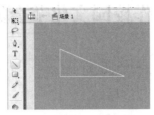
图 1-178

图 1-179

（4）选择"椭圆"工具，设置其起始角度和结束角度分别为 90° 和 270°，按住 Shift 键在"舞台"上绘制一个宽为 42，高与三角形高相同的正圆，将左半圆放置在三角形的左侧，效果如图 1-180 所示。

图 1-180

（5）使用"选择"工具选择绘制好的三角形和半圆，将其组合。使用"任意变形"工具选择组合好的对象，将变形控制中心移至变形框中的右下方角点，如图 1-181 所示。

（6）保持组合对象为选中状态，在"变形"面板中，设置旋转角度，然后 5 次单击复制选区和"变形"按钮，复制组合对象，效果如图 1-182 所示。

（7）选择"椭圆"工具，设置开始角度和结束角度为 180° 和 0°，按住 Shift 键绘制宽为 65 的正圆，然后调整其位置，效果如图 1-183 所示。

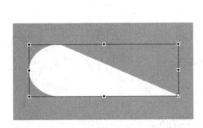
图 1-181

图 1-182

图 1-183

（8）选择"文本"工具，设置字体为黑体，大小为 75 点，颜色为白色，在"舞台"中输入"雅洁彩妆"文本，效果如图 1-184 所示。选择文字，再执行"文本">"样式">"粗体"命令，使字体更加醒目，如图 1-185 所示。

（9）选择"文本"工具，在"舞台"中输入"YAJIECZ"，效果如图 1-186 所示，完成商标的制作。

图 1-184

图 1-185

图 1-186

1.4　实训任务——制作校园文化节会徽

1.4.1　实训概述

1. 制作效果及设计理念

本实训制作效果如图 1–187 所示。

将阿拉伯数字"2"变化成"人"，体现了第 2 届校园文化节的人文色彩。在色彩上运用红色和黄色体现热情奔放的特点，渗透着现代化气息。闪动的文字也体现了校园文化节的多姿多彩。

2. 动画设计

利用 Animate CC 2019 制作校园文化节会徽动态效果，体现校园文化节的流动旋律。

3. 素材收集与处理

收集标志、VI 设计图片作为参考和设计资料。

图 1–187

1.4.2　实训要点

（1）使用"钢笔"工具、"颜料桶"工具绘制并填充会徽轮廓。

（2）使用"文本"工具、分离功能输入并设置文本。

（3）利用遮罩制作"第 2 届校园文化节"动画。

（4）利用传统补间动画制作"平顶山工业职业技术学院"文字动画。

1.4.3　实训步骤

（1）新建一个 Animate 文档，并设置名称为"校园文化节会徽"。使用"钢笔"工具绘制会徽轮廓，效果如图 1–188 所示。

（2）使用"颜料桶"工具，设置红到黄的渐变，如图 1–189 所示。为轮廓填充相应的颜色，效果如图 1–190 所示。

图 1–188

图 1–189

图 1–190

（3）使用"选择"工具选择绘制的图形，在"属性"面板中将笔触颜色设置为无，去除会徽轮廓，效果如图 1-191 所示。

（4）新建"文字"图层，使用"文本"工具，在编辑区中的合适位置创建相应的文本内容，效果如图 1-192 所示。

（5）选择"平顶山工业职业技术学院"文字将其打散，选择所有被打散的文字图形，用右键单击，在弹出的快捷菜单中选择"分散到图层"命令，效果如图 1-193 所示。

（6）在"平"层的第 1 帧、第 6 帧插入关键帧，分别设置第 1 帧中的"Alpha"值为 0，大小为 200，如图 1-194 所示。设第 6 帧的"中"的"Alpha"值为 70，大小为 150，如图 1-195 所示。在该层的第 1～3 帧和第 3～6 帧创建传统补间动画，如图 1-196 所示。

（7）其他图层每个向后退相应的帧数，制作方法与"平"层一样，如图 1-197 所示。

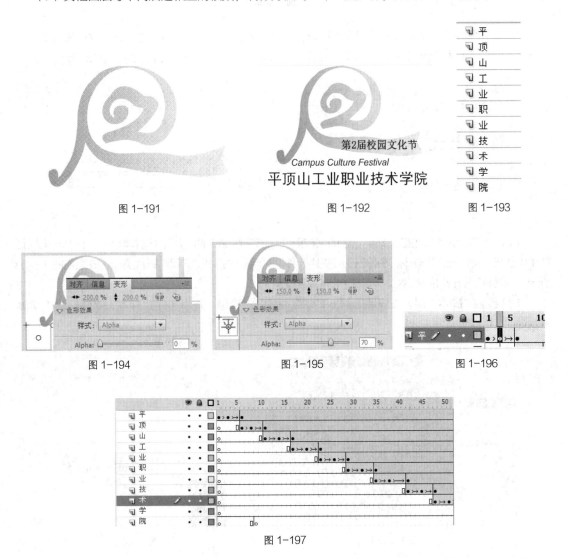

图 1-191　　　　　　　　　　图 1-192　　　　　　　　　　图 1-193

图 1-194　　　　　　　　　　图 1-195　　　　　　　　　　图 1-196

图 1-197

（8）选择图形中的"第 2 届校园文化节"字样，将其转化为图形元件，效果如图 1-198 所示。新建矩形元件，用"矩形"工具绘制几个矩形，效果如图 1-199 所示，再用"颜料桶"工具为矩形填充白色。

（9）新建"闪动"影片剪辑，将"校园文化节"图形元件拖入"图层 1"中，在其下层新建"矩形"图层，将"矩形"元件拖入该图层中，并将其旋转一定角度，效果如图 1-200 所示。复制"图层 1"，将其拖到"矩形"层下方。

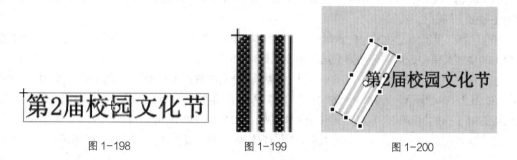

图 1-198　　　　　　　　　　　图 1-199　　　　　　　　　　图 1-200

（10）在"矩形"层的第 30 帧插入关键帧，将"矩形"元件向后移动一定距离，效果如图 1-201 所示。在第 1～30 帧创建传统补间动画，并将"图层 1"设为遮罩层，效果如图 1-202 所示。

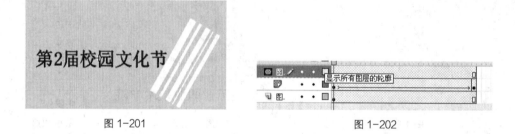

图 1-201　　　　　　　　　　　　　图 1-202

（11）返回场景 1，选择"文字"中的"校园文化节"图形元件，用鼠标右键单击，在弹出的快捷菜单中选择"交换元件"命令，在弹出的"交换元件"对话框中选择"闪动"影片剪辑，效果如图 1-203 所示。（若替换的元件位置不对，可以适当调整其位置。）

（12）新建"脚本"层，在该层的第 68 帧插入空白关键帧，并添加停止脚本，效果如图 1-204 所示。

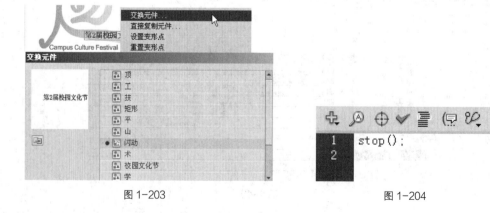

图 1-203　　　　　　　　　　　　　图 1-204

（13）在所有层的第 68 帧插入普通帧。

（14）按 Ctrl+Enter 组合键测试影片，保存文档。

1.5　评价考核

项目一　任务评价考核表

能力类型	考核内容		评价		
	学习目标	评价项目	3	2	1
职业能力	掌握绘制图形、编辑图形的方法和技能； 掌握编辑和修饰对象的各种方法和技巧； 掌握使用 Animate 设计 VI 的技能	能够选择合适的 Animate 绘制模式			
		能够使用工具箱中的各种工具			
		能够使用"颜色"面板			
		能够使用"变形"面板			
		能够使用 Animate 设计 VI			
通用能力	造型能力				
	审美能力				
	组织能力				
	解决问题能力				
	自主学习能力				
	创新能力				
综合评价					

1.6　课外拓展——制作饮料广告标牌

1.6.1　参考制作效果

参考效果如图 1-205 所示。

图 1-205

1.6.2　知识要点

（1）元件的使用。

（2）应用传统补间动画制作图片逐渐出现和消失的动画。

1.6.3 参考制作过程

（1）新建 Animate 文档，并将素材图片导入"库"面板中。

（2）新建"图层 1"为背景层，在第 1 帧将"背景"图形拖到"舞台"中的合适位置，并在第 69 帧插入普通帧；新建"松鼠"层，将两只松鼠的图形拖到舞台中的合适位置，效果如图 1-206 所示。

（3）分别新建图层"前景叶子""前景叶子 2""装饰树""装饰树右""树枝"图层，将这些元件素材拖到"舞台"中的合适位置，效果如图 1-207 所示。然后在"装饰树""装饰树右"的图层第 15 帧插入关键帧，调整图形元件的位置，制作出第 1~15 帧的传统补间动画，制作装饰树从左右两边出现的动画；将"前景叶子""前景叶子 2"两个图层的时间帧拖到第 15 帧的位置，在两个图层第 20 帧的位置插入关键帧，调整图形元件的位置，制作出第 15~20 帧的传统补间动画，制作出叶子从下面出现的效果；将"树枝"图层的时间帧拖到第 16 帧的位置，在第 23 帧插入关键帧，调整图形元件的位置，制作出第 16~23 帧的传统补间动画，制作树枝出现的动画效果，如图 1-208 所示。

图 1-206

图 1-207

（4）新建图层"橙子"，在第 24 帧将"橙子"图形元件放到合适的位置，在第 34 帧插入关键帧，调整图形元件的位置，对第 24 帧上的橙子元件，在"属性"面板中将"Alpha"值调到 100，制作出第 24~34 帧的传统补间动画，制作橙子从下消失出现的动画，效果如图 1-209 所示。

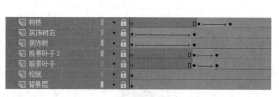

图 1-208

图 1-209

（5）新建"果汁杯"层，在第 35 帧插入关键帧，并将元件拖到舞台中的合适位置，效果如图 1-210 所示，在第 43 帧插入关键帧，调整第 35 帧上的元件位置，制作出果汁杯从天上掉下的效果，如图 1-211 所示。

（6）新建"果汁"层，在第 43 帧上，将元件拖到舞台上，放到"果汁杯"层的下面，在第 47 帧插入关键帧，调整第 43 帧上元件的大小，制作出果汁从果汁杯后面出现的效果，如图 1-212 所示。

图 1-210

图 1-211

（7）分别新建文字层"ORANGE JUICE""源自天然""无添加"，在第48帧、第56帧、第63帧用"文字"工具输入"ORANGE JUICE""源自天然""无添加"，为"ORANGE JUICE"在"属性"面板添加阴影效果，颜色为#535353，文字本身的颜色为#FF6600，字体为Berlin Sans FB，字号是80；"源自天然"的字体是微软雅黑，颜色为黑色，字号是46；"无添加"的字体颜色是白色，字号是38，将这三个文本层转化为图形元件。在"ORANGE JUICE"层上的第55帧处插入关键帧，将第48帧中元件的"Alpha"值变为0，制作出元件在第48～55帧的传统补间动画，效果如图1-213所示。在"源自天然"层上的第59帧处插入关键帧，将第56帧中元件的"Alpha"值变为0，并将中心点调到左上角，制作出元件在第56～59帧的传统补间动画，文字沿文字左上角旋转出现的效果，效果如图1-214所示。

图 1-212

图 1-213

（8）新建"脚本"图层，在第69帧插入空白关键帧，为其添加脚本"Stop();"，效果如图1-215所示。

图 1-214

图 1-215

02

项目二
制作电子贺卡

项目简介

　　电子贺卡是人们通过网络传递信息和交流情感的一种媒介。要想制作出生动的邀请卡、生日贺卡、友情贺卡、春节贺卡等电子贺卡，就必须掌握 Animate 动画的制作方法。

　　本项目主要介绍 Animate 动画的制作原理、方法和技巧，以及制作电子贺卡的方法。通过本项目的学习，读者可以掌握利用 Animate CC 2019 制作各类电子贺卡的方法与技巧。

学习目标

- 掌握创建逐帧动画、动作补间动画、形状补间动画、引导路径动画、传统补间动画、遮罩动画的方法；
- 掌握春节贺卡、端午节贺卡、生日贺卡、友情贺卡的制作方法。

2.1 知识准备——Animate 动画

帧是构成动画的最基本元素之一，在 Animate 中根据帧的不同功能，可以将帧分为普通帧、空白关键帧和关键帧 3 种。

1. 普通帧

普通帧在时间轴中以黑灰色方块表示，常常处于关键帧的后面，作为关键帧之间的过渡，用于延长关键帧中动画的播放时间。是由系统经过计算自动生成的，用户无法直接对普通帧上的对象进行编辑。

2. 空白关键帧

空白关键帧在时间轴中以空心的小圆表示，这种关键帧中没有任何的内容，主要用于结束前一个关键帧的内容或分割两个相连的补间动画。

3. 关键帧

关键帧在时间轴中以黑色的实心小圆表示，主要用于定义动画中表现关键性动作或关键性内容变化的帧，一般的动画元素都必须在关键帧中编辑。根据创建动画的不同，关键帧在时间轴中的显示效果也不相同。

4. 动作脚本

帧单元格中有一个字母"a"，它表示在这一帧中带有动作脚本，如图 2-1 所示，动画播放到这一帧时，就会执行相应的动作。

5. 声音

若单元格中有像电波一样的波形图像，表示加载了声音，如图 2-2 所示，波形的振幅表示音量的大小。

图 2-1　　　　　　　　　　　图 2-2

6. 标签

帧标签有 3 种，分别是"名称""注释"和"锚记"标签，它们的外观如图 2-3 所示。"名称"标签是绑定在指定的关键帧上的标记，当移动、插入或者删除帧时，标签会随着指定关键帧移动，脚本中指定关键帧时，一般使用"名称"标签；"注释"标签用于显示提示性说明，在导出成 SWF 文件以后，标签上的注释会被清除，以减小文件的大小；"锚记"标签用于嵌入网页的 SWF 文件，它们可以通过网页浏览器中的"前进"和"后退"按钮来进行跳转，使浏览网页更加方便。

7. 帧的相关操作

（1）选择帧：在"时间轴"面板中，单击一个帧，可以看到它变成蓝色，表示已经把它选中；选择一帧后，按住 Shift 键的同时单击需要选择的连续帧的最后一帧，即可选择两帧之间所有的帧；选择一帧后按住 Ctrl 键的同时单击其他需要选择的帧，即可选择不连续的多个帧。

（2）移动帧：如果按住选中的帧进行拖动，那么可以改变这个帧的位置。

（3）使用右键菜单：用鼠标右键单击选中的帧，在弹出的快捷菜单中可选择帧的相应操作命令，如图 2-4 所示。

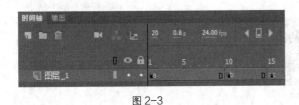

图 2-3　　　　　　　　　　　图 2-4

（4）使用命令菜单：执行"编辑">"时间轴"、"插入">"时间轴"或者"修改">"时间轴"命令，可以选取与帧操作相关的命令。

（5）设置帧频：帧频（FPS）是动画播放的速度，以每秒播放的帧数为度量。例如，某个影片在播放时，每秒播放 15 帧，那么帧频就是"15 帧每秒"，帧频太小会使动画看起来一顿一顿的，帧频太大会使动画的细节变模糊，一般可以将帧频设置为 12～30 帧每秒。

2.1.1 逐帧动画

1. 逐帧动画的制作

将动画中的每一帧都设置为关键帧，在每一个关键帧中创建不同的内容，该动画就称为逐帧动画。将这些静态图片快速连续播放形成动画，可以灵活地表现丰富多变的动画效果，最适于图像在每一帧中都需要发生变化的复杂动画。

实例练习——制作倒计时效果

实例描述：通过使用逐帧动画，模拟数字倒数计时时的效果，使数字由 10 变到 1。

（1）新建文档，设置"舞台"背景颜色为中灰色，帧频调整为 1，则时间轴显示单位为秒，如图 2-5 所示。保存影片文档为"倒计时.fla"。

（2）在时间轴上创建 3 个图层，分别重命名为"圆""线""内圆"。

（3）在"圆""线"和"内圆"图层上，绘制图 2-6 所示的图形。

（4）新建一个图层，命名为"数字"，使用"文本"工具在此层第 1 帧输入数字 10，在"属性"面板中更改字体、颜色、大小。

（5）在"数字"层的 2～10 帧分别插入关键帧，并分别将帧中的数字更改为 9、8、7、6、5、4、3、2、1。

（6）在除"数字"以外的其他图层的第 10 帧插入帧。时间轴如图 2-7 所示。

图 2-5

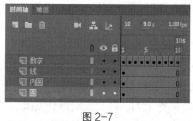

图 2-6   图 2-7

（7）按 Ctrl+Enter 组合键测试影片，静帧效果如图 2-8 所示，按 Ctrl+S 组合键保存文档。

2. 运用绘图纸功能编辑图形

使用"时间轴"面板中提供的绘图纸功能，可以在编辑动画的同时查看多个帧中的动画内容。图 2-9 所示是使用绘图纸功能后的时间轴。在制作逐帧动画时，利用该功能可以对各关键帧中图形的大小和位置进行更好的定位，并可参考相仿关键帧中的图形，对当前帧中的图形进行修改和调整。

图 2-8

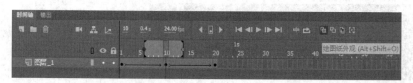

图 2-9

绘图纸相关按钮的功能如下。

◎ "绘图纸外观"按钮：单击此按钮后，在时间轴的上方出现绘图纸外观标记。拉动外观标记的两端，可以扩大或缩小显示范围。

◎ "绘图纸外观轮廓"按钮：单击此按钮后，场景中显示各帧内容的轮廓线，填充色消失，特别适合观察对象轮廓，另外可以节省系统资源，加快显示过程。

◎ "编辑多个帧"按钮：单击此按钮后可以显示全部帧内容，并且可以进行"多帧同时编辑"。

◎ "修改标记"按钮：单击此按钮后，弹出下拉菜单，如图 2-10 所示。

◎ "始终显示标记"选项：用于在时间轴标题中显示绘图纸外观标记，无论绘图纸外观是否打开。

◎ "锚定标记"选项：用于将绘图纸外

图 2-10

观标记锁定在它们在时间轴标题中的当前位置上。通常情况下，绘图纸外观范围是和当前帧的指针及绘图纸外观标记相关的。通过锚定绘图纸外观标记，可以防止它们随当前帧的指针移动。

◎ "标记范围 2"选项：用于在当前帧的两边显示两帧。

◎ "标记范围 5"选项：用于在当前帧的两边显示 5 帧。

◎ "标记所有范围"选项：用于在当前帧的两边显示全部帧。

实例练习——制作走路动画

实例描述：用逐帧动画制作一个描述现代女性走路的动画。动画主角甩动双臂，全身体态成 S 形曲线运动，左右摇摆的幅度较大，近似于 T 形舞台上时装模特的步姿，因为走路的每一帧都有动作变化，因此用逐帧动画技术来实现。

（1）启动 Animate CC 2019，新建一个影片文档，参数保持默认，将所有走路的原画导入"库"中，保存影片文档为"走路.fla"。

（2）执行"视图">"标尺"命令，拉出一条水平辅助线和一条竖直辅助线，以其交点作为动画的不动点。拖入第一张原画，将人物不动脚的脚尖与辅助线交点对齐，如图 2-11 所示。

（3）在第 2 帧按 F7 键插入空白关键帧，将第 2 张原画拖入"舞台"，用步骤（2）的方法将人物对齐。重复步骤（3），直到所有原画在舞台上对齐。

（4）使用时间轴上方的"编辑多个帧"按钮，检查所有帧是否对齐，使所有的原画对齐，如图 2-12 所示。

（5）按 Ctrl+Enter 组合键测试影片，观察动画效果，如图 2-13 所示。按 Ctrl+S 组合键保存文档。

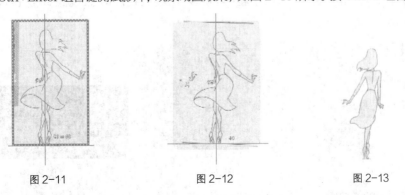

图 2-11　　　　　　　　图 2-12　　　　　　　　图 2-13

2.1.2　动作补间动画

在关键帧中放置一个元件，然后在另一个关键帧中改变这个元件的大小、颜色、位置、透明度等，

Animate 根据二者之间的帧的值创建的动画被称为动作补间动画。

构成动作补间动画的元素是元件，包括影片剪辑、图形、按钮、文字、位图、组合等。只有把形状或者组合转换成"元件"后，才可以制作"动作补间动画"。如果创建动作补间动画后，又改变了两个关键帧之间的帧数，或者在某个关键帧中移动了群组或实例，则 Animate 将自动重新生成两个关键帧之间的过渡帧。

1. 创建动作补间动画的两种方法

（1）选择图层的第 1 帧，用鼠标右键单击该帧，在弹出的快捷菜单中选择"创建补间动画"命令即可创建动作补间动画，如图 2-14 所示。

（2）选择要创建动画的第 1 个关键帧，执行"插入" > "补间动画"命令，如图 2-15 所示，Animate 将自动创建动作补间动画。

然后在结束帧的位置用鼠标右键单击，在弹出的快捷菜单中选择"插入关键帧" > "位置"等选项后，设置结束帧，即可完成动作补间动画的创建。动作补间动画创建后，"时间轴"面板的背景色变为黄色，如图 2-16 所示。

图 2-14   图 2-15   图 2-16

实例练习——制作蜜蜂采蜜动画

（1）启动 Animate CC 2019，新建一个影片文档，文档属性的参数保持默认。保存影片文档为"蜜蜂采蜜.fla"。

（2）将外部图像"花 02.jpg"导入到"舞台"上。

（3）将外部图像蜜蜂"bee.gif"导入"库"。

（4）新建一个图层，拖入"bee.gif"，"舞台"效果如图 2-17 所示。

（5）在"图层 1"的第 25 帧按 F5 键添加一个普通帧，选择"图层 2"的第 1 帧用鼠标右键单击，在弹出的快捷菜单中选择"创建补间动画"命令，然后在"图层 2"的第 20 帧用鼠标右键单击，在弹出的快捷菜单中选择"位置"命令，将"图层 2"第 20 帧的蜜蜂移到花蕊上，如图 2-18 所示。

（6）选择第 1 帧，在"属性"面板中展开"旋转"项。设置方向为"顺时针"，旋转为 1 次，如图 2-19 所示。

图 2-17   图 2-18   图 2-19

（7）完成以后的图层结构如图 2-20 所示。

（8）按 Ctrl+Enter 组合键测试影片，观察动画效果。按 Ctrl+S 组合键保存文档。

2．动作补间动画参数设置

（1）缓动：设置物体的加速减速运动。

◎ 数值范围为 −100 ~ 1，速度由慢到快，朝运动结束的方向加速度补间。

◎ 数值范围为 1 ~ 100，速度由快到慢，朝运动结束的方向减慢补间。

图 2-20

默认情况下，补间帧之间的变化速率是不变的。

（2）旋转：让物体旋转，有无、顺时针、逆时针 3 种旋转方式。

◎ 顺时针：顺时针旋转相应的圈数。

◎ 逆时针：逆时针旋转相应的圈数。圈数在"X"后面的数值框中输入即可。

（3）调整到路径：此功能主要用于引导层动画中，可将物体调整到引导路径上。

3．编辑动作补间动画

在 Animate 中可以利用动画编辑器来精确调整动作补间动画，去极大地丰富动画效果，模拟真实的行为。以下的动画效果经常需要使用动画编辑器来实现。

（1）添加不同的缓动预设或自定义缓动：使用动画编辑器可以添加不同预设、添加多个预设或创建自定义缓动。对补间属性添加缓动是模拟对象真实行为的最简便方式。

（2）合成曲线：可以对单个属性应用缓动，然后使用合成曲线在单个属性图上查看缓动的效果。

（3）锚点和控制点：可以使用锚点和控制点隔离补间的关键部分并进行编辑。

（4）动画的精细调整：动画编辑器是制作某些种类动画的唯一方式，如对单个属性通过调整其属性曲线来创建弯曲的路径补间。

在时间轴上，选择要调整的补间动画，然后双击该补间范围；也可以用鼠标右键单击该补间范围，然后在弹出的快捷菜单中选择"调整补间"命令来调出动画编辑器，如图 2-21 所示。

可补间的对象的属性如下。

（1）2D 下的 X 和 Y 位置属性。

（2）3D 下的 Z 位置属性（仅限影片剪辑）。

（3）2D 下的旋转（围绕 z 轴）属性。

（4）3D 下的 X、Y 和 Z 旋转（仅限影片剪辑）属性。

（5）3D 动画要求 FLA 文件在发布设置中面向 ActionScript 3.0 和 Flash Player 10 或更高版本。Adobe AIR 还支持 3D 动画。

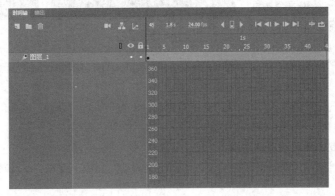

图 2-21

（6）倾斜的 X 和 Y 属性。

（7）缩放的 X 和 Y 属性。

（8）颜色效果属性。

（9）色彩效果包括 alpha（透明）、亮度、色调和高级颜色设置。颜色效果只能在元件和 TLF 文本上进行补间。通过补间这些属性，可以赋予对象淡入某种颜色或从一种颜色逐渐淡化为另一种颜色的效果。若要在传统文本上补间颜色效果，需要将文本转换为元件。

（10）滤镜属性。不能将滤镜应用于图形元件。

为了产生更逼真的动画效果，还可以在动画编辑器中通过应用预设缓动和自定义缓动来改变属性值的变化速率，从而控制补间的速度。

在动画编辑器中，选择要对其应用缓动的属性，然后单击"添加缓动"按钮以显示"缓动"面板。在"缓动"面板中，可以进行如下选择。

◎ 从左窗格选择预设，可以应用预设缓动。在"缓动"字段中输入一个值，以指定缓动强度。

◎ 选择左窗格中的"自定义"命令，就可以修改缓动曲线，创建一个自定义缓动。

2.1.3 传统补间动画

1. 创建传统补间动画

在传统补间动画中，可在动画的重要位置定义关键帧，Animate CC 2019 会自动在关键帧之间创建内容。

首先，在同一图层中创建两个关键帧。然后用鼠标右键单击两个关键帧之间的任一普通帧，执行"创建传统补间"命令，即可为这两个关键帧建立传统补间关系。两个关键帧之间的插补帧会显示一个箭头。

2. 编辑传统补间动画

（1）缓动

传统补间可以使用一组常用的缓动预设。可以从缓动预设列表中选择预设，然后将其应用于选定属性。

在 Animate 时间轴中单击包含补间的图层，单击"属性"面板中的"补间"类别。可以使用"缓动"下拉列表去设置缓动类型，如图 2-22 所示。

可以对传统补间应用缓动预设属性。在"属性"面板中，提供了用于设置缓动属性的选项。可以选择"单独每个属性"以对每个属性应用不同的缓动预设。如图 2-23 所示。

图 2-22

图 2-23

如果要在补间的所有属性中应用相同的缓动，可以选择"所有属性一起"选项。

（2）旋转

除了设置元件的缓动外，Animate 还支持设置元件的旋转。在"属性"面板的"补间"选项卡的"旋转"下拉列表中有 4 种旋转方式。

实例练习——制作弹跳的皮球动画

实例描述：通过使用传统补间动画，设置"自定义缓动"曲线，模拟皮球及其投影落地再弹起的效果。

（1）启动 Animate CC 2019，新建一个文档，文档属性的参数保持默认。保存影片文档为"弹跳的皮球.fla"。

（2）将外部图像"背景.jpg""皮球.png""投影.png"图片导入"库"中。

（3）在时间轴上创建 2 个图层，分别重命名为："背景""皮球"。

（4）在"背景"图层中拖入"背景.jpg"，并利用"对齐"命令快速与舞台匹配。在这个图层的第 50 帧按 F5 键插入普通帧，并锁定图层。

（5）将"皮球.png"图片转换为影片剪辑元件，拖入"皮球"图层中的第 1 帧，调整到合适大小，并将其移动到高处，第 30 帧处按下 F6 键插入关键帧，将皮球移动到背景图中的红色跑道上，选择第 1 帧创建传统补间动画，第 1 帧、第 30 帧处动画静帧效果如图 2-24、图 2-25 所示。

图 2-24　　　　　　　　　图 2-25

（6）单击"皮球"图层中的第 1 帧，单击帧"属性"面板中"补间"选项卡，设置"缓动"为"所有属性一起"，单击"缓动类型"旁边的"小铅笔"图标，弹出"自定义缓动"对话框，如图 2-26 所示。

（7）在弹出的"自定义缓动"对话框中，在对角线上单击添加节点，并移动节点和拖动左右两个切点，设置好第 1~30 帧的缓动曲线，并将自定义的缓动曲线命名为"弹跳"，如图 2-27 所示。

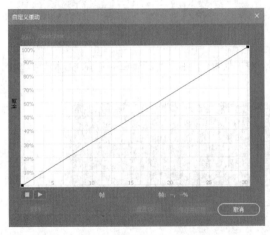

图 2-26

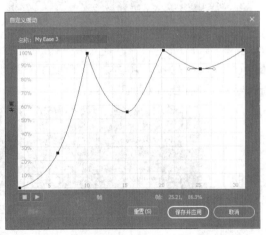

图 2-27

（8）按 Enter 键测试影片，可以看到皮球来回弹跳最终落在地上的动画效果。

（9）在时间轴上创建一个新图层，命名为"投影"，位于"背景""皮球"两个层中间。图层结构如图 2-28 所示。

（10）在"投影"图层中拖入"投影.png"，并按下快捷键 F8，将"投影.png"图片转换为影片剪辑元件。

图 2-28

（11）在该图层的第 30 帧处按 F6 键插入关键帧，利用任意变形工具将第 1 帧和第 30 帧处的关键帧中投影大小和"Alpha"分别调整为图 2-29、图 2-30 所示。

（12）选择"投影"图层中的第 1 帧，创建传统补间动画。

（13）单击"投影"图层中的第 1 帧，单击帧"属性"面板中"补间"选项卡，设置"缓动"为"所有属性一起"，双击"缓动类型"中"Custom"选项卡中自定义的"弹跳"缓动曲线，将缓动曲线应用到"投影"图层的动画效果中，如图 2-31 所示。

（14）按 Enter 键测试影片，可以看到皮球的投影随着皮球的弹跳发生的大小和透明度的变化，分别如图 2-32、图 2-33 所示。

图 2-29　　　　　　　　　　　　　　　图 2-30

图 2-31　　　　　　　图 2-32　　　　图 2-33

（15）选中"投影"和"皮球"图层的第 50 帧，按下快捷键 F5，将动画延长至第 50 帧处。实例制作完成后的图层结构如图 2-34 所示。

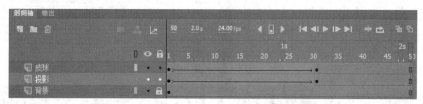

图 2-34

2.1.4　形状补间动画

在一个关键帧中绘制一个形状，然后在另一个关键帧中更改该形状或绘制另一个形状，Animate根据二者之间的帧的值或形状来创建的动画称为"形状补间动画"。

形状补间动画可以实现两个图形之间颜色、形状、大小、位置的相互变化，其使用的元素多为绘制出来的"形状"，如果使用图形元件、按钮、文字，则必先"打散"，将其转换为"形状"才能创建形状补间动画。

1．创建形状补间动画

（1）在"时间轴"面板上动画开始播放的地方绘制动画的初始形状，在动画结束处插入空白关键帧，绘制动画的结束图形。

（2）用鼠标右键单击开始帧或者用鼠标右键单击两个关键帧之间的任意帧，在弹出的快捷菜单中选择"创建补间形状"命令，这样便在这两个关键帧之间创建了形状补间动画，如图 2-35 所示。

图 2-35

实例练习——制作一个简单的万花筒效果

实例描述：通过使用形状补间动画，设置圆和花瓣间的形状补间，模拟万花筒效果。

（1）启动 Animate CC 2019，新建一个影片文档，设置"舞台"尺寸为 400 像素×300 像素，其他参数保持默认，保存影片文档为"百花绽放.fla"，并将"背景.jpg"导入到库。

（2）在时间轴上创建 2 个图层，分别重命名为"背景""花"。

（3）在"背景"图层上，从库文件中拖入"背景.jpg"，如图 2-36 所示。

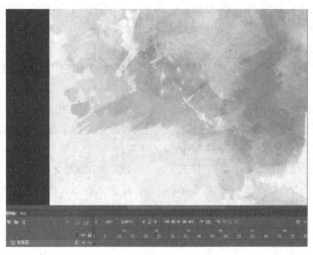

图 2-36

（4）创建一个"花"影片剪辑元件，在第 1 帧用"椭圆"工具绘制一个无边框蓝色填充的圆，效果如图 2-37 所示。在第 30 帧用"直线"工具绘制花瓣，效果如图 2-38 所示。

（5）选择第 1 帧，用鼠标右键单击，在弹出的快捷菜单中选择"创建补间形状"命令，如图 2-39 所示。创建形状补间动画，如图 2-40 所示。按 Enter 键，可以看到一个圆形变为花瓣，静帧效果如图 2-41 所示。

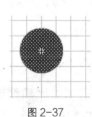

图 2-37   图 2-38   图 2-39

（6）拖放多个"花"影片剪辑元件的实例到"花"图层中，并改变各个实例的大小、颜色、透明度，如图 2-42 所示。

至此，本实例制作完成，完成以后的效果如图 2-43 所示。

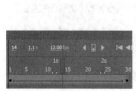

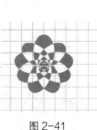

图 2-40   图 2-41   图 2-42   图 2-43

2. 形状补间动画"属性"面板参数设置

（1）"缓动"选项

设置物体的加速减速运动，与传统补间动画参数相同。

（2）"混合"选项

◎ "角形"选项：创建的动画中间形状会保留明显的角和直线，适合于具有锐化转角和直线的混合形状。

◎ "分布式"选项：创建的动画中间形状比较平滑和不规则，形状变化得更加自然。

3. 使用形状提示

（1）单击开始关键帧，执行"修改">"形状">"添加形状提示"命令，该帧的形状中会增加一个带字母的红色圆圈（一般第一个提示是字母"a"），在结束帧形状中也会相应地出现一个一模一样的红色圆圈。

（2）在不同的关键帧中单击，并分别将这 2 个"提示圆圈"拖放到适当的位置，如果使用形状提示成功后，开始帧上的"提示圆圈"就变为黄色，结束帧上的"提示圆圈"会变为绿色。安放不成功或者它们不在一条曲线上时，"提示圆圈"颜色保持不变。

（3）删除所有的形状提示，可执行"修改">"形状">"删除所有提示"命令，删除单个形状提示，可用鼠标右键单击它，在弹出的快捷菜单中选择"删除提示"命令。

实例练习——制作字母 E 变为 F 动画

（1）新建一个 Animate 影片文档，保持文档属性参数的默认设置。保存影片文档为"字母 E 变F.fla"。

（2）选择"文本"工具，在"属性"面板中，设置字体为幼圆，字号为 150，文本颜色为棕色。

（3）输入字母 E，执行"修改">"分离"命令，将字母分离成形状，"舞台"效果如图 2-44所示。

（4）选择"图层 1"的第 20 帧，按 F7 键插入空白关键帧，输入字母 F 并把它分离成形状。"舞台"效果如图 2-45 所示。

（5）选择第 1 帧，在"属性"面板中定义形状补间动画，按 Enter 键测试。

（6）选择"图层 1"的第 1 帧，执行"修改">"形状">"添加形状提示"命令，再执行 3 次"修改">"形状">"添加形状提示"命令，效果如图 2-46 所示。

（7）调整第 20 帧处的形状提示，如图 2-47 所示。

（8）调整好后，由第 20 帧返回到第 1 帧，提示点的颜色发生变化，如图 2-48 所示。

图 2-44　　　图 2-45　　　　　　图 2-46　　　　　　图 2-47　　　　　图 2-48

（9）按 Enter 键测试，效果如图 2-49 所示。

4. 使用可变宽度向笔触添加形状补间动画

在 Animate CC 2019 中可以给可变宽度的笔触添加形状补间动画，也可以对可变宽度配置文件的笔触添加形状补间动画。

图 2-49

2.1.5　引导路径动画

引导路径动画是指创建一条路径，引导动画对象按照一定的路径运动。

1．引导方式

引导方式可分为两种，即普通引导和传统运动引导。

（1）普通引导方式

在制作动画过程中，为了在绘制时帮助对齐对象，可创建引导层。在"时间轴"面板中，普通引导方式所在的引导层，通常以"尺子"为标记。该图层主要用于辅助静态对象定位，不会导出，不会显示在发布的 SWF 文件中。

在"时间轴"面板中，选中图层，然后用鼠标右键单击，在弹出的快捷菜单中选择"引导层"命令，即将该图层转化为引导图层。创建引导层后，即可在引导图层中绘制引导路径。在插入的新图层中，可以使用引导路径为其他图层中的对象定位。创建了引导图层的"时间轴"面板如图 2-50 所示。

（2）传统运动引导方式

在"时间轴"面板中，选中图层，然后用鼠标右键单击，在弹出的快捷菜单中选择"添加传统运动引导层"命令，即将该图层转化为传统运动引导图层。在传统运动引导图层所引导的图层中，可将补间动画关键帧中的元件与引导路径的两个端点绑定。运动对象将按照引导路径的轨迹移动。创建了传统运动引导图层的"时间轴"面板如图 2-51 所示。

图 2-50

图 2-51

2．创建引导路径动画的方法

（1）一个最基本的引导路径动画由两个图层组成，上面一层是"引导层"，下面一层是"被引导层"。

（2）引导路径动画最基本的操作就是使一个运动动画"附着"在"引导路径"上，所以操作时要特别注意引导路径的两端，被引导的对象起始、终点的 2 个"中心点"一定要对准引导路径的 2 个端点。

3．将图层与传统运动引导层链接起来

如需要把其他图层也放置到当前传统运动引导层的路径上来，被其引导，就将现有图层拖到传统运动引导层的下面，该图层在传统运动引导层下面以缩进形式显示，该图层上的所有对象自动与传统运动路径对齐。

4．断开图层与传统运动引导层的链接

断开被引导层与引导层的引导关系，有以下两种方法。

（1）拖动该图层到传统运动引导层的上面。

（2）执行"修改">"时间轴">"图层属性"命令，然后选择图层类型为"一般"。

实例练习——制作蜻蜓飞上荷花动画

实例描述：通过使用引导路径动画，模拟蜻蜓飞上荷花的效果。

（1）新建一个 Animate 影片文档，文档属性的参数保持默认。保存影片文档为"蜻蜓飞上荷花.fla"。

（2）将外部图像"荷花.jpg"导入"舞台"中。

（3）将蜻蜓身体导入"库"面板中。

（4）执行"插入"＞"新建元件"命令，打开"创建新建元件"对话框，新建图形元件"翅膀"。绘制出翅膀形状，效果如图 2-52 所示。创建"翅膀"动画，图层结构如图 2-53 所示。

（5）执行"插入"＞"新建元件"命令，新建影片剪辑元件，并命名为"蜻蜓动"。绘制蜻蜓眼睛，添加"翅膀"效果，调整大小，如图 2-54 所示，创建"蜻蜓动"动画，图层结构如图 2-55 所示。

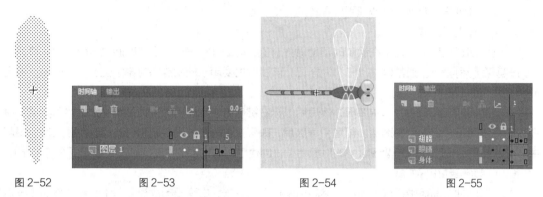

图 2-52　　　　　　　图 2-53　　　　　　　　图 2-54　　　　　　　　图 2-55

（6）新建一个图层"蜻蜓"，将"蜻蜓动"影片剪辑拖入第 1 帧。选择"蜻蜓"图层的第 55 帧，按 F6 键插入关键帧。

（7）单击"添加运动引导层"按钮，新建引导层。在该图层上绘制一个曲线图形，如图 2-56 所示。选择这个图层的第 55 帧，按 F5 键插入普通帧，图层结构如图 2-57 所示。

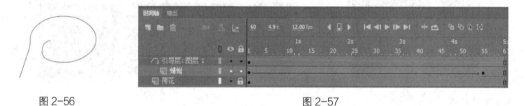

图 2-56　　　　　　　　　　　　　图 2-57

（8）将第 1 帧上的"蜻蜓动"拖动到曲线的起始点（接近端点时，自动吸附到上面），如图 2-58 所示。选择第 55 帧上的"蜻蜓动"，将其拖动到曲线的终点（接近端点时，自动吸附到上面），如图 2-59 所示。

（9）按 Enter 键测试影片。会发现蜻蜓的飞行姿态没有贴合路径，比较生硬，动画细节需要改进。

（10）选择第 1 帧，在"属性"面板中选中"调整到路径"复选框，如图 2-60 所示。

图 2-58

（11）按 Ctrl+Enter 键测试影片，可以看到蜻蜓抖动着翅膀沿着曲线运动到荷花上，如图 2-61 所示。

图 2-59

图 2-60

图 2-61

实例练习——制作动态导航按钮

实例描述：制作 4 个导航按钮在一段圆弧上逐个出现的动画效果，如图 2-62 所示。

图 2-62

（1）启动 Animate CC 2019，新建一个影片文档，文档属性的参数保持默认。保存影片文档为"动态导航按钮.fla"。

（2）创建绿线。"图层 1"重命名为"绿线"。在"绿线"层的第 1 帧，选择"线条"工具，线条色为绿色，绘制一条曲线。

（3）新建"图层 2"，重命名为"按钮 1"，选择该图层并单击鼠标右键，在弹出的菜单中选择"添加传统运动引导层"命令，然后在该引导层中绘制一条和绿线相同的曲线。

（4）选择"按钮 1"层的第 1 帧，将"链接 1"按钮从库中拖到曲线的始端。选择第 20 帧，将"链接 1"按钮放置在曲线的末端。测试动画，会发现按钮从开始端沿着曲线运动到末端。

（5）在"按钮 1"层上新建图层并命名为"按钮 2"，在该层的第 9 帧插入空白关键帧，将"链接 2"按钮元件从"库"面板中拖到其中，并放置在曲线的始端。在第 20 帧插入关键帧，将"链接 2"按钮放置在图 2-63 所示的位置，并在第 9 帧创建动作补间动画。

（6）在"按钮 2"层上新建图层并命名为"按钮 3"，在该层的第 14 帧插入空白关键帧，将"链接 3"按钮元件从"库"面板中拖到其中，并放置在曲线的始端。在第 20 帧插入关键帧，将"链接 3"按钮放置在图 2-64 所示的位置，并在第 14 帧创建动作补间动画。

图 2-63   图 2-64

（7）在"按钮 3"层上新建"按钮 4"图层，在该层的第 20 帧插入空白关键帧，并将"链接 4"按钮元件从"库"面板中拖到其中，将其放置在曲线的始端，整个动画图层分布如图 2-65 所示。

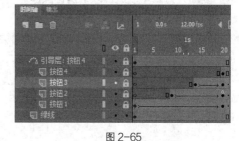

图 2-65

（8）测试动画，会发现由于各层按钮出现的时间不同，分别是第 1 帧、第 9 帧、第 14 帧和第 20 帧，因此4 个按钮依次从曲线的开始端沿曲线运动，但结束端停止的位置不同。

（9）为了让动画在最后一帧停止下来，选择第 20 帧（任意按钮层都可以），按 F9 键打开"动作"面板，在其中输入"stop();"。

2.1.6　遮罩动画

在制作遮罩动画时，需要先创建一个遮罩层，利用遮罩层可以决定被遮罩对象中对象的显示情况。遮罩层中一般放置填充形状、文字、元件的实例等。遮罩层本身在影片中是不可见的。

Aniamte 中的遮罩可分为静态遮罩和动画遮罩两种。

（1）静态遮罩用于控制图层的显示区域。遮罩层一般是由普通层转换而来的。

在需要被遮罩的图层上方，创建遮罩图层，然后在新建的图层中绘制图形，将下方被遮罩图层中需要显示的区域遮罩住。绘制好遮罩层中的内容后，用鼠标右键单击该图层，执行"遮罩层"命令，将图层转换成遮罩层。

（2）动画遮罩即在动画中的遮罩层，其既可以是在遮罩层制作的动画，又可以是在被遮罩层制作的动画。

1. 创建遮罩

在"时间轴"面板中用鼠标右键单击创建的遮罩层，从弹出的快捷菜单中选择"遮罩层"命令，如图 2-66 所示。该层将转换为遮罩层，用一个遮罩层图标来表示，如图 2-67 所示。

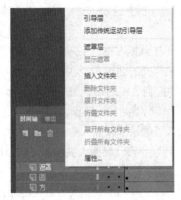
图 2-66

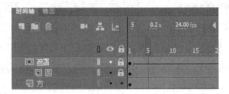
图 2-67

2. 添加多个被遮罩层

要添加多个被遮罩层可以进行以下 3 种操作。

（1）将现有的图层直接拖到遮罩层的下面，如图 2-68 所示。

（2）在遮罩层下面的任何地方创建一个新图层。

（3）执行"修改" > "时间轴" > "图层属性"命令，然后选择"被遮罩"选项。

3. 断开遮罩

要断开遮罩可以进行以下两种操作。

（1）将图层拖到遮罩层的上面。

（2）执行"修改" > "时间轴" > "图层属性"命令，然后选择图层类型为"一般"，如图 2-69 所示。

图 2-68

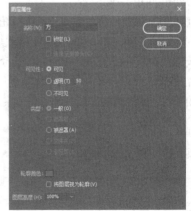
图 2-69

实例练习——制作遮罩动画

（1）启动 Animate CC 2019，新建一个影片文档，设置文档大小为 1024 像素×1024 像素，其他参数保持默认。保存影片文档为"图形遮罩动画.fla"。

（2）将外部图像"藏宝图.jpg"导入"舞台"上。

（3）新建一个图层"图层2"，用"椭圆"工具绘制一个圆，"舞台"效果如图2-70所示。

（4）用鼠标右键单击"图层2"，在弹出的快捷菜单中选择"遮罩层"命令，图层结构变化如图2-71所示。

（5）舞台显示效果如图2-72所示。只显示了被圆遮挡住的藏宝图的部分内容，其他没有被圆遮挡的区域都没有显示。

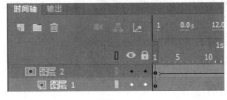

图2-70　　　　　　　　　　　图2-71　　　　　　　　　　　图2-72

（6）在"图层1"的第20帧按F5键添加一个普通帧，在"图层2"的第50帧按F6键添加一个关键帧，将图层2的锁定打开，在第50帧处将圆尺寸变大，形状变为椭圆，定义从1～50帧为形状补间动画。图层结构如图2-73所示。

（7）按Ctrl+Enter组合键测试影片，观察动画效果，可以看出随着圆的形状变化，显示出的图像区域也越来越多，基本可以呈现出藏宝图的全貌。舞台效果如图2-74所示。

图2-73　　　　　　　　　　　　　　　　　图2-74

实例练习——制作文字遮罩动画

（1）启动Animate CC 2019，新建一个影片文档，设置舞台尺寸为450像素×200像素，其他参数保持默认，保存影片文档为"文字遮罩动画.fla"。

（2）在时间轴上创建2个图层，分别重命名为 "图片""文字"。

（3）执行"文件">"导入">"导入到库"命令，导入"红.jpg"和"绿.jpg"两张图片。

（4）选择"图片"图层上的第1帧，拖入"红"和"绿"两张图片并调整大小和位置，效果如图2-75所示。

（5）选择"图片"图层上的第32帧，插入关键帧，调整图片的大小和位置，效果如图2-76所示。

（6）在"文字"图层，输入"遮罩动画"，文字的字号为100，字体为"幼圆"，效果如图2-77所示。

图2-75　　　　　　　　　　　图2-76　　　　　　　　　　　图2-77

（7）选择"图片"图层的第一帧，用鼠标右键单击，在弹出的快捷菜单中选择"创建传统补间"命令。建立第 1～32 帧的传统补间动画。

（8）选择"文字"层，用鼠标右键单击，在弹出的快捷菜单中选择"遮罩层"命令，定义遮罩动画。

至此，本实例制作完成，完成后的图层结构如图 2-78 所示，静帧效果如图 2-79 所示。

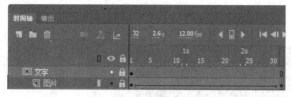

图 2-78　　　　　　　　　　　　　　　　　图 2-79

实例练习——制作卷轴画动画

实例描述：使用遮罩动画，模拟卷轴画打开的效果。

（1）启动 Animate CC 2019，新建一个影片文档，设置舞台尺寸为 600 像素×350 像素，其他参数保持默认，保存影片文档为"卷轴画.fla"。

（2）在时间轴上创建 4 个图层，分别重命名为 "花鸟""遮罩""左卷轴"和"右卷轴"。

（3）执行"文件"＞"导入"＞"导入到库"命令，导入"花鸟.jpg""画布.jpg"和"画轴.gif"。

（4）在"花鸟"图层上，拖入"花鸟"和"画布"图片，效果如图 2-80 所示。

（5）在"遮罩"图层，创建一个填充色为黑色的矩形，矩形的大小在第一帧的效果如图 2-81 所示，在第 60 帧的效果如图 2-82 所示。

（6）选择"遮罩"图层的第一帧，执行"插入"＞"补间形状"命令，建立第 1～60 帧的形状补间动画。

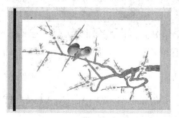

图 2-80　　　　　　　　　　图 2-81　　　　　　　　　　图 2-82

（7）选择"左卷轴"图层的第 1 帧，拖入"画轴.gif"，效果如图 2-83 所示。

（8）选择"右卷轴"图层的第 1 帧，拖入"画轴.gif"，效果如图 2-84 所示。

（9）选择"右卷轴"图层的第 60 帧，插入关键帧。移动画轴的位置，效果如图 2-85 所示。

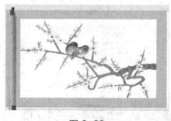
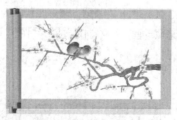

图 2-83　　　　　　　　　　图 2-84　　　　　　　　　　图 2-85

（10）选择"右卷轴"图层的第 1 帧，用鼠标右键单击，在弹出的快捷菜单中选择"创建传统补间"命令，建立第 1～60 帧的补间动画。

（11）选择"遮罩"层，单击鼠标右键，在弹出的快捷菜单中选择"遮罩层"命令，定义遮罩动画。

至此，本实例制作完成，完成后的图层结构如图2-86所示，静帧效果如图2-87所示。

图2-86

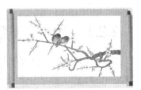
图2-87

2.1.7 动画预设

动画预设是Animate预先配置的运动补间动画，可以将它们应用于舞台上的对象。用户可以创建并保存自己的自定义预设，可以使用修改过的现有动画预设，也可以使用自己创建的自定义补间。使用预设可极大节约项目的制作时间，提高动画设计制作效率。

1. 动画预设

动画预设可应用于各种文本字段、影片剪辑元件和按钮元件。在为元件应用动画预设之前，需要先执行"窗口">"动画预设"命令，打开"动画预设"面板，如图2-88所示。

"动画预设"面板包括"预设浏览""预设列表"等区域以及下方的一些按钮等。在工作区中选择要添加的动画预设的元件和文本后，即可在"动画预设"面板中选择相应的预设项目，查看"预设浏览"，如图2-89所示。

Animate CC 2019提供了32种自带的动画预设。

2. 自定义动画预设

用户可以自定义动画预设。例如，制作一段动画，然后选择时间轴中的帧，单击"动画预设"面板下方的"将选取另存为预设"按钮，即可创建新的动画预设。

在保存动画预设时，打开"将预设另存为"对话框，可在该对话框中设置这些自定义动画预设的名称。图2-90所示的abc即为预设动画。

图2-88

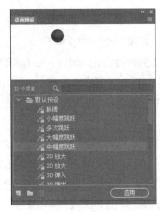
图2-89

图2-90

用户自定义的预设是没有预设预览的。在"动画预设"面板中单击"删除项目"按钮，可将已添加的动画预设从列表中删除。

2.2 任务一——制作春节贺卡

制作春节贺卡

2.2.1 案例效果分析

本设计作品以红色为主色调，配上春节的代表物灯笼和金牛，鼠标滑过金牛时呈现"牛年行大运"图片，4 个福字转动出拜年的"吉祥语"，突出体现了春节热闹嘉庆的气氛，如图 2-91 所示。

图 2-91

2.2.2 设计思路

（1）制作影片剪辑元件"福字动"和"金牛微动"。
（2）制作 4 个"福字"按钮和"金牛"按钮。
（3）制作灯笼和影片剪辑元件"穗动"。
（4）制作底图和祥云效果。

2.2.3 相关知识点和技能点

"变形"面板的使用，在制作图形元件时综合使用各种绘图工具；影片剪辑元件、按钮、传统补间动画的制作。

2.2.4 任务实施

（1）启动 Animate CC 2019，新建一个空白文档。
（2）修改文档属性。按 Ctrl+J 组合键，出现图 2-92 所示的对话框，将尺寸修改为 945 像素×473 像素，单击"创建"按钮。
（3）按 Ctrl+F8 组合键，新建图形元件"福字"，将素材图片拖入"舞台"中，如图 2-93 所示。
（4）新建影片剪辑元件"福字动"，将元件"福字"拖入"舞台"中，在时间轴第 10 帧和第 20 帧插入关键帧。按 Ctrl+T 组合键调出"变形"面板，在第 10 帧缩放元件的宽度为 4%，如图 2-94 所示。在第 1～10 帧、第 10～20 帧之间用鼠标右键单击，在弹出的快捷菜单中选择"创建传统补间"命令，"时间轴"面板如图 2-95 所示。
（5）新建按钮元件"按钮 1"，将元件"福字"拖入"舞台"中，在时间轴的"指针经过"帧插入关键帧，将"福字"元件删除，将"福字动"元件拖入"舞台"中，放在相同的位置。新建图层"文字"，在时间轴的"指针经过"帧插入关键帧，使用"文字"工具输入图 2-96 所示的文字。

图 2-92

图 2-93　　　　　　图 2-94　　　　　　　　　　图 2-95

使用同样的方法，新建元件"按钮2""按钮3""按钮4"，分别如图2-97~图2-99所示。

图 2-96　　　　　　图 2-97　　　　　　图 2-98　　　　　　图 2-99

（6）按 Ctrl+F8 组合键，新建图形元件"金牛"，将"金牛"素材图片拖入"舞台"中。

（7）新建影片剪辑元件"金牛动"，将元件"金牛"拖入"舞台"中，在时间轴第 20 帧和第 40 帧插入关键帧。按 Ctrl+T 组合键调出"变形"面板，在第 0 帧和 40 帧处旋转金牛元件的角度为-10°，如图 2-100 所示。"时间轴"面板如图 2-101 所示。

（8）新建按钮元件"金牛按钮"，将元件"金牛"拖入"舞台"中，在时间轴的"指针经过"帧插入关键帧，将"金牛微动"元件拖入"舞台"中，放在相同的位置，并将图片"牛年行大运"拖入到当前帧中，放在图 2-102 所示的位置，"时间轴"面板如图 2-103 所示。

图 2-100　　　　　　　　　　　　图 2-101

图 2-102　　　　　　　　图 2-103

（9）新建图形元件"灯笼"，将素材图片拖入"舞台"中，如图 2-104 所示。

（10）新建图形元件"灯笼穗"，将素材图片拖入"舞台"中，如图 2-105 所示。新建影片剪辑元件"穗动"，将"灯笼穗"元件拖入"舞台"中，在第 1 帧使用"变形"工具，将中心控制点上移，然后改变元件的形状，如图 2-106 所示。在时间轴的第 40 帧和第 80 帧处插入关键帧。在第 40 帧使用"变形"工具改变元件的形状，如图 2-107 所示。在第 1~40 帧、第 40~80 帧之间创建传统补间动画，"时间轴"面板如图 2-108 所示。

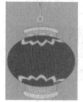

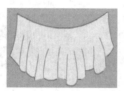

图 2-104　　　　　　图 2-105　　　　　　图 2-106　　　　　　图 2-107

图 2-108

　　回到场景 1，重命名"图层 1"为"底图"，将背景图片拖入"舞台"中，调整其位置和大小使其适合舞台。

　　（11）新建图层"灯笼穗"，将"穗动"元件拖入"舞台"中。

　　（12）新建图层"灯笼"，将"灯笼"元件拖入"舞台"中，如图 2-109 所示。

　　（13）新建图层"金牛"，将"金牛"按钮拖入"舞台"中，如图 2-110 所示。

图 2-109　　　　　　　　　　　　　　　图 2-110

　　（14）新建图层"福字按钮"，将按钮 1、2、3、4 拖入"舞台"中，如图 2-111 所示。

　　（15）新建图层"祥云"，将"祥云装饰"拖入"舞台"中，并复制一份，调整至合适位置和大小，如图 2-112 所示。

图 2-111　　　　　　　　　　　　　　　图 2-112

　　（16）按 Ctrl+Enter 组合键测试影片，保存文件。

2.3　任务二——制作端午节贺卡

制作端午节
贺卡

2.3.1　案例效果分析

　　本案例设计的端午节贺卡，画面以绿色为主，将翠竹、粽叶和粽子等端午节特有的元素应用到动画中。整个动画轻柔、流畅，配上好听的音乐，给人一种美的享受，效果如图 2-113 所示。

图 2-113

2.3.2 设计思路

（1）制作背景、边框、图框。

（2）制作翠竹、涟漪、星星。

（3）制作粽子的传统补间动画。

（4）制作文本动画。

（5）插入背景音乐。

（6）添加脚本。

2.3.3 相关知识和技能点

使用形状补间动画制作画面过渡效果，使用动作补间动画创建文本动画，以及图层的操作。

2.3.4 任务实施

（1）启动 Animate CC 2019，打开"端午节贺卡素材.fla"文件，将"图层 1"重命名为"图框"，将"图框"元件拖至"舞台"中央，效果如图 2-114 所示。

（2）在图层底部新建"边框"图层，拖入"边框"元件，在"边框"图层的第 188 帧插入普通帧，效果如图 2-115 所示。

（3）在图层底部新建"背景"图层，在第 1 帧拖入"背景"元件，并在"背景"图层的第 188 帧插入普通帧，效果如图 2-116 所示。

图 2-114

图 2-115

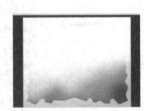

图 2-116

（4）在"图框"图层下面新建"过渡"图层。选择"过渡"图层，在第 1～49 帧制作出画面由白色变清晰的形状补间动画，"时间轴"面板如图 2-117 所示。

（5）新建"翠竹"图层，拖入"翠竹"实例，将第 1 帧对应的"翠竹"实例水平翻转，并放置在"舞台"的右侧，效果如图 2-118 所示。

图 2-117　　　　　　　　　　　　　　　　　　图 2-118

（6）在"背景"图层上新建"涟漪"图层，在第 1 帧将"涟漪"元件拖至"舞台"的右下角，并将其"X"和"Y"分别设置为 250 和 199.5，效果如图 2-119 所示。

（7）在"涟漪"图层上新建"粽子 1"和"粽子 2"图层，在第 1～80 帧创建传统补间动画，制作出两个粽子从"舞台"底部向上运动的动画效果，"时间轴"面板如图 2-120 所示。

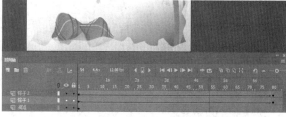

图 2-119　　　　　　　　　　　　　　　　　　图 2-120

（8）依次新建"文本 1""文本 2"图层，分别在"文本 1"图层的第 30～70 帧，"文本 2"图层的第 70～110 帧创建传统补间动画，通过改变文本实例的"Alpha"值制作出 2 组文本由无到出现的文本动画，并在这 2 个图层的第 188 帧处插入普通帧，"时间轴"面板如图 2-121 所示。

（9）新建"文本动"图层，在第 118 帧插入空白关键帧，将"文本动"元件拖至"舞台"，效果如图 2-122 所示。

（10）新建"星星"图层，拖入"变色星星"元件。多次复制该实例，然后调整其旋转角度，将其分布在"舞台"上，效果如图 2-123 所示。

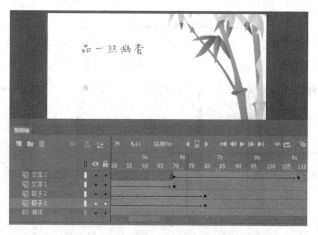

图 2-121

（11）在图层最顶层新建"脚本"图层，在第 188 帧插入空白关键帧，并为该帧添加脚本"stop();"，如图 2-124 所示。再新建"音乐"图层,为贺卡添加背景音乐,至此,端午节贺卡制作完成。

图 2-122

图 2-123

图 2-124

(12)完成后的图层结构如图 2-125 所示。

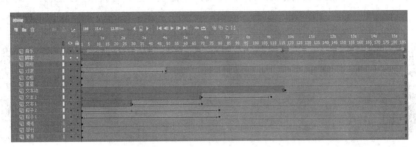
图 2-125

2.4 实训任务——制作友情贺卡

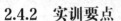

制作友情贺卡

2.4.1 实训概述

1. 动画的制作目的与设计理念

本实训的目的是掌握文本内容的输入、按钮元件的创建、引导层动画的创建、应用遮罩动画、使用图层文件夹功能的方法,以及熟悉电子贺卡的制作流程。

本实训制作的友情贺卡主要通过四叶草来传达友情的内涵,再配以音乐烘托主题,效果如图 2-126 所示。

2. 动画整体风格设计

动画主体风格舒缓柔美,伴随着轻柔的音乐,一句句表达友情的话语带给人们对友情的美好向往。

3. 素材收集与处理

收集四叶草植物、动态植物组合、动态气泡、半透明渐变圆(自己制作)、小房子、背景图片、音乐等素材。

2.4.2 实训要点

图 2-126

(1)背景的设定,通过静的背景和动的四叶草植物组合,以及一些动的装饰元件(如动态气泡、渐变半圆、动态星星)的添加,使背景更有生气,友情贺卡的内容更丰富。

(2)祝福语文本动画的设定。主要通过四叶草引出文本,文本逐渐出现。

(3)按钮、音乐的添加。

2.4.3　实训步骤

（1）启动 Animate CC 2019，打开"友情贺卡素材.fla"文件，新建 4 个图层，由上至下分别重命名为"脚本""按钮""图框"和"气泡"，效果如图 2-127 所示。

（2）新建"按钮"元件，并进入元件编辑区。选择"库"面板中的"幸运草"元件，将其拖至"舞台"并调整其位置，效果如图 2-128 所示。

（3）新建"图层 2"，在"幸运草"上输入文本"Reply"，设置文字字号为 10，颜色为白色，字体为方正平和简体，效果如图 2-129 所示。

（4）选择 Reply，并将其进行适当旋转，在"图层 1"和"图层 2"的"点击"帧插入普通帧。在"图层 2"的"指针"帧插入关键帧，并将文本颜色改为黄色，面板效果如图 2-130 所示。

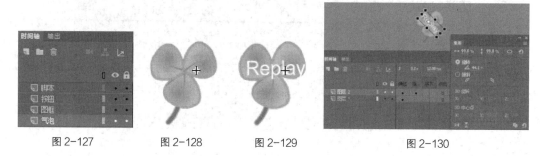

图 2-127　　　　图 2-128　　　　图 2-129　　　　　　图 2-130

（5）新建"图框"图形元件，绘制一个较大的黑色矩形。在"对象绘制"模式下绘制一个大小适当的白色框，然后将其分离并删除白色框内的黑色图形和白色框，效果如图 2-131 所示。

（6）新建"矩形块"图形元件，在"舞台"中央绘制一个宽度和高度分别为 450 和 400 的矩形，设置笔触颜色为无，填充色为白色，效果如图 2-132 所示。

（7）新建"动态气泡"元件，拖入"气泡 1"元件并调整其位置。在第 144 帧、第 145 帧插入关键帧，在第 1～144 帧间创建传统补间动画，静帧效果如图 2-133 所示。

图 2-131　　　　　　　　　图 2-132

（8）新建"图层 2"，在第 144 帧插入普通帧。设置"图层 2"为"图层 1"的引导层并转换为运动引导层，将常规层链接到新的运动引导层，面板效果如图 2-134 所示。

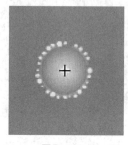

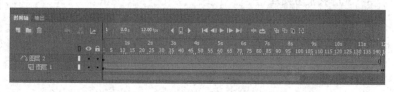

图 2-133　　　　　　　　　　　　　　图 2-134

（9）选择"图层 2"，选择"钢笔"工具，设置笔触颜色为黑色，绘制一条曲线作为运动路径，如图 2-135 所示。

（10）选择"图层 1"中第 1 帧对应的实例，将其变形中心点与曲线的下端点对齐，效果如图 2-136 所示。

（11）选择"图层 1"中第 144 帧对应的实例，将其变形中心点与曲线的上端点对齐，并调整其大小，效果如图 2-137 所示。删除"图层 2"的第 144 帧。

图 2-135

图 2-136

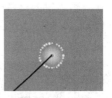
图 2-137

（12）调整"图层 1"第 145 帧实例的位置。参照"图层 1"和"图层 2"的气泡引导动画的创建方法，创建"图层 3"和"图层 4"的气泡动画，效果如图 2-138 所示。

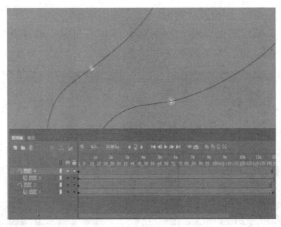
图 2-138

（13）新建"渐变透明圆"图形元件，使用"椭圆"工具在编辑区绘制一个宽度和高度均为 33 的正圆，效果如图 2-139 所示。

（14）选择正圆图形，设置笔触颜色为无，填充白色（"Alpha"值为 66）至白色（"Alpha"值为 0）的线性渐变，效果如图 2-140 所示。

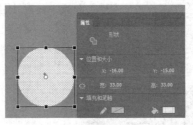
图 2-139

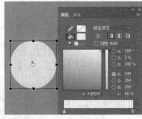
图 2-140

（15）新建"发光星星"图层，用"椭圆"工具绘制一个宽度和高度均为 48 的正圆，效果如图 2-141 所示。

（16）选择刚绘制的正圆，将填充设置为白色（"Alpha"值为 66）至白色（"Alpha"值为 0）的放射状渐变，效果如图 2-142 所示。

图 2-141

图 2-142

（17）新建"图层 2"，选择"多角星形"工具，打开"工具设置"对话框，选择样式为星形，并为其填充白色，效果如图 2-143 所示。

（18）新建"动态星星"影片剪辑元件，拖入"渐变透明圆"元件，在第 6 帧、第 7 帧、第 8 帧、第 14 帧和第 15 帧插入关键帧，并设置第 1 帧、第 14 帧和第 15 帧对应实例的宽度和高度均为 48，如图 2-144 所示。

（19）依次选择并分离"图层 1"中第 1 帧、第 6 帧、第 8 帧和第 14 帧对应的实例，并在第 1～6 帧、第 8～14 帧创建形状补间动画，效果如图 2-145 所示。

图 2-143　　　　　　　　　　　　　　　　　图 2-144

（20）新建"图层 2"，将"发光星星"元件拖至"舞台"中央，在第 7 帧和第 15 帧插入关键帧，并在关键帧间创建动作补间动画，效果如图 2-146 所示。

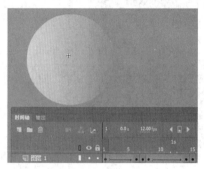

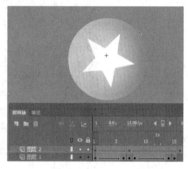

图 2-145　　　　　　　　　　　　　　　　　图 2-146

（21）选择第 1 帧对应的实例，在"变形"面板中设置其缩放宽度和缩放高度均为 90%，旋转值为 30，如图 2-147 所示。

（22）选择第 15 帧对应的实例，设置其缩放宽度和缩放高度均为 90%。选择第 7～15 帧间的任意一帧，在"属性"面板中的"补间"卷展栏中设置"旋转"为"顺时针"，如图 2-148 所示。

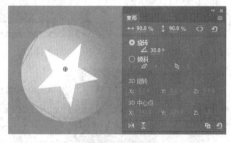

图 2-147　　　　　　　　　　　　　　　　　图 2-148

（23）新建"动态半透明圆"影片剪辑元件，绘制一个正圆。设置笔触颜色为无，填充白色（"Alpha"值为 0）至白色（"Alpha"值为 34%）的线性渐变，效果如图 2-149 所示。

（24）在第 6 帧、第 7 帧、第 8 帧和第 13 帧插入关键帧，删除第 7 帧对应的图形对象，并在各关键帧创建动作补间动画，"时间轴"面板如图 2-150 所示。选择第 6 帧、第 8 帧对应的图形，修改其填充颜色的"Alpha"值为 0，如图 2-151 所示。

（25）参照"图层 1"中透明圆形状补间动画的创建方法，创建"图层 2"中的透明圆形状补间动画，效果如图 2-152 和图 2-153 所示。

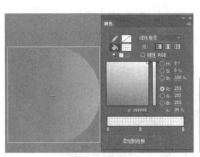

| 图 2-149 | 图 2-150 | 图 2-151 |

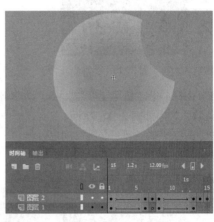

图 2-152 图 2-153

（26）新建"矩形条 1"图形元件，绘制宽度和高度分别为 195 和 28，填充颜色为"#FFFFCD"的浅黄色矩形条，效果如图 2-154 所示。

（27）新建"祝福语 1-A"图形元件，输入文本"传说中的幸运草"，效果如图 2-155 所示。

图 2-154 图 2-155

（28）使用同样的方法，依次创建其他祝福语图形元件。在"库"面板中新建"祝福语"文件夹，将所有祝福语图形元件拖至此文件夹中，效果如图 2-156 所示。

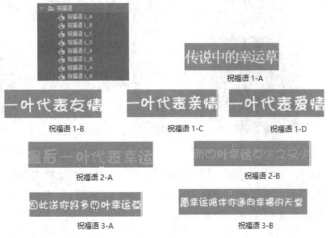

图 2-156

（29）返回主场景，依次创建相应的图层，图层由下到上依次是"背景""动态星星""半透明渐变圆""摇摆的花"和"植物组合"，如图 2-157 所示。

（30）选择"背景"图层，将"背景"元件拖至"舞台"中，设置其"X"值为 178，"Y"值为 263.75，如图 2-158 所示。选择该图层文件夹中所有图层的第 126 帧并插入帧。

图 2-157

图 2-158

（31）选择"动态星星"图层，将"动态星星"元件拖至"舞台"中，将实例复制两次，并放到合适的位置，效果如图 2-159 所示。

（32）选择"半透明渐变圆"图层，将"半透明渐变圆"元件拖至"舞台"中，将实例复制两次并调整其位置，效果如图 2-160 所示。

图 2-159

图 2-160

（33）选择"摇摆的花"图层，将"摇摆的花"元件拖至"舞台"中，并设置其"X"值和"Y"值分别为 23.4 和 90.65，效果如图 2-161 所示。

（34）选择"植物组合"图层，将"植物组合"元件拖至"舞台"中，设置其"X"值和"Y"值分别为 14.05 和 135.55，效果如图 2-162 所示。

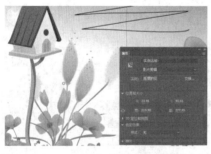
图 2-161

图 2-162

（35）新建"图层文件夹 1"并重命名为"祝福语 1"，在该图层文件夹中依次创建相应的图层，图层由下到上依次是祝福语 1_A、矩形条 1、祝福语 1_B、矩形条 2、祝福语 1_C、矩形条 3、祝福语 1_D、矩形条 4、幸运草 1 和曲线，如图 2-163 所示。

（36）选择"祝福语 1_A"图层，在第 8 帧插入空白关键帧，并将"祝福语 1_A"元件拖至"舞台"中，设置"X"和"Y"分别为 14.05 和 135.55，效果如图 2-164 所示。

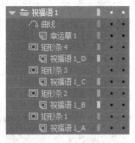

图 2-163   图 2-164

（37）选择"矩形条 1"图层，在第 8 帧插入空白关键帧，将"矩形条 1"元件拖至文本正上方。在第 27 和第 28 帧插入关键帧，效果如图 2-165 所示。

（38）在第 8~27 帧间创建传统补间动画。选择"矩形条 1"图层第 8 帧对应的实例，将其向左水平移动放置在文本的左侧，效果如图 2-166 所示。选择"矩形条 1"图层第 27 帧对应的实例，将其水平向左移动一点，效果如图 2-167 所示。

图 2-165   图 2-166

（39）将"矩形条 1"图层设置为遮罩层。参照"祝福语 1_A"和"矩形条 1"遮罩动画的制作方法，依次创建其他遮罩动画，静帧效果如图 2-168 所示。

（40）选择"曲线"图层，使用"直线"工具，沿着四句祝福语绘制 Z 字形直线，使用"选择"工具适当调整所绘制的直线，作为幸运草的运动路径，效果如图 2-169 所示。将"幸运草 1"图层拖到"曲线"图层下方，设置"曲线"图层为引导层，创建引导层动画，如图 2-170 所示。

图 2-167   图 2-168   图 2-169

（41）选择"幸运草 1"图层，从"库"面板中将"幸运草"元件拖至"舞台"中，将实例的变形中心点与曲线的上端点对齐，效果如图 2-171 所示。

图 2-170

（42）在"幸运草 1"图层的第 5 帧和第 6 帧插入关键帧，在各关键帧间创建传统补间动画，面板效果如图 2-172 所示。选择第 1 帧对应的实例，设置其"Alpha"值为 0，如图 2-173 所示。

（43）选择第 6 帧对应的实例，沿着曲线向右移动一小段距离，效果如图 2-174 所示。分别在第 28～30 帧插入关键帧，在各关键帧间创建传统补间动画，效果如图 2-175 所示，创建幸运草实例沿 Z 字形曲线运动的动画。

图 2-171

图 2-172

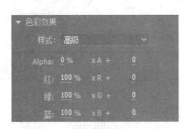

图 2-173

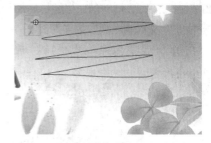

图 2-174

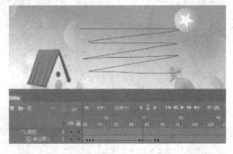

图 2-175

（44）选择"祝福语1_A"图层，在第93帧和第98帧插入关键帧，并把第98帧实例的"Alpha"值改为0，如图2-176所示，创建该元件在第93~98帧的传统补间动画，制作文字消失的动画。

（45）用上面同样的方法依次创建"祝福语1_B""祝福语1_C"和"祝福语1_D"逐渐消失的动画，面板效果如图2-177所示。

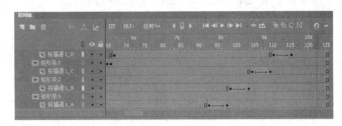

图2-176   图2-177

（46）将"祝福语1"图层文件夹折叠，新建"图层文件夹2"并重命名为"祝福语2"，在该图层文件夹中依次创建相应的图层，图层由下到上依次是"祝福语2_A""矩形条1""祝福语2_B""矩形条2"和"幸运草2"，如图2-178所示。

（47）选择"祝福语2_A"图层，在第141帧插入空白关键帧，然后将"祝福语2_A"元件拖入"舞台"中合适的位置，效果如图2-179所示。

（48）选择"矩形条1"图层，在第141帧插入空白关键帧，拖入"矩形条2"元件，调整其大小，放到文本上方，效果如图2-180所示。

图2-178   图2-179   图2-180

（49）在"矩形条1"图层的第169帧和第170帧插入关键帧，并在第141~169帧创建传统补间动画，面板效果如图2-181所示。

（50）选择第141帧对应的实例，将其水平向左移动到文本的左侧，效果如图2-182所示。

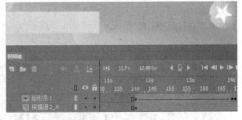

图2-181   图2-182

（51）选择"矩形条1"图层第169帧对应的实例，将其水平向左移动一小段距离，效果如图2-183所示。

（52）将"矩形条1"图层设置为遮罩层，创建遮罩动画，效果如图2-184所示。用同样的方法创建"祝福语 2_B"元件的遮罩动画。

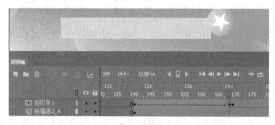

图 2-183

图 2-184

（53）在"幸运草 2"图层的第 138 帧插入空白关键帧，将"幸运草"元件拖入"舞台"，根据祝福语的出场顺序，在该图层创建相应的动作补间动画，制作出幸运草引出文字的动画效果，效果如图 2-185 所示。

（54）在"祝福语 2_A"层的第 216 帧和第 226 帧插入关键帧，将第 226 帧的实例水平向右移到"舞台"外，创建文字从左向右运动消失的动画，用同样的方法在"祝福语 2_B"的第 227～237 帧创建动作补间动画，面板效果如图 2-186 所示。

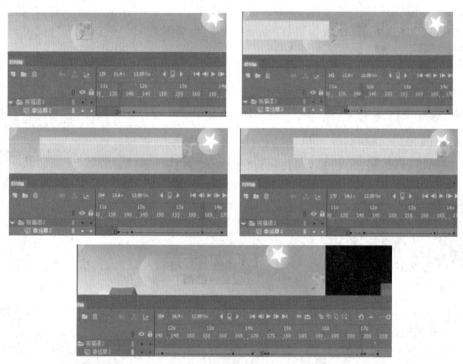

图 2-185

（55）新建"图层文件夹 3"并重命名为"祝福语 3"，依次创建相应的图层，图层由下到上依次是"祝福语 3_A""矩形条 1""祝福语 3_B""矩形条"，效果如图 2-187 所示。

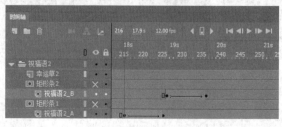

图 2-186

图 2-187

（56）选择"祝福语 3_A"图层，在第 266 帧插入空白关键帧，拖入"祝福语 3_A"元件，效果如图 2-188 所示。

（57）选择"矩形条 1"图层，在第 266 帧插入空白关键帧，将"矩形条 2"元件拖到文本正上方，在第 304 帧和第 305 帧插入关键帧，效果如图 2-189 所示。

图 2-188

图 2-189

（58）在第 266~304 帧间创建动作补间动画。将第 266 帧、第 305 帧对应的实例分别水平向左移动适当的距离，效果如图 2-190 所示。

图 2-190

（59）将图层"矩形条 1"设置为遮罩层，创建遮罩动画。用同样的方法依次创建祝福语 3_B 的遮罩动画。

（60）在气泡图层的第 43 帧插入空白关键帧，将"库"面板中的"动态气泡"元件拖至"舞台"，并调整该元件的位置，保持"动态气泡"实例为选择状态，并多次对其进行复制，然后将它们放到舞台上合适的位置，效果如图 2-191 所示。

（61）在"气泡"和"图框"图层的第 363 帧插入普通帧。选择"图框"图层，拖入"图框"元件，并调整其位置，效果如图 2-192 所示。

（62）在"按钮"图层的第 356 帧插入空白关键帧，将"按钮"元件拖至"舞台"，并调整其大小为原来的 128.6%，旋转值为-43.4，如图 2-193 所示。

图 2-191

图 2-192

图 2-193

（63）在第 357 和第 363 帧插入关键帧，在各关键帧中创建传统补间动画。分别将第 356 帧和第 357 帧对应的实例适当向下移动，效果如图 2-194 所示，制作出按钮向舞台上运动的动画效果。

（64）选择第 363 帧对应的按钮实例，在"属性"面板中设置其名称为 btn1，打开其"动作"面板，添加相应的脚本，如图 2-195 所示。

（65）新建"音乐"图层，为其添加 Music.mp3 音乐。

（66）整个影片的图层结构如图 2-196 所示。保存文档，并按 Ctrl+Enter 组合键对该动画进行测试。

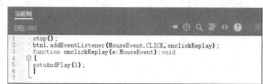

图 2-194   图 2-195   图 2-196

2.5 评价考核

项目二 任务评价考核表

能力类型	考核内容		评价		
	学习目标	评价项目	3	2	1
职业能力	掌握逐帧动画、动作补间动画、传统补间动画引导路径动画和遮罩动画的制作方法和技巧； 会使用形状提示制作形状补间动画； 会运用绘图纸功能编辑图形； 会使用 Animate 制作电子动画贺卡	能够制作逐帧动画			
		能够制作动作补间动画及传统补间动画			
		能够制作引导路径动画			
		能够制作遮罩动画			
		能够使用 Animate 制作电子贺卡			
通用能力	造型能力				
	审美能力				
	组织能力				
	解决问题能力				
	自主学习能力				
	创新能力				
综合评价					

2.6 课外拓展——制作生日贺卡

制作生日贺卡

2.6.1 参考制作效果

本实例设计的生日贺卡，动画一开始显示逐渐放大的转场效果、从空中掉下来的生日蛋糕和燃烧的火柴，然后蜡烛点燃，紧接着出现音乐、彩带、蒲公英、闪烁的星星、心形气球和祝福语。静帧效果如图 2-197 所示。

图 2-197

2.6.2　知识要点

导入外部库的素材元件、文本和影片剪辑，应用"发光"滤镜，创建形状补间动画制作过渡效果。设置不同的"Alpha"值，制作传统补间动画。使用"属性"面板和"变形"面板、编写脚本，实现动画播放的控制。使用文字动画制作"点上生日蜡烛"文字效果。

2.6.3　参考制作过程

（1）启动 Animate CC 2019，新建一个文档，将"生日贺卡素材.fla"文件作为外部库打开，并调用其中的元件素材。

（2）将"图层 1"重命名为"过渡"，将"放射圆"元件拖至"舞台"，放置在"舞台"正中央，效果如图 2-198 所示，并在第 12 帧和第 13 帧插入关键帧。

（3）将"过渡"图层第 1 帧和第 12 帧的实例打散，修改第 1 帧图像的填充色为白色，宽度和高度均为 24.75，并创建形状补间动画，面板效果如图 2-199 所示。

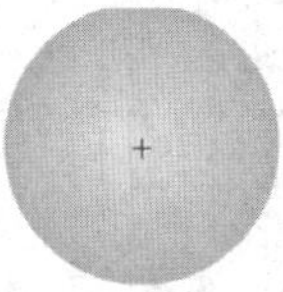

图 2-198 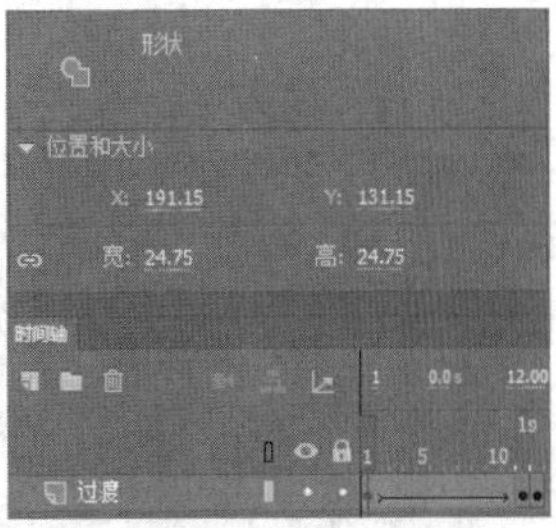　　　　　图 2-199

（4）新建"背景"图层，在第 14 帧插入关键帧，在第 171 帧插入普通帧，将"背景"元件拖至"舞台"，并调整其大小和位置，效果如图 2-200 所示。

（5）新建"心形气球"图层，在第 14 帧插入关键帧，从"库"面板中将"心形气球"影片剪辑元件拖至"舞台"并调整其位置，效果如图 2-201 所示。

（6）新建"蛋糕"图层，将"蛋糕"元件放置在第 17 帧，效果如图 2-202 所示。在第 17 ~ 171 帧创建传统补间动画，制作蛋糕掉下来并左右晃动的动画，效果如图 2-203 所示。

图 2-200

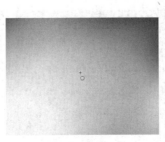

图 2-201

图 2-202

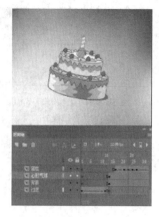

图 2-203

（7）新建"火焰"图层，在第 36 帧插入空白关键帧，将"火焰"元件拖至蛋糕正上方的蜡烛上，效果如图 2-204 所示。

（8）新建"蒲公英"图层，在第 40 帧插入关键帧，将"飘动的蒲公英"影片元件拖至"舞台"的合适位置，效果如图 2-205 所示。

（9）新建"移动的装饰"图层，在第 36 帧插入关键帧，将"移动的装饰"元件拖至"舞台"的合适位置。新建"彩旗"图层，将素材"彩旗"拖至"舞台"的合适位置，效果如图 2-206 所示。

图 2-204　　　　　　　　　　图 2-205　　　　　　　　　　图 2-206

（10）新建"星星动"图层，将"星星动"元件拖至第 43 帧中，效果如图 2-207 所示。在第 43～171 帧创建传统补间动画。设置第 43 帧和第 52 帧对应实例的"Alpha"值分别为 0、80，以制作实例由无变清晰的动画，效果如图 2-208 和图 2-209 所示。新建"文本 1"图层，在第 130 帧插入空白关键帧，拖入"文本 1"元件并为其添加白色的"发光"滤镜，效果如图 2-210 所示。

图 2-207　　　　　　　　　　图 2-208　　　　　　　　　　图 2-209

图 2-210

（11）新建"圆角矩形"图层，拖入"圆角矩形"元件。将该图层转换为遮罩层，将其下的所有图层转化为被遮罩层，创建遮罩动画，面板效果如图 2-211 所示。

（12）新建"音乐"图层，在第 36 帧插入关键帧，将背景音乐添加至该层，设置声音属性中的"同步"为"开始"，如图 2-212 所示。

图 2-211

图 2-212

（13）新建"文本 2"图层，将"文本 2"元件的实例拖至第 25 帧，在第 25～44 帧创建动作补间动画，以制作文本由下到上逐渐运动、由无到清晰再消失的动画，效果如图 2-213 所示。

图 2-213

（14）新建"按钮 1"图层，在第 25～35 帧添加"按钮 1"元件的实例，并将其命名为"btn1"，将该实例放置在蜡烛正上方，效果如图 2-214 所示。

（15）在"按钮 1"图层的下方，新建"火柴"图层，在第 25～35 帧添加"火柴"影片剪辑元件，将实例放置在"舞台"的左侧，效果如图 2-215 所示。在"属性"面板中设置该实例的名称为"match"，如图 2-216 所示。

（16）新建"脚本"图层，第 1 帧添加脚本"SoundMixer.stopAll();"如图 2-217 所示。

图 2-214　　　　　　　　　　　图 2-215　　　　　　　　　　　图 2-216

图 2-217

在第 25 帧添加图 2-218 所示的代码。

在第 35 帧添加脚本"stop();"，如图 2-219 所示。

图 2-218　　　　　　　　　　　　　　　　图 2-219

（17）新建"按钮 2"图层，在第 164 帧插入关键帧，添加"按钮 2"元件，将此实例名称设置为
"btn2"，效果如图 2-220 所示。在"按钮 2"图层的第 171 帧插入关键帧，创建传统补间动画，将
其移到舞台上，效果如图 2-221 所示。

图 2-220　　　　　　　　　　　　　　　图 2-221

（18）在"脚本"层的第 171 帧中输入图 2-222 所示的代码。

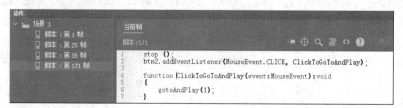

图 2-222

（19）完成后的图层结构如图 2-223 所示。

图 2-223

03

项目三
制作电子相册

项目简介

    随着多媒体拍摄设备的普及，电子相册以多样性和低成本等特性受到人们的喜爱。因为制作方法简单，动态效果逼真，越来越多的人开始使用 Animate 制作电子相册。

    本项目主要介绍元件、实例和"库"面板的使用。通过本项目的学习，读者可以掌握元件、实例和库的相关知识，以及用 Animate 制作电子相册的方法和技巧。

学习目标

✔ 掌握图形元件、按钮元件和影片剪辑元件的使用方法；
✔ 掌握实例和"库"面板的使用方法；
✔ 掌握成长相册、婚礼相册、家庭相册的制作方法。

3.1 知识准备——元件、实例和库

3.1.1 元件和实例

元件和实例是 Animate 动画的重要内容之一。元件是指在 Animate 中创建的、可以在影片中重复使用的一个小部件，它是构成 Animate 动画的基本单位。元件分为图形、影片剪辑、按钮三种类型。实例是指位于"舞台"或嵌入另一个元件内的元件副本。通过元件与实例的结合使用，可以保证在动画文件很小的基础上，实现 Animate 作品的交互能力和动感表现。

首先做个试验，用"椭圆"工具在"舞台"上任意画一个圆形。选中这个矩形，看看它的"属性"面板，如图 3-1 所示。我们会发现这个圆形被叫作"形状"（shape），它的属性也只有宽度、高度和坐标值。在 Animate 中，可以改变"形状"的外形、尺寸、位置，能进行"形状变形"，但"形状"的用途相当有限。要使"动画元件"得到有效管理并发挥更大作用，就必须把它转换为"元件"。

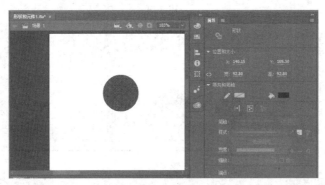

图 3-1

选择这个圆形形状，执行"修改" > "转换为元件"命令（或者按 F8 键），弹出"转换为元件"对话框，默认的"名称"为"元件 1"，选择"类型"为"图形"，单击"确定"按钮，把"形状"转为图形元件。

执行"窗口" > "库"命令（或按 Ctrl+L 组合键），打开 Animate 的管理机构"库"面板，发现"库"面板中有了第一个项目：元件 1。

接着选择"舞台"上的这个对象，发现对象已经不像图 3-1 所示的"离散状"了，而是变成了一个"整体"，它的"属性"面板也丰富了很多，如图 3-2 所示。这个对象能够转化"角色"，有序列帧播放选项和颜色设置等。此外，它还能进行功能最全面的"动作变形"。

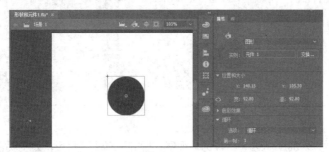

图 3-2

元件仅存在于"库"面板中，元件从"库"面板中进入"舞台"就称为该元件的"实例"。如图 3-3

所示，从库中把"元件1"向场景拖放3次（也可以复制场景中的实例），这样，"舞台"上就有了元件1的3个实例。

可以试着分别把各个实例的颜色、方向、大小设置成不同样式，具体操作可以配合使用不同的面板，例如，可以在"属性"面板中设置图3-3所示的"实例1"的"宽""高"参数，如图3-4所示。在"变形"面板中设置它的"旋转"参数，如图3-5所示。与"实例1"一样，"实例2"和"实例3"也可在"变形"面板和"属性"面板中进行相应的设置，"实例2"具体设置如图3-6所示。

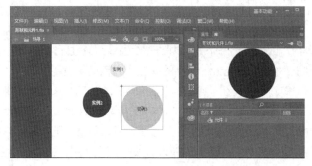

图 3-3

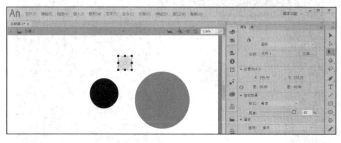

图 3-4

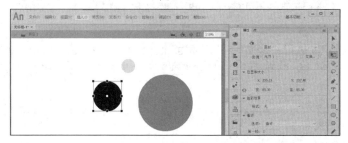

图 3-5

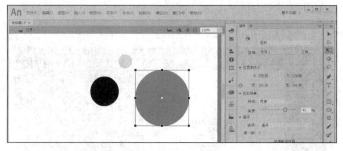

图 3-6

属性设计完成后，分别选择这3个实例。观察它们的"属性"面板，会发现它们虽然大小、颜色有所改变，但它们都还是元件1的实例，这是 Animate 一个极其重要的特性，大家一定要掌握并运用好这个特性。

3.1.2 图形元件

在 Animate 中，可以把元件比作是"舞台"的"基本演员"，要想实现自己的"动画剧本"，就要组建"演出班子"。这个"演出班子"有哪些"演员"呢？主要有图形、按钮、影片剪辑 3 种。

图形元件好比"群众演员"，到处都有它的身影，能力却有限。

按钮元件是"个别演员"。它无可替代的优点在于使观众与动画更贴近，也就是利用它可以实现"交互"动画。

影片剪辑元件是"万能演员"。它能创建出丰富的动画效果，能使导演想到的任何灵感变为现实。

能创建图形元件的元素可以是导入的位图图像、矢量图形、文本对象以及用 Animate 工具创建的线条、色块等。

选择相关元素，按 F8 键，弹出"转换为元件"对话框，在"名称"文本框中输入元件的名称，在"类型"下拉列表中选择"图形"，如图 3-7 所示，单击"确定"按钮，在"库"面板中生成相应的元件，在"舞台"中，元素变成了元件的一个实例。

图 3-7

图形元件中可包含图形元素或者其他图形元件，它接受 Animate 中的大部分变化操作，如大小、位置、方向、颜色设置以及动作变形等。

实例练习——制作图形元件

（1）新建一个 Animate 文档，执行"文件">"导入">"导入到舞台"命令，如图 3-8 所示。

（2）在弹出的"导入"对话框中选择要导入的素材，单击"确定"按钮，如图 3-9 所示。

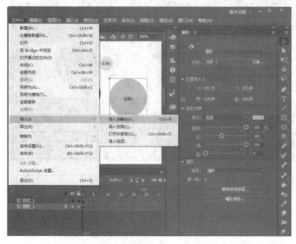

图 3-8

图 3-9

（3）选中"舞台"上的图片，执行"修改">"转换为元件"命令，打开"转换为元件"对话框，选择类型为"元件"，设置"名称"为"花"，如图 3-10 所示。

（4）在"库"面板中可以查看转换成的图形元件，如图 3-11 所示。

图 3-10 图 3-11

3.1.3 影片剪辑元件

影片剪辑元件就是通常所说的 MC（Movie Clip）。可以把"舞台"上任何看得到的对象，甚至整个时间轴的内容创建为一个 MC，可以把一个 MC 放置到另一个 MC 中，还可以把一段动画（如逐帧动画）转换成 MC。

从以上描述可以看出，创建影片剪辑相当灵活，而且创建过程非常简单：选择"舞台"上需要转换的对象，按 F8 键，弹出"转换为元件"对话框，在"类型"下拉列表中选择"影片剪辑"，如图 3-12 所示，单击"确定"按钮。

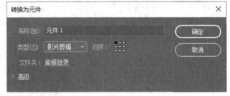

图 3-12

实例练习——制作跳动的心动画

（1）新建一个 Animate 文档，执行"插入"＞"新建元件"＞"创建新元件"命令，打开"创建新元件"对话框，将"名称"改为"跳动的心"，如图 3-13 所示。

（2）在"跳动的心"影片剪辑中，选中"图层 1"的第 1 帧，绘制一个心形，在第 2 帧中调节心形的尺寸，制作逐帧动画。此时，在"库"面板中出现一个名称为"跳动的心"的影片剪辑，如图 3-14 所示。

图 3-13 图 3-14

3.1.4 按钮元件

按钮元件是一种特殊的交互式影片剪辑，它只包含 4 个帧。当新建一个按钮元件时，Animate 自动创建一个含有 4 帧的时间轴，分别是"弹起""指针经过""按下"和"点击"。按钮元件时间轴上的每一帧都具有特殊的含义。

◎ "弹起"帧：表示按钮的原始状态，即鼠标指针没有对此按钮产生任何动作时，按钮表现出的状态。

◎ "指针经过"帧：表示鼠标指针位于该按钮上时，按钮的外观状态。

◎ "按下"帧：表示单击该按钮时，按钮的外观状态。

◎ "点击"帧：用于定义响应鼠标单击时的相应区域，该帧上的区域在影片中是不可见的。

实例练习——制作按钮

（1）新建一个 Animate 文档，执行"插入"＞"新建元件"＞"创建新元件"命令，设置"名称"为"元件 1"，"类型"为"按钮"，如图 3-15 所示。单击"确定"按钮，弹出按钮的"时间轴"面板，如果 3-16 所示。

（2）单击"弹起"帧，在"舞台"上绘制一个圆形作为按钮的弹起状态，效果如图 3-17 所示。

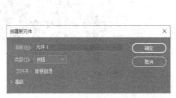

图 3-15

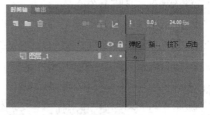

图 3-16

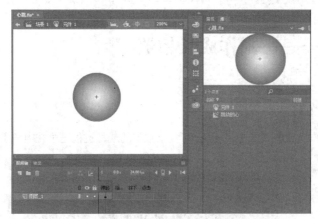

图 3-17

（3）在"图层_1"的"指针经过帧"处单击鼠标右键，在弹出的快捷菜单中选择"插入关键帧"命令，调整圆形大小、改变圆形颜色、然后输入文字"play"，效果如图 3-18 所示。

（4）用鼠标右键单击"弹起"帧，在弹出的快捷菜单中选择"复制帧"命令；用鼠标右键单击"按下"帧，在弹出的快捷菜单中选择"粘贴帧"命令，编辑圆形的颜色，输入文字"play"，效果如图 3-19 所示。

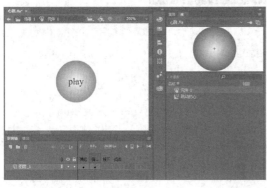

图 3-18

图 3-19

（5）用鼠标右键单击"点击"帧，在弹出的快捷菜单中选择"插入帧"命令，完成按钮的制作。

3.1.5　管理、使用库

"库"面板如图 3-20 所示。利用"库"面板中的各种按
钮及"库"菜单，可以进行元件管理与编辑的大部分操作。

① "库"面板标签：拖动它，能够随意移动"库"面板。

② "库"菜单：单击它能打开"库"面板的菜单。

③ "文件"下拉列表：当前"库"面板所属的文件。

④ 元件区当前选中的元件。

⑤ "排序"按钮：这是元件项目列表"排序"切换按钮。

⑥ 元件属性按钮：单击可以更改元件属性。

⑦ "添加文件夹"按钮：单击可在"库"面板中添加新
的文件夹。

⑧ "添加元件"按钮：单击可在"库"面板中添加新的元件。

⑨ "删除"按钮单击可删除"库"面板中选中的元件。

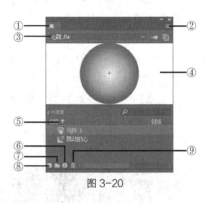

图 3-20

3.2　任务一——制作成长相册

制作成长相册

3.2.1　案例效果

利用元件素材制作宝宝的成长电子相册，可爱小宝宝的成长过程记录在电子相册中，效果如图 3-21
所示。

图 3-21

3.2.2　设计思路

（1）导入素材。

（2）制作开始按钮元件。

（3）利用学过的 Animate 动画制作动画效果。

3.2.3　相关知识和技能点

（1）元件：图形、按钮、影片剪辑。

（2）Animate 动画：逐帧动画、传统补间动画。

3.2.4 任务实施

（1）启动 Animate CC 2019，执行"文件">
"新建"命令，在弹出的"新建文档"对话框中选择
"角色动画"选项下方的预设为"标准"，设置宽度为
410 像素，高度为 310 像素，在"属性"面板设置帧
频为 12。

（2）执行"文件">"导入">"导入到库"命令，
依次将图片素材 baby、baby1、baby2、baby3、baby4
导入"库"面板中，如图 3-22 所示。观察"库"面
板中的素材类型发现导入的素材为"位图"，此时依次
将位图素材拖动到"舞台"上，执行"修改">"转
换为元件"命令，在弹出的"转换为元件"对话框中
选择"类型"为"图形"，并修改元件名称，如图 3-23
所示。全部转换完成后的效果如图 3-24 所示。

图 3-22

图 3-23

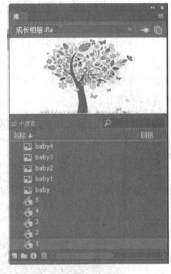

图 3-24

（3）制作成长相册的封面。

① 将"库"面板中的图形元件 1 拖到"舞台"中，按 Ctrl+K 组合键，打开"对齐"面板，设置
元件 1 相对于"舞台""匹配宽和高"，水平、垂直居中，效果如图 3-25 所示。

② 制作"小芽转动"影片剪辑元件。

◎ 执行"插入">"新建元件">"创建
新元件"命令，设置"名称"为"弹起"，"类
型"为"图形"，如图 3-26 所示。运用椭圆和
线，绘制笑脸，如图 3-27 所示。执行"插入"
>"新建元件">"创建新元件"命令，设置"名
称"为"小芽"，"类型"为"图形"，如图 3-28
所示。运用线和填充工具，绘制小芽，如图 3-29
所示。

图 3-25

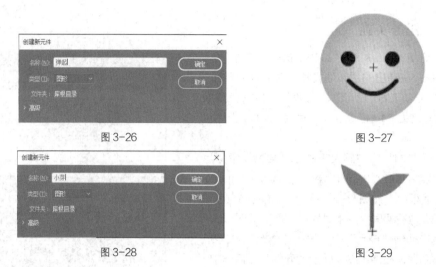

图 3-26

图 3-27

图 3-28

图 3-29

◎ 执行"插入">"新建元件">"创建新元件"命令，设置"名称"为"小芽转动"，"类型"为"影片剪辑"。从"库"面板中导入"弹起"图形元件，设置其相对"舞台"水平、垂直居中对齐。单击第 15 帧，插入普通帧，效果如图 3-30 所示。

◎ 新建"图层_2"，从"库"面板中导入"小芽"图形元件，调整"小芽"元件的中心点与"弹起"元件重合，效果如图 3-31 所示。在第 15 帧插入关键帧，用鼠标右键单击时间轴，在弹出的快捷菜单中选择"创建传统补间"命令，如图 3-32 所示。在"属性"面板中选择"顺时针"旋转"1"周，如图 3-33 所示。调整"图层_2"的位置，将其置于"图层_1"下，至此完成"小芽转动"影片剪辑元件的制作。

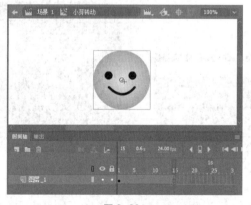

图 3-30

图 3-31

图 3-32

图 3-33

③ 制作"小芽按钮"按钮元件。

◎ 在"库"面板中，选择"弹起"图形元件，用鼠标右键选择"直接复制"，重命名为"按下"。双击"按下"元件，对笑脸进行修改。效果如图 3-34 所示。

◎ 执行"插入">"新建元件">"创建新元件"命令，设置"名称"为"小芽按钮"，"类型"为"按钮"。在"弹起"帧中，导入"弹起"图形元件，设置相对于"舞台"水平、垂直居中，效果如图 3-35 所示。

图 3-34   图 3-35

◎ 在"指针经过"帧中，插入空白关键帧，导入"小芽转动"影片剪辑元件。打开"绘图纸外观轮廓"，调整两个帧中的元件对齐，效果如图 3-36 所示。

◎ 在"按下"帧中，插入空白关键帧，导入"按下"图形元件，同上设置对齐，如图 3-37 所示。

 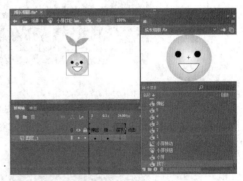

图 3-36   图 3-37

◎ 在"点击"帧中，按下 F5 键，插入普通帧。至此完成按钮元件的制作。

④ 回到场景 1 中，输入文字，导入"小芽按钮"元件，效果如图 3-38 所示。

（4）设置相框内容。

新建"图层_2"，在第 2 帧插入空白关键帧。设计相框，在第 100 帧插入普通帧。设计完成后的效果如图 3-39 所示。

（5）设置相册页内容。

图 3-38

① 新建"图层_3"，在第 3 帧插入空白关键帧。从"库"面板中导入图形元件 2，排列好位置，按 Ctrl+G 组合键，让实例成组。在第 30 帧插入关键帧，在时间轴上用鼠标右键单击，创建传统补间动画，在第 30 帧选择实例，设置元件的透明度。设置完成后的效果如图 3-40 所示。

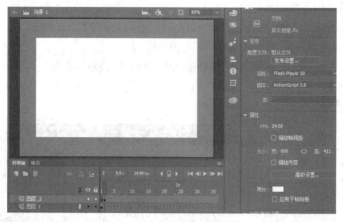

图 3-39

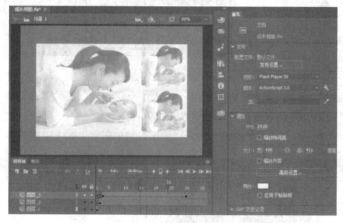

图 3-40

② 用同样的方式，新建"图层_4""图层_5""图层_6"。依次导入图形元件 2、3、4，设置传统补间动画，完成相册内容图片的制作，效果如图 3-41～图 3-43 所示。新建文字图层，在对应图片切换的位置插入关键帧，输入相应的文字说明，完成后的效果如图 3-44 所示。

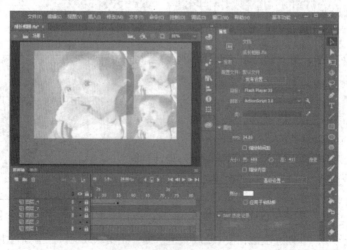

图 3-41

图 3-42

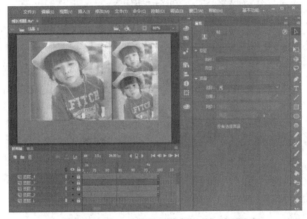

图 3-43

（6）设置动作。

选中文字按钮，在"属性"面板中设置实例名为"play_btn"，选中"封面"图层第 1 帧，用鼠标右键单击，在弹出的快捷菜单中选择"动作"命令，在弹出的"动作"面板中，输入图 3-45 所示的脚本。

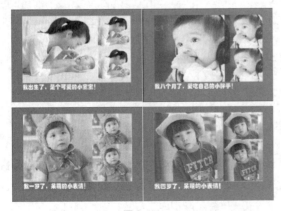

图 3-44

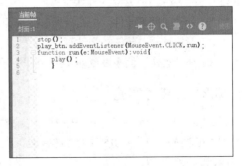

图 3-45

（7）保存文件，按 Ctrl+Enter 组合键预览效果。

3.3　任务二——制作婚礼相册

3.3.1　案例效果

利用 Animate 的帧动画，制作出炫美的切换效果，烘托出婚礼相册的华美，效果如图 3-46
所示。

图 3-46

3.3.2　设计思路

（1）导入素材，将位图素材转换为图形元件。

（2）制作封面按钮元件素材：心形图形元件、心形旋转影片剪辑元件、文字按钮。

（3）使用遮罩动画制作相片切换效果。

3.3.3　相关知识和技能点

（1）元件：图形元件、按钮元件、影片剪辑元件。

（2）遮罩动画、传统补间动画。

（3）在"动作"面板设置动作。

3.3.4　任务实施

（1）启动 Animate CC 2019，执行"文件"＞"新建"命令，在弹出的"新建文档"对话框中选
择"角色动画"选项下方的预设为"标准"，设置宽度为 400 像素，高度为 520 像素。在"属性"面
板中设置帧频为 12。

（2）执行"文件"＞"导入"＞"导入到库"命令，依次将图片素材新娘 0、新娘 1、新娘 2、新
娘 3、新娘 4 导入"库"面板中。观察"库"面板中的素材类型发现导入的素材为"位图"，此时依次
将位图素材拖动到"舞台"上，执行"修改"＞"转换为元件"命令，在弹出的"转换为元件"对话

框中选择"类型"为"图形",修改元件名称。全部转换完成后的效果如图 3-47 所示。

（3）制作封面。

① 将图形元件 1 从"库"面板中导入舞台,按 Ctrl+K 组合键调整实例相对于"舞台"水平、垂直居中对齐。

② 制作"婚礼按钮"按钮元件。

◎ 利用"椭圆"工具、"填充"工具制作"心"图形元件,使用旋转复制,将"心"复制为心形环,效果如图 3-48 所示。

◎ 新建"旋转的心"影片剪辑元件:在第 15 帧处添加关键帧,建立传统补间动画,设置"顺时针"旋转"1"周,效果如图 3-49 所示。

◎ 新建"婚礼按钮"按钮元件:设置按钮元件的第 1 帧为空白帧,在第 2 帧导入上一步制作的"旋转的心"影片剪辑。在第 3 帧中插入关键帧,调整影片剪辑的色调为黄色。在第 4 帧中插入普通帧,效果如图 3-50 所示。

图 3-47

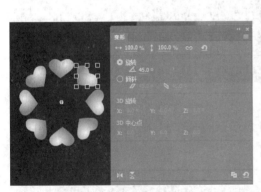

图 3-48

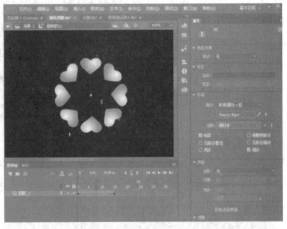

图 3-49

③ 制作"播放"文字按钮元件。

在第 1 帧中输入文字"播放",其他几帧复制粘贴第 1 帧,改变文字颜色,完成文字按钮的制作,效果如图 3-51 所示。

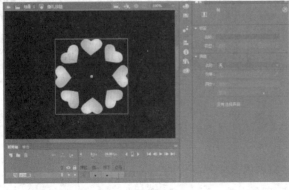

图 3-50

图 3-51

　　④ 将"婚礼按钮"元件从"库"面板中拖动到"舞台"的合适位置。打开"变形"面板，设置缩放为 90%，单击"缩放复制"按钮，复制生成 5 个同样的元件。将"播放"按钮放在合适的位置，效果如图 3-52 所示。

　　⑤ 制作标题为"我要结婚了"的影片剪辑元件。

　　◎ 新建影片剪辑元件，输入垂直文本"我要结婚了"，效果如图 3-53 所示。

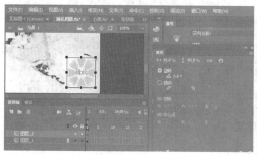

图 3-52　　　　　　　　　　　　　　　　　图 3-53

　　◎ 连续两次按 Ctrl+B 组合键，将文本打散。使用"墨水瓶"工具给文字添加边框，效果如图 3-54 所示。

　　◎ 将描边完成的文字转换为图形元件，在第 15 帧按 F6 快捷键创建关键帧。用鼠标右键单击时间轴，创建传统补间动画，设置"顺时针"旋转"1"周，设置第 15 帧的透明度为 10%，效果如图 3-55 所示。

图 3-54

　　◎ 复制"图层_1"的第 1～15 帧。新建"图层_2"，选中第 5～19 帧，用鼠标右键单击粘贴帧。用同样的方式在"图层_3"的第 10～24帧中粘贴同样的帧，效果如图 3-56 所示。

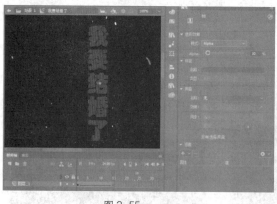

图 3-55　　　　　　　　　　　　　　　　　图 3-56

　　（4）制作相框。

　　① 新建"图层_2"，在第 2 帧中插入空白关键帧，使用"矩形"工具创建，一个矩形效果如图 3-57 所示。

　　② 建立影片剪辑元件"HAAPY LIFE"，实现风吹文字的效果。

◎ 新建"图层_1"，输入文字"HAPPY LIFE"，设置字体颜色。新建"图层_2"，复制粘贴"HAPPY LIFE"，修改字体颜色。"图层_2"为辅助图层，将其锁定移动至底层，效果如图 3-58 所示。

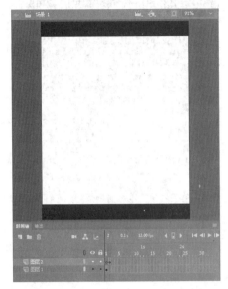

图 3-57   图 3-58

◎ 单击"图层_1"的第 1 帧，按 Ctrl+B 组合键将文字打散。执行"修改">"时间轴">"分散到图层"命令，将每个单独的字符建立一个图层，效果如图 3-59、图 3-60 所示。

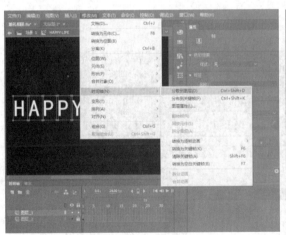

图 3-59   图 3-60

◎ 将"图层_1"删除。选择"H"图层，用鼠标右键单击字母"H"，将其转换为图形元件。在第 10 帧插入关键帧，将字母"H"移动至"图层_2"中"H"所在的位置。执行"修改">"变形">"水平翻转"命令，打开"变形"面板，将字母倾斜适当的角度，设置透明度为 0。用鼠标右键单击时间轴，建立传统补间动画，效果如图 3-61 和图 3-62 所示。

◎ 用同样的方式制作"A"图层，面板效果如图 3-63 所示。依次制作剩下的字母图层。最终面板效果如图 3-64 所示。

③ 从"库"面板中将影片剪辑元件"HAPPY LIFE"导入"图层_2"的第 2 帧中，完成相框的制作，效果如图 3-65 所示。

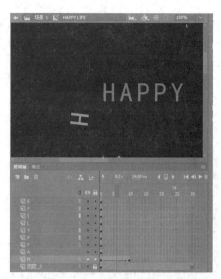

图 3-61

图 3-62

图 3-63

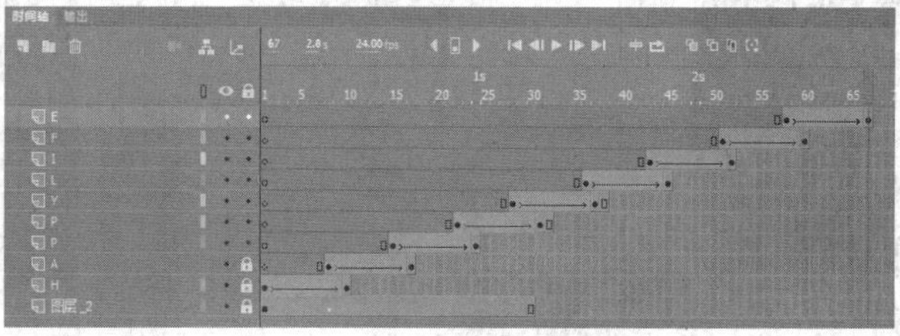

图 3-64

图 3-65

（5）制作相册页。

设计一个遮罩动画实现的翻页效果。具体效果可参见实例展示。

① 制作 "圆变方"影片剪辑。这是一个形状补间动画，因为前面的章节已经详细介绍了形状补间动画，所以此处不再赘述。设置完成后的效果如图 3-66 所示。

② 回到场景 1 中，新建"相片 1"图层。在该图层的第 3 帧插入空白关键帧，导入图形元件"相片"。在第 30 帧插入关键帧，设置一个透明度为 15%～100% 变化的传统补间动画，效果如图 3-67 所示。

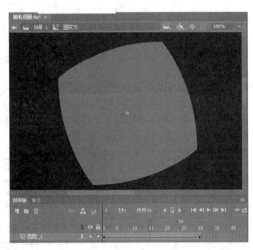

图 3-66

图 3-67

③ 新建一个遮罩层，将"圆变方"影片剪辑元件导入。建立一个遮罩动画，效果如图 3-68 所示。

④ 将剩余的照片依次导入遮罩层下，创建相片切换效果。完成后的效果如图 3-69 所示。

图 3-68

图 3-69

（6）设置动作。

选中文字按钮，在"属性"面板中设置实例名为"play_btn"，选中"封面"图层第 1 帧，用鼠标右键单击，在弹出的快捷菜单中选择"动作"命令，在弹出的"动作"面板中，输入图 3-70 所示的脚本。

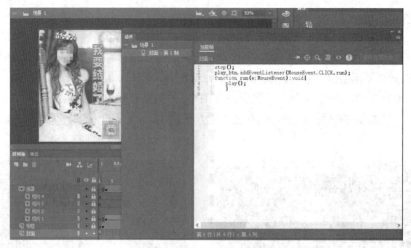

图 3-70

（7）测试发布影片，完成婚礼相册的制作。

3.4　实训任务——制作家庭相册

制作家庭相册

3.4.1　实训概述

本实训制作效果如图 3-71 所示。

图 3-71

1. 动画的制作目的与设计理念

制作本实训的目的是强化元件和"库"面板的使用，以及"动作"面板的引入。

本实训是制作一个家庭相册，体现和谐的家庭氛围，增进亲人的感情。

2. 动画整体风格设计

本实训以漫画人物为原型，所以动画的整体风格生动活泼，连按钮也是一只淘气的小猫咪，同时给按钮配上相应的猫咪叫声。

3. 素材收集与处理

素材包括以"欢乐家庭"为主题的素材图片和猫咪的叫声。

3.4.2 实训要点

1. 主题设计

小女孩的家庭合影。

2. 造型设计

按照卡通人物原型为基础设计。

3. 场景设计

按照卡通原型为基础设计。

3.4.3 实训步骤

（1）新建一个 Animate 文档，保存名称为"家庭相册.fla"。将素材图片依次导入"库"面板中。导入的素材类型为"位图"，将位图依次转换为图形元件，方法同前面的案例。转换完成后的效果如图 3-72 所示。

（2）制作按钮元件，在这个按钮元件中会学习如何给按钮添加声音。执行"插入">"新建元件">"按钮元件"命令，选中"弹起"帧，将"按钮图片"图形元件从"库"面板中拖入"舞台"中心，效果如图 3-73 所示。

图 3-72

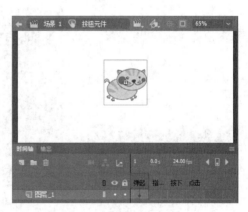

图 3-73

（3）用鼠标右键单击"指针经过"帧，在弹出的快捷菜单中选择"插入关键帧"命令，在"变形"面板中将实例调整为原始大小的 120%，如图 3-74 和图 3-75 所示。

（4）用鼠标右键单击"弹起"帧，在弹出的快捷菜单中选择"复制帧"命令；用鼠标右键单击"按下帧"，在弹出的快捷菜单中选择"粘贴帧"命令，把"弹起"帧中的内容复制到"按下"帧；用鼠标右键单击"点击帧"，在弹出的快捷菜单中选择"插入帧"命令完成按钮的制作。

（5）新建"图层_2"，用鼠标右键单击"弹起帧"，在弹出的快捷菜单中选择"插入关键帧"命令，选择"文字"工具，输入文字"play"，效果及属性设置如图 3-76 和图 3-77 所示。

（6）执行"文件">"导入">"导入到库"命令，将素材中的"喵喵.wav"声音文件导入"库"面板中，导入的效果如图 3-78 所示。

图 3-74　　　　　　　　　　　　　　　　　　　图 3-75

（7）新建"图层_3"，选择"指针经过"帧，用鼠标右键单击，选择"插入关键帧"命令，将元件"喵喵.wav"从"库"面板中拖入"舞台"，效果如图 3-79 所示。注意：要想按钮的声音显示，"属性"面板中的"同步"选项一定要设置为"事件"，如图 3-80 所示。至此完成按钮的制作。

（8）回到场景 1 中，制作几张相片间的切换效果，利用所学的 Animate 帧动画知识制作各种美观的效果。本项目使用的是简单的颜色透明度动作补间动画。制作完成的面板效果如图 3-81 所示。

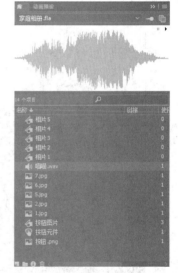

图 3-76　　　　　　　　　　　图 3-77　　　　　　　　　　　图 3-78

图 3-79　　　　　　　　　　　　　　　　　　　图 3-80

（9）给相册添加动作，实现单击按钮开始播放。新建"图层_2"，查看"帧"面板，看到"图层_2"被自动添加到与"图层_1"相同的帧数120帧，选择"图层_2"的第11帧，用鼠标右键单击，在弹出的快捷菜单中选择"动作"命令，在弹出的"动作"面板中输入"stop( );"，效果如图3-82所示。

图 3-81

（10）测试影片发现影片没有自动播放，是静止的，接下来添加按钮。新建"图层_3"，选中第1帧，将"按钮元件"元件从"库"面板拖到"舞台"，并放置在合适的位置，用鼠标右键单击"图层_3"的第2帧，在弹出的快捷菜单中选择"插入空白关键帧"命令，将第3～120帧删除，如图3-83所示。

图 3-82

（11）选中"舞台"上的"按钮元件"按钮实例，在"属性"面板中设置实例名为"play_btn"，选中"图层_2"图层第1帧，用鼠标右键单击，在弹出的快捷菜单中选择"动作"命令，在弹出的"动作"面板中，输入图3-84所示的脚本。

图 3-83

图 3-84

（12）发布导出影片，即可查看制作的家庭相册。

3.5 评价考核

项目三　任务评价考核表

能力类型	考核内容		评价		
	学习目标	评价项目	3	2	1
职业能力	掌握图形元件、按钮元件和影片剪辑元件的制作方法； 会使用"库"面板； 会运用 Animate 制作电子相册	能够制作图形元件			
		能够制作按钮元件			
		能够制作影片剪辑元件			
		能够使用"库"面板			
		能够使用 Animate 制作电子相册			
通用能力	造型能力				
	审美能力				
	组织能力				
	解决问题能力				
	自主学习能力				
	创新能力				
综合评价					

制作动漫相册

3.6 课外拓展——制作动漫相册

3.6.1 参考制作效果

动漫相册的最终效果如图 3-85 所示。

图 3-85 动漫相册

3.6.2 知识要点

（1）按钮元件的使用。

（2）各补间动画的使用。

（3）简单的动作与行为。

3.6.3 参考制作过程

（1）启动 Animate CC 2019，单击文档"属性"面板下方的"高级设置"按钮，打开"文档设置"面板，取消选中"使用高级图层"复选框，如图 3-86 所示。将素材依次导入"库"面板中，在"库"面板中新建"素材"文件夹，把导入的图片素材拖动到"素材"文件夹下。

（2）将对应位图素材依次建立为按钮元件，如图 3-87 所示，其中一个例子如图 3-88 所示。

图 3-86

图 3-87

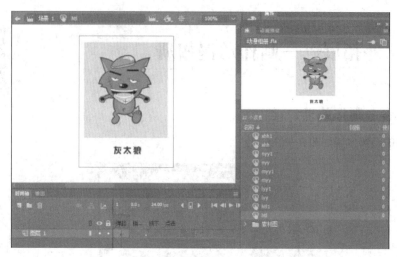

图 3-88

（3）新建"图层 1"，重命名为"背景"，导入图片素材 1.jpg，效果如图 3-89 所示。

图 3-89

（4）新建"图层 2"，重命名为"灰照片"，单击第 1 帧，在舞台上摆好图片的位置，如图 3-90 所示，分别在第 2 帧、第 16 帧、第 45 帧和第 62 帧插入关键帧，在第 2 帧、第 16 帧、第 45 帧和第 62 帧依次删除图片 htl、lyy、myy、nyy、xhh，并调整图片的大小，效果如图 3-91 所示。

图 3-90

（5）选择"灰照片"图层的第 1 帧，然后依次选中每一个按钮元件，在"属性"面板修改实例名称分别为 htl1_btn，lyy1_btn，nyy1_btn，myy1_btn，xhh1_btn，如图 3-92 所示。

图 3-91

图 3-92

（6）新建文字层，输入文字"喜羊羊与灰太狼"，效果如图 3-93 所示。

图 3-93

（7）新建"图层 4"，重名为"灰太狼"，在这一层实现灰太狼图片的预览。在第 1 帧插入空白关键帧，选择第 2 帧右键单击，在弹出的快捷菜单中选择"插入关键帧"命令，使用"绘图纸"工具将有色的灰太狼图片与原来无色的图片的位置对应。用鼠标右键单击第 29 帧，在弹出的快捷菜单中选择"插入关键帧"命令，用鼠标右键单击第 15 帧，在弹出的快捷菜单中选择"插入关键帧"后，调整图片的大小和位置，使其位于"舞台"中央。用鼠标右键单击第 16 帧建立关键帧，在第 2 帧、第15 帧、第 16~29 帧建立动作补间动画，效果如图 3-94 所示。

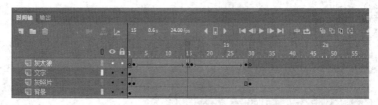

图 3-94

（8）选择该图层第 15 帧，修改 htl 元件的实例名称为"htl_btn"，如图 3-95 所示，在该层的第15 帧上添加动作脚本，如图 3-96 所示。

图 3-95

图 3-96

（9）同样的方法依次建立"懒羊羊""美羊羊""暖羊羊"和"小灰灰"图层，建立完成后的效果如图 3-97 所示。

图 3-97

（10）建立"动作 1"图层和"动作 2"图层用来实现单击自动播放，如图 3-98 和图 3-99所示。

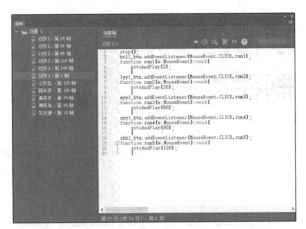

图 3-98

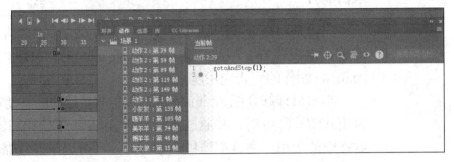

图 3-99

（11）执行保存、发布操作，即可完成动漫相册的制作。

04

项目四
制作广告

项目简介

　　广告是对企业或产品进行宣传的有效媒介，如广告牌、宣传单、电视广告、网络广告等。随着 Internet 的发展，使用 Animate 制作的广告应用越来越广泛。

　　本项目详细介绍 Animate CC 2019 中骨骼动画、滤镜及混合模式的实际应用，并通过实例讲解 Animate CC 2019 在广告制作中的应用。通过本项目的学习，读者可以掌握骨骼动画、滤镜和混合模式的使用方法和技巧，掌握用 Animate CC 2019 制作广告的方法和技巧。

学习目标

✔ 掌握骨骼动画、滤镜、混合模式的使用方法；
✔ 掌握宣传广告、公益广告、产品广告的制作方法。

4.1 知识准备——骨骼动画、滤镜和混合模式

4.1.1 骨骼动画

使用 Animate CC 2019 中的"骨骼"工具，可以为形状、影片剪辑增添骨骼动画，能够轻松制作运动效果。

使用"骨骼"工具时，先创建一个 Animate 文档，可以绘制形状，也可以制作多个影片剪辑，然后使用"骨骼"工具创建骨骼，在时间轴的某些帧插入姿势，再用"选择"工具进行对应调整，就可制作出运动效果。具有多个骨骼的整体称为 IK 形状（见图 4-1），每个骨骼称为 IK 骨骼（见图 4-2）。

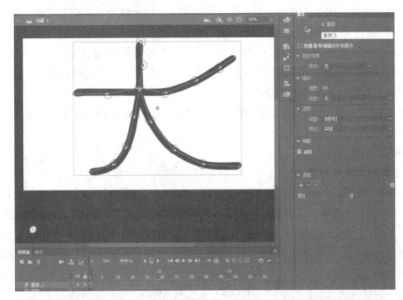

图 4-1

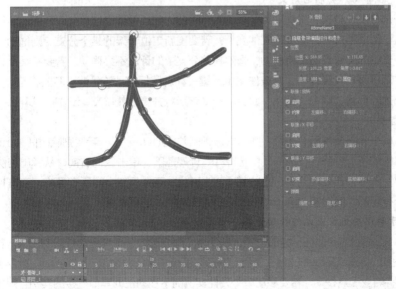

图 4-2

使用"骨骼"工具需要注意以下几点。

◎ 对于形状，可以向单个形状的内部添加多个骨骼，也可向一组形状添加骨骼，在添加第一个骨骼之前必须选择所有形状。

◎ 在将骨骼添加到所选内容后，Animate 将所有的形状和骨骼转换为 IK 形状对象，并将该对象移动到新的姿势图层。每个姿势图层只能包含一个骨架。

◎ 在某个形状转换为 IK 形状后，它无法再与 IK 形状外的其他形状合并。

◎ 可以在工具箱中选择"骨骼"工具，也可以按 M 键选择"骨骼"工具。

◎ 使用"骨骼"工具，在形状内单击并拖动到形状内的其他位置，在拖动时显示骨骼。释放鼠标后，在单击的点和释放鼠标的点之间将显示一个实心骨骼。每个骨骼都具有头部、圆端和尾部（尖端）。

◎ 骨架中的第一个骨骼是根骨骼，第二个骨骼是根骨骼的子级，可以创建多级骨骼。

创建骨骼后，可以使用多种方法编辑它们。可以重新定位骨骼及其关联的对象、在对象内移动骨骼、更改骨骼的长度、删除骨骼，以及编辑包含骨骼的对象。

只能在第一个帧（骨架在时间轴中的显示位置）中仅包含初始姿势的姿势图层中编辑 IK 骨架。在姿势图层的后续帧中重新定位骨架后，无法对骨骼结构进行更改。若要编辑骨架，就要从时间轴中删除位于骨架第 1 帧之后的任何附加姿势。

如果只是重新定位骨架以达到动画处理目的，可以在姿势图层的任何帧中更改位置。Animate 将该帧转换为姿势帧。

骨骼动画的常用操作如下。

1. 选择骨骼和关联的对象

选择单个骨骼，使用"选择"工具单击该骨骼，"属性"面板中显示骨骼属性。也可以通过按住 Shift 键单击来选择多个骨骼。若要将所选内容移动到相邻骨骼，在"属性"面板中单击"父级""子级"或"下一个/上一个同级"按钮。若要选择骨架中的所有骨骼，则双击某个骨骼，"属性"面板中显示所有骨骼的属性。若要选择整个骨架并显示骨架的属性及其姿势图层，则单击姿势图层中包含骨架的帧。若要选择 IK 形状，则单击该形状，"属性"面板中显示 IK 形状属性。若要选择连接到骨骼的元件实例，则单击该实例，"属性"面板中显示实例属性。

2. 重新定位骨骼和关联的对象

若要重新定位线性骨架，可拖动骨架中的任意骨骼。如果骨架已连接到元件实例，则还可以拖曳元件实例。这样可以相对于骨骼旋转元件实例。若要重新定位骨架的某个分支，则拖动该分支中的任何骨骼，该分支中的所有骨骼都将移动，骨架其他分支中的骨骼不会移动。若要将某个骨骼与其子级骨骼一起旋转而不移动父级骨骼，则按住 Shift 键并移动鼠标拖动该骨骼。若要将某个 IK 形状移动到"舞台"上的新位置，则在"属性"面板中选择该形状并更改其"X"和"Y"属性。

3. 删除骨骼

若要删除单个骨骼及其所有子级，则单击该骨骼并按 Delete 键；若要删除时间轴上的某个 IK 形状或元件骨架中的所有骨骼，在时间轴中选择 IK 骨架范围，单击鼠标右键，从弹出的快捷菜单中选择"删除骨架"命令；若要删除舞台上的某个 IK 形状或元件骨架中的所有骨骼，双击骨架中的任一骨骼以选择所有骨骼，然后按 Delete 键，IK 形状将恢复为正常形状。

4. 相对于关联的形状或元件移动骨骼

若要移动 IK 形状内骨骼任一端的位置，则使用"部分选取"工具拖动骨骼的一端。若要移动元件实例内骨骼连接、头部或尾部的位置，使用"变形"面板（执行"窗口">"变形"命令）移动实例的变形点，骨骼将随变形点移动。若要移动单个元件实例而不移动任何其他链接的实例，则按住 Alt 键拖动该实例，或者使用"任意变形"工具拖动它。连接到实例的骨骼将变长或变短，以适应实例的新位置。

5. 编辑 IK 形状

使用"部分选取"工具，可以在 IK 形状中添加、删除和编辑轮廓的控制点。若要移动骨骼的位置而不更改 IK 形状，则拖动骨骼的端点。若要显示 IK 形状边界的控制点，则单击形状的笔触。若要移动控制点，则拖动该控制点。若要添加新的控制点，则单击笔触上没有任何控制点的部分。也可以使用"添加锚点"工具。若要删除现有的控制点，则单击选择它，然后按 Delete 键；也可以使用"删除锚点"工具。

实例练习——制作飘动的彩带动画

（1）新建一个 Animate 文档，绘制图 4-3 所示的图形。

（2）使用"骨骼"工具绘制图 4-4 所示的骨骼。此时，产生一个新的图层"骨架_1"，所有形状都在该图层，原来的"图层_1"变为空图层。在绘制骨骼时，只有调整显示比例，才能画得精确。

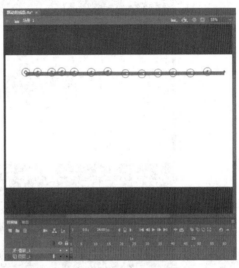

图 4-3   图 4-4

（3）在"骨架_1"图层的第 5 帧用鼠标右键单击，在弹出的快捷菜单中选择"插入姿势"命令，使用"选择工具"调整骨骼形状，如图 4-5 所示。

（4）参照步骤（3）的方法，在"骨架_2"图层中插入多个姿势并使用"选择"工具调整骨骼形状。测试影片并保存，如图 4-6 所示。

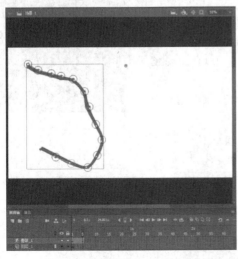
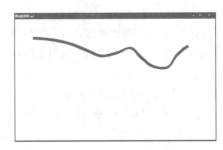

图 4-5   图 4-6

4.1.2 滤镜

使用 Animate CC 2019 的滤镜，可以为文本、按钮和影片剪辑增添有趣的视觉效果，还可以使用传统补间动画让应用的滤镜动起来。

使用"滤镜"面板可进行添加滤镜、设置属性及删除滤镜等操作。

首先保证选中的对象是文本、按钮或影片剪辑，然后在"属性"面板中的"滤镜"选项下单击"添加滤镜"按钮，在弹出的菜单中，选择要使用的滤镜，共有 7 种：投影、模糊、发光、斜角、渐变发光、渐变斜角和调整颜色，如图 4-7 所示。一个对象可以添加多种滤镜效果。下面分别介绍各个滤镜。

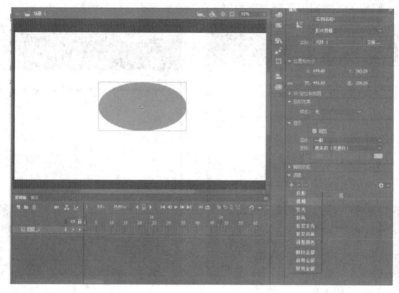

图 4-7

1．投影

"投影"滤镜包括模糊、强度、品质、角度、距离、挖空、内阴影、隐藏对象和颜色等属性，如图 4-8 所示。

属性说明如下。

图 4-8

◎ 模糊 X、模糊 Y：指定投影的模糊程度，取值范围为 0 ~ 100。如果取消锁定，则可以设置不同的模糊数值。

◎ 强度：设定投影的清晰程度，取值范围为 0 ~ 1 000，数值越大，投影显示得越清晰。

◎ 品质：设定投影的质量。可以选择"高""中""低" 3 种级别，质量越高，过渡越流畅。

◎ 角度：设定投影的角度，取值范围为 0 ~ 360。

◎ 距离：设定投影的距离。取值范围为 -32 ~ 32。

◎ 挖空：对象不显示，用对象自身的形状来切除其下的阴影，像阴影被挖空一样。

◎ 内阴影：在对象内侧显示阴影。

◎ 隐藏对象：只显示投影而不显示原来的对象。

◎ 颜色：设定投影的颜色。

2．模糊

"模糊"滤镜可以使对象在 x 轴和 y 轴上模糊，从而产生柔化效果。

属性说明如下。

◎ 模糊 X、模糊 Y：指定对象的模糊程度，取值范围为 0～100。如果取消锁定，则可以设置不同的模糊数值。

◎ 品质：设定模糊的级别，可以选择"高""中""低" 3 种级别。

实例练习——制作逐渐清晰的风景画

（1）新建一个大小为 300 像素×152 像素的 Animate 文档。

（2）将"风景画.jpg"图片导入"舞台"中，并转换为影片剪辑元件。

（3）添加"模糊"滤镜效果，设置"模糊 X""模糊 Y"均为 50。

（4）在第 20 帧插入关键帧，调整其"模糊 X""模糊 Y"均为 0。在第 1～20 帧创建传统补间动画。

（5）在第 27 帧插入帧，测试影片，其画面如图 4-9 所示。

（6）将该文件保存为"模糊滤镜——逐渐清晰的风景画.fla"。

图 4-9

3．发光

"发光"滤镜的作用是在对象的周围产生光芒，其属性如图 4-10 所示。

属性说明如下。

◎ 模糊 X、模糊 Y：指定发光的模糊程度。

◎ 强度：设定发光的清晰程度。

◎ 品质：设定发光的级别。

◎ 颜色：设定发光的颜色。

◎ 挖空：在挖空对象上只显示发光。

◎ 内发光：在对象内侧应用发光。

4．斜角

"斜角"滤镜的作用是产生出立体的浮雕效果，其属性如图 4-11 所示。

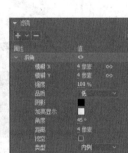

图 4-10   图 4-11

部分属性说明如下。

◎ 模糊 X、模糊 Y：指定斜角的模糊程度。

◎ 强度：设定斜角的强烈程度。

◎ 品质：设定斜角倾斜的级别。

◎ 阴影：设置斜角的阴影颜色。可以在调色板中选择颜色。

◎ 挖空：将斜角效果作为背景，然后挖空对象部分的显示。

◎ 类型：设置斜角的应用位置，可以是内侧、外侧和整个，如果选择"整个"，则在内侧和外侧同时应用斜角效果。

5．渐变发光

"渐变发光"滤镜的效果和"发光"滤镜的效果基本相同，只是可以调节发光的颜色为渐变颜色，还可以设置角度、距离和类型，其属性如图 4-12 所示。

属性说明如下。

◎ 模糊 X、模糊 Y：指定渐变发光的模糊程度。

◎ 强度：设定渐变发光的强烈程度。

◎ 品质：设定渐变发光的级别。

◎ 角度：设定渐变发光的角度。

◎ 距离：设定渐变发光的距离大小。

◎ 挖空：将渐变发光效果作为背景，然后挖空对象部分的显示。

◎ 类型：设置渐变发光的应用位置，可以是内侧、外侧和整个。

图 4-12

◎ 渐变：默认情况下为白色到黑色的渐变。将鼠标指针移动到色条上，单击即可添加新的颜色控制点。如果要删除颜色控制点，只需将它向下面拖出即可。单击控制点上的颜色块，在弹出的调色板中可设置颜色。

实例练习——制作发光字

（1）新建一个大小为 300 像素 ×152 像素的 Animate 文档。

（2）输入文本"发光字"，如图 4-13 所示。

图 4-13

（3）添加"渐变发光"滤镜，设置属性如图 4-14 所示。

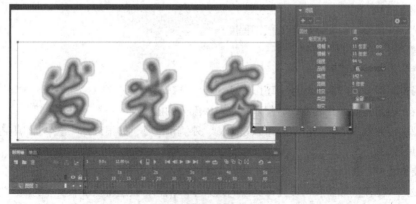

图 4-14

（4）在第 26 帧插入关键帧，调整"渐变发光"属性，如图 4-15 所示。

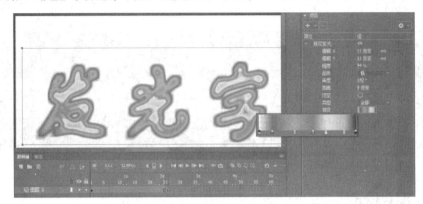

图 4-15

（5）在第 1～26 帧创建传统补间动画。

（6）测试效果，将该 Animate 文件保存为"渐变发光滤镜——发光字.fla"。

6. 渐变斜角

"渐变斜角"滤镜的效果和"斜角"滤镜的效果基本相同，只是可以调节斜角的颜色为渐变颜色，还可以设置角度、距离和类型，其属性如图 4-16 所示。

部分属性说明如下。

◎ 模糊 X、模糊 Y：指定渐变斜角的模糊程度。

◎ 强度：设定渐变斜角的强烈程度。

◎ 品质：设定渐变斜角倾斜的级别。

◎ 挖空：将渐变斜角效果作为背景，然后挖空对象部分的显示。

◎ 类型：设置渐变斜角的应用位置，可以是内侧、外侧和整个。

◎ 渐变：设置渐变的颜色。

7. 调整颜色

使用"调整颜色"滤镜，可以调整对象的亮度、对比度、饱和度和色相，其属性如图 4-17 所示。

属性说明如下。

◎ 亮度：调整对象的亮度，取值范围为−100～100。

◎ 对比度：调整对象的对比度，取值范围为−100～100。

◎ 饱和度：设定色彩的饱和程度，取值范围为−100～100。

图 4-16   图 4-17

◎ 色相：调整对象的颜色，取值范围为−180～180。

需要说明的是，只用两个关键帧，利用"调整颜色"滤镜即可产生多种颜色变化效果。

实例练习——制作变色画

（1）新建一个大小为 300 像素×152 像素的 Animate 文档。

（2）将"风景画.jpg"图片导入"舞台"中，并转换为影片剪辑元件。

（3）添加"调整颜色"滤镜，设置"色相"为−180。

（4）在第 26 帧插入关键帧，调整"色相"为 180。在第 1～26 帧之间创建传统补间动画。

（5）测试效果，其中两帧效果如图 4-18 所示。将该 Animate 文件保存为"调整颜色滤镜——变色画.fla"。

图 4-18

4.1.3　混合模式

使用混合模式，可以创建复合图像。复合是改变两个或两个以上重叠对象的透明度或者颜色相互关系的过程。使用混合，可以混合重叠影片剪辑中的颜色，从而创造独特的效果。值得注意的是，混合的对象是影片剪辑元件或按钮元件实例。

混合模式在元件实例的"属性"面板中的"显示"选项下，如图 4-19 所示。

混合模式包含以下属性。

◎ 混合颜色：应用于混合模式的颜色。

◎ 不透明度：应用于混合模式的透明度。

◎ 基准颜色：混合颜色下面的像素的颜色。

◎ 结果颜色：基准颜色上混合效果的结果。

混合模式不仅取决于要应用混合的对象的颜色，还取决于基础颜色。建议试验不同的混合模式，以获得所需的效果。各模式介绍如下。

图 4-19

◎ 一般：一般应用颜色，不与基准颜色发生交互。

◎ 图层：可以层叠各个影片剪辑，而不影响其颜色。

◎ 变暗：只替换比混合颜色亮的区域。比混合颜色暗的区域将保持不变。

◎ 正片叠底：将基准颜色与混合颜色复合，从而产生较暗的颜色。

◎ 变亮：只替换比混合颜色暗的像素。比混合颜色亮的区域将保持不变。

◎ 滤色：将混合颜色的反色与基准颜色复合，从而产生漂白效果。

◎ 叠加：复合或过滤颜色，具体操作取决于基准颜色。

◎ 强光：复合或过滤颜色，具体操作取决于混合模式颜色。该效果类似于用点光源照射对象。

◎ 增加：通常用于在两个图像之间创建动画的变亮分解效果。

◎ 减去：通常用于在两个图像之间创建动画的变暗分解效果。

◎ 差值：从基色减去混合色或从混合色减去基色，具体取决于哪一种的亮度较大。该效果类似于彩色底片。

◎ 反相：反转基准颜色。

◎ Alpha：应用 Alpha 遮罩层。

◎ 擦除：删除所有基准颜色像素，包括背景图像中的基准颜色像素。

说明："擦除"和"Alpha"混合模式要求将"图层"混合模式应用于父级影片剪辑。不能将背景剪辑更改为"擦除"并应用它，因为该对象将是不可见的。

实例练习——设置混合模式

（1）新建一个大小为 550 像素×400 像素的 Animate 文档。

（2）将"植物.jpg"图片导入"舞台"中，在第 61 帧插入帧。

（3）新建图层，将"花.jpg"图片导入"舞台"中，并转换为影片剪辑元件。分别在第 11 帧、第 21 帧、第 31 帧、第 41 帧、第 51 帧和第 61 帧插入关键帧。设置第 11 帧的混合模式为"变暗"；第 21 帧的混合模式为"变亮"；第 31 帧的混合模式为"减去"；第 41 帧的混合模式为"滤色"；第 51 帧的混合模式为"强光"。

（4）测试效果，将该文件保存为"混合模式.fla"，静帧效果如图 4-20 所示。

图 4-20

4.2 任务一——制作宣传广告

制作宣传广告

4.2.1 案例效果分析

本案例设计的是河南工业职业技术学院 48 年校庆的宣传广告，通过学院图片颜色的变化，展示建院 48 年的辉煌历程；通过时间的演进，让人知道学院悠久的历史；逐渐出现并升起的校徽图片，寓意学院的发展如初升太阳；从小变大的文字，体现学院的逐渐壮大；从左到右展开的文字，给人期待感。完成作品静帧效果如图 4-21 所示。

图 4-21

4.2.2 设计思路

（1）使用"调整颜色"滤镜实现图片的变色效果。

（2）使用遮罩图层实现文字从左到右的展开。

（3）使用"投影""模糊""发光"等滤镜实现文字的立体效果；通过创建传统补间动画，实现动态效果。

4.2.3 相关知识和技能点

（1）滤镜的使用。

（2）使用传统补间动画使滤镜效果动起来。

4.2.4 任务实施

（1）启动 Animate CC 2019，执行"文件" > "新建"命令，在弹出的"新建文档"对话框中选择"角色动画"选项下方的预设为"标准"，设置宽度为 550 像素，高度为 400 像素。在文档"属性"面板设置帧频为 12。将图片"学院图片.jpg"和"校徽.png"导入"库"面板中。

（2）将"学院图片.jpg"拖入"舞台"，打开"对齐"面板，匹配宽和高，按 F8 键，转换为影片剪辑元件"学院图片 1"。

（3）新建一个影片剪辑元件"学院图片变色效果"，将影片剪辑元件"学院图片 1"拖入"舞台"，使用"对齐"面板，将元件放置在"舞台"中央。选择第 1 帧中的"学院图片 1"元件，添加"调整颜色"滤镜，属性为默认值。分别在第 15 帧、第 30 帧和第 45 帧添加关键帧。改变第 15 帧中的色相值为-90，改变第 30 帧中的色相值为 90，其他为默认值。在各关键帧中间创建传统补间动画。完成的时间轴效果如图 4-22 所示。

图 4-22

（4）返回场景 1，在"图层 1"的第 1 帧，将"学院图片变色效果"元件放置到"舞台"中央，添加"调整颜色"滤镜，设置其亮度、对比度、饱和度的值均为-100。在第 12 帧添加关键帧，对"调整颜色"滤镜，单击"重置"按钮。在第 1~6 帧创建传统补间动画。在第 180 帧插入帧，锁定"图层 1"。

（5）新建"图层 2"，在第 12 帧添加关键帧，将"校徽.png"图形拖入，调整大小，将其转换成元件，设置其参数，如图 4-23 所示。在第 24 帧添加关键帧，颜色选择"无"。在第 12~24 帧创建传统补间动画，锁定"图层2"。

（6）新建"图层3"，复制"图层2"的第24帧，粘贴至"图层3"的第41帧。在"图层3"的第60帧添加关键帧，设置参数，如图4-24所示。在第41~60帧创建传统补间动画，锁定"图层3"。

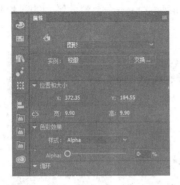 

图4-23   图4-24

（7）新建"文字1"图形元件，输入文字"1973年—2021年"。新建"文字动态效果"图形元件，制作文字从左到右依次显示的遮罩动画，如图4-25所示。新建"图层4"，在第1帧将"文字动态效果"图形元件放在合适位置，在第61帧插入空白帧，将"文字1"图形元件放在同样的位置。

（8）新建"河南工院"影片剪辑元件，输入红色文字"河南工业职业技术学院"，按两次Ctrl+B组合键，将文字分离为形状，使用"墨水瓶"工具为文字添加白色描边效果，效果如图4-26所示。

图4-25   图4-26

（9）返回场景1，新建图层并命名为"河南工院"，在第58帧插入关键帧，将影片剪辑元件"河南工院"拖入"舞台"，放置在合适的位置。展开"滤镜"面板，添加"模糊"滤镜，设置"模糊X"为0，"模糊Y"为54。添加"投影"滤镜，属性为默认值。在第110帧添加关键帧，调整滤镜属性，"模糊"滤镜的"模糊X"为0，"模糊Y"为0。"投影"滤镜的"模糊X"为14，"模糊Y"为14，"强度"为150。在第58~110帧创建传统补间动画，锁定该层。

（10）新建"建院48年"影片剪辑元件，输入红色文字"建院48年"，按两次Ctrl+B组合键，将文字分离为形状，使用"墨水瓶"工具为文字添加白色描边效果，如图4-27所示。

（11）新建图层"建院48年"，在第70帧插入关键帧，将影片剪辑元件"建院48年"拖入"舞台"，放置在合适位置并调整大小。在第85帧插入关键帧，改变位置并调整大小。在第70~85帧创建补间动画，锁定该层。

（12）新建影片剪辑元件"盛大庆典 敬请期待"，输入黄色文字"盛大庆典 敬请期待"，效果如图 4-28 所示。

（13）新建图层"盛大庆典"，在第 135 帧插入关键帧，将影片剪辑元件"盛大庆典 敬请期待"拖入舞台，并添加"投影"和"发光"滤镜，相关设置如图 4-29 所示。将此帧中的对象转换为"文字 2"图形元件。

图 4-27　　　　　　　　　　　图 4-28　　　　　　　　　　　图 4-29

（14）新建影片剪辑元件"文字效果 2"，制作文字从左到右依次显示的遮罩动画，如图 4-30 所示。新建图层"文字效果 2"，将影片剪辑元件"文字效果 2"拖入第 90 帧。在第 135 帧插入空白关键帧后锁定该层。

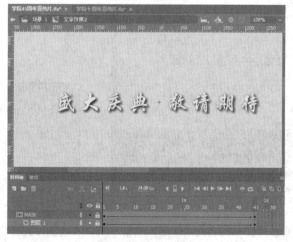

图 4-30

（15）测试影片，将该文件保存为"学院 48 周年宣传片.fla"。

4.3　任务二——制作公益广告

制作公益广告

4.3.1　案例效果分析

本案例设计的是合理膳食的公益广告，通过营养比赛，将各类食物的益处展示出来，告诉大家，各类食物都是必需的，为了自己的健康，请不要偏食，合理膳食，注重营养。完成的效果截图如图4-31所示。

图 4-31

4.3.2　设计思路

（1）收集并处理素材，使素材的命名有规律、大小一致。通过元件的复制快速制作类似的元件。

（2）制作场景1、场景2。

（3）利用场景的复制及元件的交换制作出其他类似的效果，完成其他场景的制作。

4.3.3　相关知识和技能点

（1）使用"场景"面板，场景的新建、复制等操作。

（2）元件的交换、元件的直接复制等操作。

（3）传统补间动画的使用。

4.3.4　任务实施

（1）启动 Animate CC 2019，执行"文件">"新建"命令，在弹出的"新建文档"对话框中选择"角色动画"选项下方的预设为"标准"，设置宽度为550像素，高度为400像素。在文档"属性"面板设置背景色为#99CCFF，帧频为12。

（2）将"公益广告背景.png"、奶类、五谷杂粮、肉蛋海产、蔬菜水果等21个图片导入"库"面板中，转换为相应图形元件。

（3）新建影片剪辑元件"营养比赛"，输入红色文字"营养比赛"，并添加"投影"滤镜，效果如图4-32所示。

（4）用类似方法，制作影片剪辑元件"现在开始"，输入文字"现在开始……"，并添加"投影"滤镜，效果如图4-33所示。

（5）直接复制"营养比赛"元件为"比赛结果"元件，将文字改为"比赛结果"。

（6）制作影片剪辑元件"粮食薯类"，字体为"华文新魏"，字号为49，颜色为#FFFF00（黄色），输入文字"粮食薯类"，并添加"发光"滤镜，颜色为#00FF00（绿色），效果如图 4-34 所示。

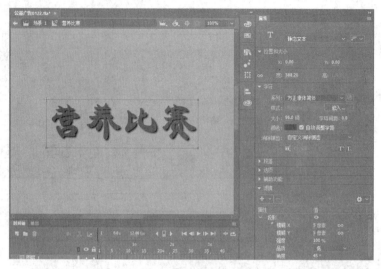

图 4-32

图 4-33

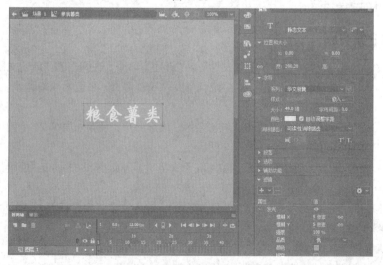

图 4-34

（7）直接复制"粮食薯类"元件为"肉蛋海产"元件，将文字改为"肉蛋海产"。

（8）直接复制"粮食薯类"元件为"蔬菜水果"元件，将文字改为"蔬菜水果"，文字颜色改为白色，其他不变。

（9）直接复制"蔬菜水果"元件为"乳类食品"元件，将文字改为"乳类食品"。

（10）制作影片剪辑元件"元件 1"，"图层 1"中是经过调整的多角星形，"图层 2"中是文字。效果如图 4-35 所示。

图 4-35

（11）直接复制"元件 1"为"元件 2""元件 3""元件 4"，并改变元件中的颜色、形状和文字。完成的效果如图 4-36 所示。

图 4-36

（12）返回"场景 1"，将"公益广告背景.png"元件放在"舞台"的中央，在第 20 帧插入帧。新建"图层 2"，将"营养比赛"元件拖入"舞台"；新建"图层 3"，将"现在开始"元件拖入"舞台"。完成的效果如图 4-37 所示。

（13）执行"窗口" > "其他面板" > "场景"命令，打开"场景"面板，在其中添加"场景 2"，在"图层 1"中放置"粮食薯类"元件，在第 50帧插入帧。新建图层"图 1"，制作"五谷杂粮 1.png"元件从下移入的传统补间动画。用类似方法，制作其他图片从下移入的动画。新建"元件"图层，制作"元件 1"从中部由小变大移动到右上部的动画。完成的效果如图 4-38 所示。

图 4-37

（14）在"场景"面板中，将"场景2"复制为"场景3"，在"场景3"中，选择"图层1"中的"粮食薯类"元件，用鼠标右键单击，选择"交换元件"命令，在弹出的"交换元件"对话框中，选择"蔬菜水果"元件，单击"确定"按钮，如图4-39所示。用类似方法，将其他各个关键帧中的元件进行交换，完成"场景3"的制作。

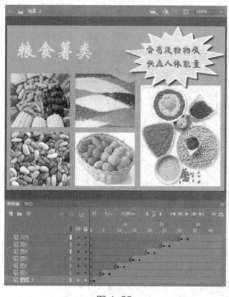

图4-38　　　　　　　　　　　　　　　　　　图4-39

（15）参照上一步的方法，完成"场景4""场景5"的制作。

（16）复制"场景1"为"场景6"，并调整"场景6"到最下层，将"开始比赛"交换为"比赛结果"，在"图层3"的第5帧插入关键帧，输入文字"各有长短，共同发展！"，效果如图4-40所示。

（17）新建"图层4"，在第31帧插入关键帧，输入文字"为了自己的健康，请不要偏食！合理膳食，注重营养！"，效果如图4-41所示，在第80帧插入帧。

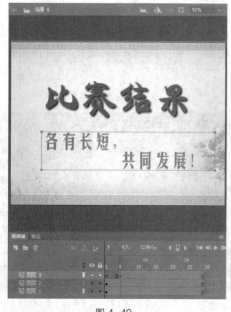

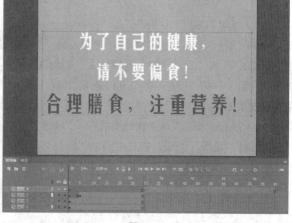

图4-40　　　　　　　　　　　　　　　　　　图4-41

（18）测试影片，将该文件保存为"公益广告.fla"。

制作产品广告

4.4 实训任务——制作产品广告

4.4.1 实训概述

1. 动画的制作目的与设计理念

产品广告是对某个品牌的某种产品进行宣传，体现产品的主题。本实训的产品是"美丽鞋品"公司的新款女鞋，通过背景颜色及鞋子的动态展示，体现出"百变所以美丽"的主题，达到宣传的效果。本实例中的两个画面效果如图 4-42 所示。

图 4-42

2. 动画整体风格设计

利用 Animate CC 2019 制作"美丽鞋品"产品广告，重在变化，即颜色的变化、产品的变化、产品效果的变化，体现出"百变所以美丽"的主题。

3. 素材收集与处理

收集"美丽鞋品"和美丽的鞋子图片；参照"美丽"标志自己制作标志，对鞋子图片进行预处理，选出鞋子、添加白边、改变图片的大小和格式，以备使用。

4.4.2 实训要点

（1）熟练使用各滤镜。
（2）体现出产品的主题，达到宣传的目的。

4.4.3 实训步骤

（1）启动 Animate CC 2019，执行"文件">"新建"命令，在弹出的"新建文档"对话框中选择"角色动画"选项下方的预设为"标准"，设置宽度为 336 像素，高度为 280 像素，如图 4-43 所示。在文档"属性"面板设置帧频为 12。

（2）将图片"鞋 1.png""鞋 2.png""鞋 3.png""鞋 4.png""鞋 5.png""鞋 6.png""鞋背景.png"导入"库"面板中，将其转换为相应的图形元件，如图 4-44 所示。

（3）新建"背景变色"影片剪辑元件，将"鞋背景"拖入，在"属性"面板的"实例行为"中，将默认的"图形"重新选择为"影片剪辑"，如图 4-45 所示。

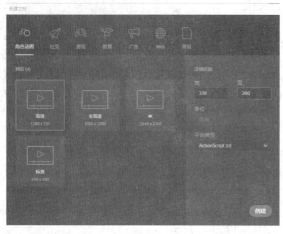

图 4-43 图 4-44

（4）此时"属性"面板中显示"滤镜"，添加"调整颜色"滤镜，设置"饱和度"为 40，如图 4-46
所示。

图 4-45 图 4-46

（5）在第 6 帧、第 11 帧、第 16 帧、第 21 帧、第 26 帧和第 31 帧插入关键帧。在各关键帧中分
别设置"调整颜色"滤镜的"色相"为–180、40、–70、30、–40、120。在第 35 帧插入帧，完成影
片剪辑元件"背景变色"的制作，界面如图 4-47 所示。

（6）新建一个影片剪辑元件"美丽标志"，输入红色文字"MeiLI"，如图 4-48 所示。

（7）输入红色文字"美丽"，并使用"任意变形"工具调整宽度，如图 4-49 所示。

（8）返回"场景 1"，将"背景变色"元件拖入"舞台"，使用"对齐"面板，与"舞台"对齐，
水平中齐、垂直中齐，在第 70 帧插入帧，锁定"图层 1"。

（9）新建"图层 2"，在第 1 帧将元件"鞋 1"拖入"舞台"，在"属性"面板中设置"位置和大
小"，"X"为 118，"Y"为 90。在第 5 帧添加关键帧，在"属性"面板中设置"位置和大小"，"X"
为 180，"Y"为 96，如图 4-50 所示。在两个关键帧间创建传统补间动画。在第 6 帧添加空白关键帧。

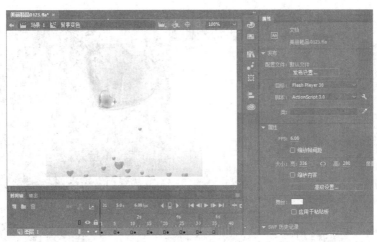

图 4-47

图 4-48

图 4-49

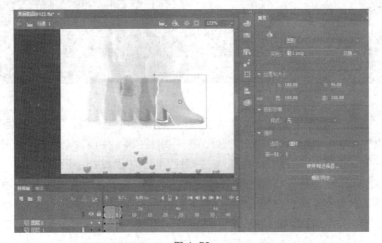

图 4-50

（10）新建"图层 3"，在第 6 帧插入空白关键帧，将"鞋 2"拖入"舞台"，在"属性"面板中设置"位置和大小"，"X"为 180，"Y"为 60。在第 10 帧添加关键帧，在"属性"面板中设置"位置和大小"，"X"为 50，"Y"为 60，在两个关键帧间创建传统补间动画。在第 11 帧添加空白关键帧，如图 4-51 所示。

图 4-51

（11）新建"图层 4"，在第 11 帧插入空白关键帧，将"鞋 3"拖入"舞台"，使用"对齐"面板，让元件与"舞台"对齐（水平中齐、垂直中齐）。在第 16 帧添加空白关键帧，如图 4-52 所示。

图 4-52

（12）新建"图层 5"，在第 11 帧插入空白关键帧，绘制一个矩形块，并转换为图形元件"矩形"，矩形的大小能遮住"鞋 3"实例。在第 11 帧处，在"属性"面板中设置矩形的"位置和大小"，"X"为 90，"Y"为-90。在第 15 帧添加关键帧，在"属性"面板中设置"位置和大小"，"X"为 90，"Y"为 65。在两个关键帧间创建传统补间动画。在第 16 帧添加空白关键帧。"时间轴"面板如图 4-53 所示。用鼠标右键单击"图层 5"，在弹出的快捷菜单中选择"遮罩层"。

（13）新建"图层 6"，在第 16 帧插入空白关键帧，将"鞋 4"拖入"舞台"，使用"对齐"面板，让元件与"舞台"对齐（水平中齐、垂直中齐）。在第 20 帧添加关键帧，在两个关键帧间创建传统补间动画，在"属性"面板中设置"补间"，"旋转"为"顺时针"。在第 21 帧添加空白关键帧，如图 4-54 所示。

图 4-53　　　　　　　　　　　　　　图 4-54

（14）新建"图层 7"，在第 21 帧插入空白关键帧，将"鞋 5"拖入"舞台"，在"属性"面板中设置"位置和大小"，"X"为 70，"Y"为 40。在第 27 帧添加空白关键帧。

（15）新建"图层 8"，在第 23 帧插入空白关键帧，将"鞋 5"拖入"舞台"，在"属性"面板中设置"位置和大小"，"X"为 135，"Y"为 65。在第 27 帧添加空白关键帧。

（16）新建"图层 9"，在第 25 帧插入空白关键帧，将"鞋 5"拖入"舞台"，在"属性"面板中设置"位置和大小"，"X"为 186，"Y"为 90。在第 27 帧添加空白关键帧，如图 4-55 所示。

（17）新建"图层 10"，在第 27 帧插入空白关键帧，将"鞋 6"拖入"舞台"，使用"对齐"面板，将元件放置在"舞台"正中间。在第 31 帧添加关键帧，使用"任意变形"工具将元件实例放大。在两个关键帧间创建传统补间动画。在第 32 帧添加空白关键帧，如图 4-56 所示。

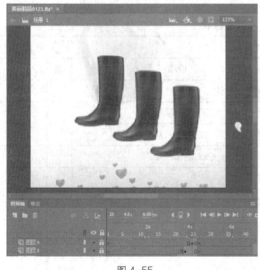

图 4-55　　　　　　　　　　　　　　图 4-56

（18）新建"图层 11"，在第 32 帧插入空白关键帧，将"鞋 1"拖入"舞台"，放在"舞台"的左上方，在第 44 帧插入空白关键帧，锁定该层。

（19）用类似方法，制作"图层 12""图层 13""图层 14""图层 15""图层 16"。完成的效果如图 4-57 所示。

（20）新建"图层 17"，在第 54 帧插入空白关键帧，将"美丽标志"拖入"舞台"，放在"舞台"的中间，在第 59 帧和第 62 帧插入关键帧，调整第 62 帧中标志的位置为舞台的左上方，在第 59～62 帧创建传统补间动画，锁定该层。

（21）新建"图层 18"，在第 63 帧插入空白关键帧，在"舞台"中输入文字"百变所以美丽"，并添加"渐变发光"滤镜，效果如图 4-58 所示。

图 4-57 图 4-58

（22）测试影片，将该文件保存为"美丽鞋品.fla"。

4.5 评价考核

项目四 任务评价考核表

能力类型	考核内容		评价		
	学习目标	评价项目	3	2	1
职业能力	掌握滤镜的添加和设置方法；能够根据实际需要合理应用时间轴特效和滤镜；能运用 Animate 设计产品广告	合理使用滤镜			
		熟练使用"属性""滤镜"面板			
		能够熟练使用"对齐"面板			
		能够使用 Animate 制作产品广告			
通用能力	造型能力				
	审美能力				
	组织能力				
	解决问题能力				
	自主学习能力				
	创新能力				
综合评价					

4.6 课外拓展——制作手机宣传广告

制作手机宣传
广告

4.6.1 参考制作效果

手机宣传广告的参考效果如图 4-59 所示。

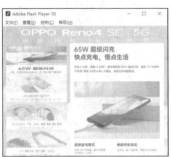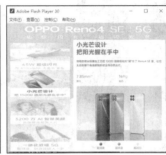

图 4-59

4.6.2 知识要点

（1）利用传统补间动画实现图片切换效果。

（2）调整元件实例的色调。

（3）"属性"面板、"对齐"面板的使用。

4.6.3 参考制作过程

（1）启动 Animate CC 2019，执行"文件">"新建"命令，在弹出的"新建文档"对话框中选择"角色动画"选项下方的预设为"标准"，设置宽度为 490 像素，高度为 380 像素。在文档"属性"面板设置帧频为 12，将"0.jpg"导入舞台，调整大小。

（2）将"手机小 1""手机大 1"等 8 个图片导入"舞台"中，并将其转换为相应的图形元件。

（3）将"手机小 1.jpg"拖入"舞台"，在"属性"面板设置"X"为 10，"Y"为 10，效果如图 4-60 所示。将"手机小 4.jpg"拖入"舞台"，在"属性"面板设置"X"为 10，"Y"为 290，效果如图 4-61 所示。

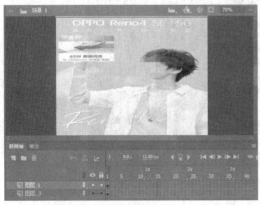

图 4-60

图 4-61

（4）将"手机小 2.jpg""手机小 3.jpg"拖入"舞台"，放在"手机小 1.jpg"和"手机小 4.jpg"之间，全选 4 张图片，在"对齐"面板中取消选中"与舞台对齐"复选框，如图 4-62 所示。单击"左对齐""垂直居中分布"按钮，调整后的效果如图 4-63 所示。

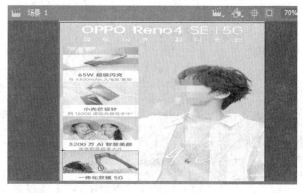

图 4-62   图 4-63

（5）选择后 3 个对象，在"属性"面板设置色彩效果，样式为"色调"，属性为默认，如图 4-64 所示。

图 4-64

（6）在第 12 帧插入关键帧，重新设置色彩效果，第 2 个样式为"无"，设置其他 3 个样式为"色调"，属性默认，如图 4-65 所示。用类似方法，在第 27 帧、第 42 帧和第 57 帧插入关键帧，调整颜色，在第 60 帧插入帧后锁定图层。

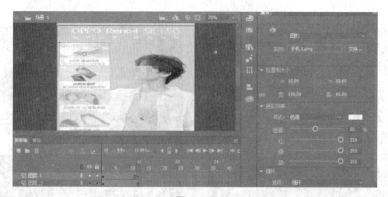

图 4-65

（7）新建影片剪辑元件"切换"，将"手机大 1.png"放置在"舞台"中，在第 15 帧插入帧。

新建"图层 2"，在第 10 帧插入空白关键帧，将"手机大 2.png"放入"舞台"同一位置，在第 15 帧插入关键帧。改变第 10 帧中的色彩效果，设置样式为"Alpha"，"Alpha"为 0。在两个关键帧间创建传统补间动画，在第 30 帧插入帧。用类似方法，制作"图层 3""图层 4""图层 5"，面板效果如图 4-66 所示。

（8）返回场景 1，新建"图层 2"，将"切换"元件拖入"舞台"，设置属性，效果如图 4-67 所示。

图 4-66

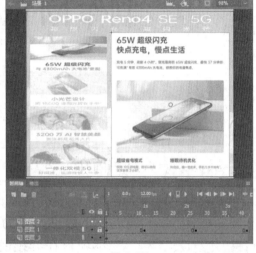
图 4-67

（9）测试影片，将该文件保存为"手机宣传广告.fla"。

05 项目五
制作 MTV

项目简介

　　MTV 是指用歌曲配以精美的视频画面，使原本只展示听觉艺术的歌曲，变为一种视觉和听觉结合的艺术形式。

　　本项目在介绍制作 MTV 中主要讲解了用 Animate CC 2019 中应用位图文件、声音文件和视频文件的方法。通过本项目的学习，读者可以了解制作 MTV 的过程，如制订主题，收集素材和处理素材，将素材导入 Animate CC 2019 中，经过"舞台"处理展现给观众等。

学习目标

- ✔ 了解素材的收集、处理方法；
- ✔ 掌握素材的导入方法；
- ✔ 掌握素材的展现方法；
- ✔ 掌握寓言故事、诗歌、MTV 的制作方法。

5.1 知识准备——位图、声音和视频

5.1.1 收集位图、声音和视频素材

在使用 Animate 设计动画作品时，灵活应用位图、声音和视频文件，可以增加 Animate 动画的效果，使作品的表现力更丰富，可以利用数码相机、摄像机等来收集相关素材，也可利用一些现成的素材，经过处理来制作自己的 Animate 作品。

5.1.2 应用位图

Animate CC 2019 支持多种图像格式，如.jpg、.bmp、.gif 等，通过将位图文件导入"库"面板和"舞台"中，可以将位图文件绚丽多彩的效果展现给观众，给人以更强烈的视觉冲击。

实例练习——导入位图文件

（1）启动 Animate CC 2019，执行"文件">"新建"命令，在弹出的"新建文档"对话框中选择"角色动画"选项下方的预设为"标准"，单击"创建"按钮，进入新建文档"舞台"窗口。对背景颜色和舞台大小进行设置，单击"确定"按钮。

（2）执行"文件">"导入">"导入到库"命令，弹出"导入到库"对话框，选择"图片素材.jpg"位图文件，单击"打开"按钮，文件被导入"库"面板中，如图 5-1 所示。

（3）选择当前需要操作图层的关键帧，将导入"库"面板中的"图片素材.jpg"位图文件拖动到"舞台"，拖动到"舞台"上的位图会自动分布到场景中，可以根据情况进行相应的设置。

图 5-1

另外，也可以直接执行"文件">"导入">"导入到舞台"命令，将外部文件直接导入"舞台"上。

5.1.3 应用声音

在 Animate CC 2019 中可以添加声音素材，并且处理声音素材的方法很多。可以让声音独立于时间轴连续播放，或使动画与声音同步播放，也可以向按钮添加声音。另外，还可以通过设置属性来实现声音淡入淡出的效果。在 Animate 影片中添加声音，需要先将声音文件导入影片文件中，新建一个图层，用来放置声音。选中需要加入声音的关键帧，在"库"中将声音文件拖入场景中即可。可在同一层中插入多种声音，也可以把声音添加到含有其他对象的图层中。通过设置声音的效果，可以使动画更具有感染力。

实例练习——导入声音文件

（1）新建一个 Animate 文档，在"属性"面板中设置"背景"为蓝色（#0066FF）。

（2）将"图层 1"重命名为"音乐"。将音乐文件放置在该图层上。

（3）执行"文件">"导入">"导入到库"命令，弹出"导入到库"对话框。在"导入到库"对话框中选择要导入的声音文件"声音素材.mp3"，单击"打开"按钮，将声音导入到"库"面板中，如图 5-2 所示。

（4）选中"音乐"图层的第 1 帧，在"属性"面板中的"声音"下拉菜单中选择刚导入的"声音素材.mp3"，如图 5-3 所示。在"属性"面板选择 "声音素材"后，音乐被导入场景，"音乐"图层

的第 1 帧出现一条表示声波的小横线。或者直接将声音对象拖到场景中。

图 5-2

图 5-3

（5）任意选择后面的某一帧，如第 200 帧，就可以看到声音对象的波形，这说明已经将声音引用到"音乐"图层上了，这时按 Enter 键，就可以听到声音了。

5.1.4 应用视频

Animate CC 2019 的视频处理功能具备创造性的技术优势，允许用户把视频、数据、图形、声音和交互式控制融为一体，从而创造出引人入胜的丰富效果。

1. 支持的视频类型

如果用户的 PC 上已经安装了 QuickTime 7 及其以上版本，则在导入视频时支持包括 MOV（QuickTime 影片）、AVI（音频视频交叉）和 MPG/MPEG（运动图像专家组）等格式的视频剪辑文件，具体文件类型如表 5-1 所示。

表 5-1

文件类型	扩展名
音频视频交叉	avi
数字视频	dv
运动图像专家组	mpg、mpeg
QuickTime 影片	mov

如果系统安装了 DirectX 9 或更高版本，则在导入视频时支持表 5-2 所示的视频文件格式。

表 5-2

文件类型	扩展名
音频视频交叉	avi
运动图像专家组	mpg、mpeg
Windows Media 文件	wmv、Asf

默认情况下，Animate 使用 On2 VP6 编解码器导入和导出视频。编解码器实际是一种压缩/解压缩算法程序，用于控制多媒体文件在编码期间的压缩方式和回放期间的解压缩方式。

如果导入的视频文件是系统不支持的文件格式，那么 Animate 会显示一条警告消息，表示无法完成该操作。

而在有些情况下，Animate 可能只能导入视频素材文件中的视频，而无法导入音频，此时，也会显示警告消息，表示无法导入该文件的音频部分。但是仍然可以导入没有声音的视频。

Animate CC 2019 支持外部 FLV（Animate 专用视频格式），可以直接播放本地硬盘或者 Web 服务器上的 FLV 文件。这样可以用有限的内存播放很大的视频文件而不需要从服务器下载完整的文件。

2．实例练习——导入视频

（1）新建一个 Animate 影片文档。

（2）执行"文件" > "导入" > "导入视频"命令，弹出"导入视频"窗口，如图 5-4 所示。

（3）单击"浏览"按钮，在弹出的"打开"对话框中选择要导入的视频素材文件，如图 5-5 所示。

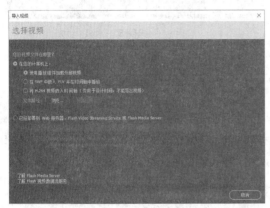

图 5-4

图 5-5

（4）在图 5-4 所示的"导入视频"窗口中选择"使用播放组件加载外部视频"选项，单击"下一步"按钮，弹出"设定外观"对话框，如图 5-6 所示。在这里可以创建要播放控件的外观，最简单的方法就是选择程序提供的某个外观。

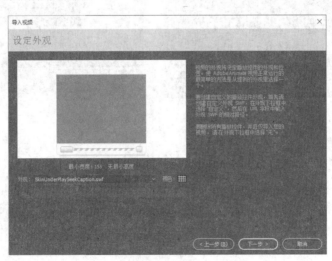

图 5-6

（5）单击"下一步"按钮，弹出图 5-7 所示的"完成视频导入"对话框，显示与视频文件相关的信息，并且可以选择导入视频后，查看相关帮助的选项。

（6）单击"完成"按钮，视频被导入到"舞台"上，并且程序根据播放控件的选择，将默认播放控件的外观也显现出来，如图 5-8 所示。

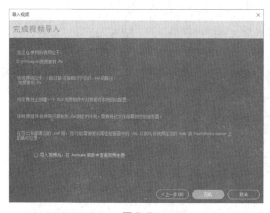

图 5-7 　　　　　　　　　　　　　　　　图 5-8

（7）如果在图 5-4 所示窗口中选择"在 SWF 中嵌入 FLV 并在时间轴中播放"选项，单击"下一步"按钮，则弹出图 5-9 所示的"嵌入"对话框。可以在"符号类型"下拉列表中选择嵌入视频、影片剪辑和图形等选项。

（8）单击"下一步"按钮，弹出"完成视频导入"对话框，单击"完成"按钮，视频被导入"舞台"上，没有播放控件外观的显示效果如图 5-10 所示，并且在时间轴上会根据影片的长短，出现相应的帧数。

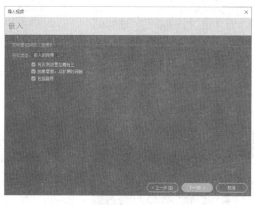

图 5-9 　　　　　　　　　　　　　　　　图 5-10

5.2　任务一——制作寓言故事动画

制作寓言故事
动画

5.2.1　案例效果分析

本案例为借鉴寓言故事"龟兔赛跑"制作的一个动画，故事的情节根据情况做了一些改编，最后以小兔胜利告终，效果如图 5-11 所示。

图 5-11

5.2.2 设计思路

（1）收集素材并进行相应的处理。

（2）将位图和动画文件导入"库"面板。

（3）制作文本动画效果。

（4）添加传统补间动画效果。

5.2.3 相关知识和技能点

（1）位图文件的处理。

（2）元件的转换。

（3）动画的设置。

（4）色彩的搭配。

5.2.4 任务实施

（1）启动 Animate CC 2019，执行"文件"＞"新建"命令，在弹出的"新建文档"对话框中选择"角色动画"选项下方的预设为"标准"，如图 5-12 所示，文档详细信息中宽度设为 550，高度设为 400，平台类型设为"ActionScript 3.0"，帧频为 12，单击"创建"按钮，进入新建文档"舞台"窗口。执行"文件"＞"保存"命令，保存影片文档为"新龟兔赛跑.fla"。

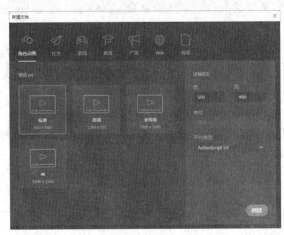

图 5-12

（2）执行"文件">"导入">"导入到库"命令，在弹出的"导入到库"对话框中选择"Ch05\素材\背景 1.jpg"文件，单击"打开"按钮，文件被导入"库"面板中。

（3）将"库"面板中的"背景 1.jpg"拖动到"舞台"，然后将"X""Y"分别设置为 0，宽为 550，高为 400，如图 5-13 所示，使文件和"舞台"对齐。将"图层 1"改名为"背景 1"，并在第 560 帧插入普通帧，如图 5-14 所示。

图 5-13   图 5-14

（4）新建"图层 2"，并将其改名为"文字"，将背景图层锁定，选择"文本"工具，根据情况设置文字的字体、字号和颜色，可参考图 5-15 所示"属性"面板中的设置，输入"龟兔赛跑"4 个字。

（5）执行"修改">"转换为元件"命令，在"转换为元件"对话框中选择类型为"图形"，如图 5-16 所示，将"龟兔赛跑"4 个字转换为元件，在"库"面板中出现"元件 1"。

（6）选择"文字"图层，对"元件 1"进行相应的设置，在"属性"面板中，将"X"和"Y"分别设置为 590 和 80。在"色彩效果"选项区中选择样式为"Alpha"，并将其值设置为 30%，如图 5-17 所示。

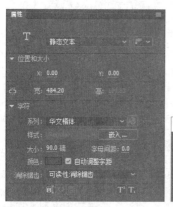

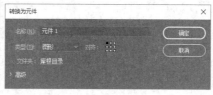

图 5-15   图 5-16   图 5-17

（7）选择"文字"图层，在第 50 帧插入关键帧。选择此关键帧，对"元件 1"进行相应的设置，在"属性"面板中，将"X"设置为 40，其他值不变。选取"色彩效果"选项区中的样式为"Alpha"，并将其值设置为 100%，在第 1~50 帧添加传统补间动画。

（8）分别在第 75 帧和第 100 帧插入关键帧，选择第 100 帧，在"属性"面板中，将"X"设置为-490，其他值不变。选取"色彩效果"选项区中的样式为"Alpha"，并将其值设置为 30%。分别在第 75~100 帧添加传统补间动画。

（9）新建"图层 3"，并将其改名为"作者"，可根据步骤（4）~步骤（8）的操作方法，制作出作者的动画信息。

（10）选择"文字"图层，在第 101 帧插入空白关键帧，选择"文本"工具，设置文字字体为楷体，颜色为#330033，字号为 20，输入"在这个阳光明媚的早晨，小动物们相互传递着一个消息，小兔和乌龟要进行跑步比赛了!"文字,并在"属性"面板中进行相应的设置,如图 5-18 所示。

(11)选择"背景 1"图层,新建"图层 3"和"图层 4",并将其改名为"小鸟"和"鸽子",执行"文件">"导入">"导入到库"命令,在弹出的"导入到库"对话框分别选择"Ch05\素材\小鸟.gif"和"Ch05\素材\鸽子.gif"文件,单击"打开"按钮,将文件导入"库"面板中,如图 5-19 所示。

(12)选择"小鸟"图层,在第 90 帧插入关键帧,将"小鸟"元件拖到"舞台"上,对"小鸟"元件进行相应的设置,在"属性"面板中,将"X"和"Y"分别设置为-140 和 220,宽为 140,高为 140。

(13)在第 130 帧、第 160 帧和第 190 帧插入关键帧,选择第 130 帧和第 160 帧,在"属性"面板中,将"X"和"Y"分别设置为 290 和 110,宽为 90,高为 90。选择第 190 帧,在"属性"面板中,将"X"和"Y"分别设置为 550 和 10,宽为 50,高为 50。在第 90 ~ 130 帧,第 160 ~ 190 帧添加传统补间动画。

(14)选择"鸽子"图层,在第 100 帧插入关键帧,将"鸽子"元件拖"舞台"上,对"鸽子"元件进行相应的设置,在"属性"面板中,将"X"和"Y"分别设置为 550 和 40,宽为 48,高为 55。

(15)在第 130 帧、第 160 帧和第 200 帧插入关键帧,选择第 130 帧和第 160 帧,在"属性"面板中,将"X"和"Y"分别设置为 380 和 100,宽为 68,高为 75。选择第 200 帧,在"属性"面板中,将"X"和"Y"分别设置为-50 和 10,宽为 48,高为 55。在第 100 ~ 130 帧,第 160 ~ 200 帧添加传统补间动画,静帧效果如图 5-20 所示。

图 5-18

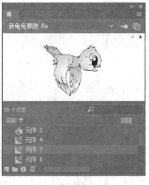

图 5-19

图 5-20

(16)执行"文件">"导入">"导入到库"命令,在弹出的"导入到库"对话框中选择"Ch05\素材\背景 2.jpg"文件,单击"打开"按钮,文件被导入"库"面板中。

(17)选择"背景 1"图层,新建"图层 6",将其改名为"背景 2",在第 200 帧插入关键帧,将"库"面板中的"背景 2.jpg"拖动"舞台"上,将"X""Y"坐标分别设置为 560 和 0,宽为 550,高为 400,效果如图 5-21 所示。

图 5-21

（18）将"背景2"位图转换为元件，在第240帧插入关键帧，选择第240帧，在"属性"面板中将"X""Y"设置为0和0，宽为550，高为400。在第200~240帧添加传统补间动画。

（19）选择"文字"图层第101帧这段文字，将其转换为元件，在第200帧和第230帧插入关键帧，选择第230帧，在"属性"面板中将"X""Y"分别设置为–405和270，第200~230帧添加传统补间动画，如图5-22所示。

（20）在第231帧插入空白关键帧，选择"文本"工具，设置字体为楷体、颜色为#330033，字号为30，输入"龟兔赛跑开始了，只见小兔一马当先，把乌龟甩得远远的，看着乌龟慢腾腾的样子，跑得十分得意。"文字，并将其转换为元件。在"属性"面板中，将"X""Y"分别设置为45和410。在第250帧插入关键帧，在"属性"面板中，将"X""Y"分别设置为45和270。在第231~250帧添加传统补间动画，静帧效果如图5-23所示。

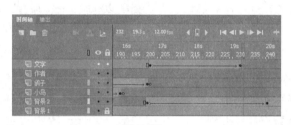

图 5-22

图 5-23

（21）执行"文件"＞"打开"命令，在弹出的对话框中选择"Ch05\素材\龟兔赛跑素材.fla"文件，单击"打开"按钮，在"库"面板中分别选择"兔子"和"乌龟"两个文件夹，将其复制到"龟兔赛跑"的"库"面板中，如图5-24所示。

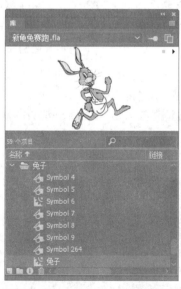

图 5-24

（22）选择"背景2"图层，新建"图层7"和"图层8"，并将其改名为"小兔"和"乌龟"。选择"小兔"图层，在第250帧插入关键帧，将"小兔"元件拖到"舞台"上，然后对"小兔"元件进行相应的设置。在"属性"面板中，将"X"和"Y"分别设置为–70和280，宽为160，高为164。

（23）在第 280 帧插入关键帧，在"属性"面板中，将"X""Y"分别设置为 295 和 245，宽为 80，高为 82，在第 250～280 帧添加传统补间动画。

（24）在第 300 帧插入关键帧，在"属性"面板中，将"X""Y"分别设置为 250 和 220，宽为 30，高为 32，选取"色彩效果"选项区中的"Alpha"选项，并将其值设置为 50%，如图 5-25 所示，在第 280～300 帧添加传统补间动画。

（25）在第 310 帧插入关键帧，在"属性"面板中，将"X""Y"分别设置为 350 和 220，宽为 10，高为 12，选取"色彩效果"选项中的"Alpha"选项，并将其值设置为 0。在第 300～310 帧添加传统补间动画，面板效果如图 5-26 所示。

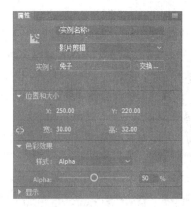

图 5-25

图 5-26

（26）选择"乌龟"图层，在第 270 帧插入关键帧，将"乌龟"元件拖到"舞台"上，然后对"乌龟"元件进行相应的设置。在"属性"面板中，将"X"和"Y"分别设置为-60 和 270，宽为 120，高为 80。

（27）在第 320、第 340 帧插入关键帧，选择第 320 帧，在"属性"面板中，将"X""Y"分别设置为 310 和 240，宽为 80，高为 50。选择第 340 帧，在"属性"面板中，将"X""Y"分别设置为 280 和 210，宽为 40，高为 25，选取"色彩效果"选项区中的"Alpha"选项，并将其值设置为 0%，在第 270 帧、第 320～340 帧添加传统补间动画，如图 5-27 所示。

图 5-27

（28）执行"文件">"导入">"导入到库"命令，在弹出的"导入到库"对话框中选择"Ch05\素材\背景 3.jpg"文件，单击"打开"按钮，文件被导入"库"面板中。

（29）选择"背景 2"图层，新建"图层 9"，改名为"背景 3"，选择"背景 3"图层，在第 340 帧插入空白关键帧，将"库"面板中的"背景 3.jpg"拖到"舞台"中，并将其转换为元件。在"属性"面板中，将"X""Y"分别设置为 560 和 0，宽为 550，高为 400，效果如图 5-28 所示。

图 5-28

（30）在第 380 帧插入关键帧，选择第 380 帧，在"属性"面板中，将"X""Y"分别设置为 0 和 0，宽为 550，高为 400，在第 340～380 帧添加传统补间动画。

（31）选择"文字"图层，在第 340 帧和第 370 帧插入关键帧，选择第 370 帧，在"属性"面板

中，将"X""Y"分别设置为-460和270。在第340～370帧添加
传统补间动画。

（32）在第371帧插入空白关键帧，选择"文本"工具，设置字
体为楷体、颜色为#330033、字号为30，输入"小兔发扬不怕苦、
不怕累的精神，虽然浑身是汗，但是坚持跑到了终点，得到了第一
名。"这段文字，并将其转换为元件。在"属性"面板中，将"X"
"Y"分别设置为70和400，宽为400，高为108，如图5-29所示。

（33）在第390帧插入关键帧，在"属性"面板中，将"X""Y"
坐标分别设置为70和270，宽为400，高为108。在第371～390
帧添加传统补间动画，如图5-30所示。

图5-29

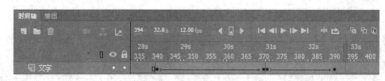

图5-30

（34）选择"小兔"图层，在第390帧插入空白关键帧，将"小兔"元件拖到"舞台"上，对"小
兔"元件进行相应的设置，在"属性"面板中，将"X"和"Y"分别设置为-165和215，宽为160，
高为165。

（35）在第410帧插入关键帧，在"属性"面板中，将"X"和"Y"分别设置为610和215，宽
为120，高为125，在第390～410帧添加传统补间动画。

（36）在第411帧位置插入关键帧，选择"修改"＞"变形"＞"水平翻转"命令，调整小兔跑
动的方向，使其变成从右向左奔跑的样子，如图5-31所示。在第430帧插入关键帧，在"属性"
面板中，将"X""Y"分别设置为-80和180，宽为80，高为85，在第411～430帧添加传统补间
动画。

（37）在第431帧插入关键帧，选择"任意变形"工具，调整小兔跑动的方向，使其变成从左向
右奔跑的样子。

（38）在第450帧插入关键帧，在"属性"面板中，将"X""Y"分别设置为580和150，宽为
40，高为45，选择"色彩效果"选项区中的"Alpha"选项，并将其值设置为40%，在第431～450
帧添加传统补间动画。

（39）选择"乌龟"图层，在第400帧插
入空白关键帧，将"乌龟"元件拖到"舞台"
上，然后对"乌龟"元件进行相应的设置，在
"属性"面板中，将"X"和"Y"分别设置为
-165和275，宽为160，高为100。

（40）在第430帧插入关键帧，在"属性"
面板中，将"X"和"Y"分别设置为600和
258，宽为130，高为80，在第400～430帧
添加传统补间动画。

（41）在第431帧插入关键帧，选择"任
意变形"工具，调整乌龟跑动的方向，使其变
成从右向左奔跑的样子，如图5-32所示。

（42）在第460帧插入关键帧，在"属性"

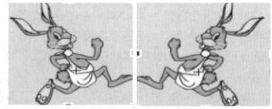

图5-31

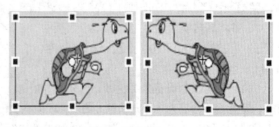

图5-32

面板中，将"X"和"Y"分别设置为-100和180，宽为100，高为60，在第431~460帧添加传统补间动画，静帧效果如图5-33所示。

（43）执行"文件">"导入">"导入到库"命令，在弹出的"导入到库"对话框中选择"Ch05\素材\背景4.jpg"文件，单击"打开"按钮，将文件导入"库"面板中，如图5-34所示。

图5-33

图5-34

（44）选择"背景3"图层，新建"图层10"，改名为"背景4"，如图5-35所示。在第460帧插入关键帧，将"库"面板中的"背景4.jpg"拖到"舞台"中，将其转换为元件。将"X""Y"分别设置为550和0，宽为550，高为400。

（45）在第500帧插入关键帧，在"属性"面板中，将"X"和"Y"分别设置为0和0，宽为550，高为400，在第460~500帧添加传统补间动画。

（46）选择"文字"图层，在第460帧和第490帧插入关键帧，选择第490帧，在"属性"面板中，将"X"和"Y"分别设置为-400和270，在第460~490帧添加传统补间动画。

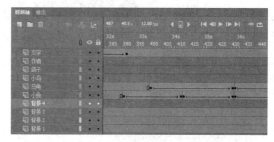

图5-35

（47）在第500帧插入空白关键帧，选择"文本"工具，设置字体为黑体，颜色为#FF0000，字号为50，将文字方向改为竖排，输入"谢谢欣赏，再见"文字，将其转换为元件。在"属性"面板中，将"X""Y"分别设置为110和400，宽为54，高为354。

（48）在第530帧插入关键帧，在"属性"面板中，将"X""Y"分别设置为110和20，宽为54，高为354。在第500~530帧添加传统补间动画。

（49）执行"文件">"导入">"导入到库"命令，在弹出的"导入到库"对话框中选择"Ch05\素材\小兔样式.jpg"文件，单击"打开"按钮，文件被导入"库"面板中。

（50）选择"小兔"图层，在第500帧插入空白关键帧，将"小兔样式.jpg"文件拖到"舞台"上，使用"套索"工具将小兔的白色背景去掉，然后对小兔样式进行相应的设置，在"属性"面板中，将"X""Y"分别设置为280和-170，宽为110，高为160。

（51）选择第500帧，将其转换为元件。在第530帧插入关键帧，在"属性"面板中，将"X""Y"分别设置为260和30，宽为210，高为250。在第500~530帧添加传统补间动画，静帧效果如图5-36所示。动画制作完成，测试动画效果。

图5-36

5.3 任务二——制作诗歌动画

5.3.1 案例效果分析

本案例将制作一首诗词的动画效果，并配上朗读的声音，给人以视觉和听觉享受，效果如图 5-37
所示。

图 5-37

5.3.2 设计思路

（1）收集素材并进行相应的处理。

（2）位图和动画文件的应用。

（3）制作文本动画效果。

（4）元件、传统补间和遮罩动画的应用。

（5）插入声音。

5.3.3 相关知识和技能点

（1）动画的相关设置。

（2）遮罩层的应用。

（3）声音的处理。

（4）声音的播放和文字显示的同步问题。

5.3.4 任务实施

（1）启动 Animate CC 2019，执行"文件" > "新建"命令，在弹出的"新建文档"对话框中选
择"角色动画"选项下方的预设为"标准"，文档详细信息中宽度设为 630，高度设为 420，平台类型
设为"ActionScript 3.0"，帧频为 12，单击"创建"按钮，进入新建文档"舞台"窗口。执行"文
件" > "保存"命令，保存影片文档为"诗词 忆江南.fla"。

（2）执行"文件" > "导入" > "导入到库"命令，在弹出的"导入到库"对话框中选择"Ch05\
素材\背景.gif"文件，单击"打开"按钮，将文件导入"库"面板中，如图 5-38 所示。

（3）将"图层 1"重命名为"背景"，选择"库"面板中的"背景.gif"拖动到"舞台"，将其转换
为元件。在"属性"面板中，将"X""Y"分别设置为 0，把元件和"舞台"对齐，如图 5-39 所示，

并在第 560 帧插入普通帧，如图 5-40 所示。

图 5-38　　　　　　　　　　图 5-39　　　　　　　　　　　图 5-40

（4）新建"图层 2"，将其重命名为"唐诗宋词"，将背景图层锁定，选择"文本"工具，设置字体为黑体，颜色为#FF0000，字号为 40，输入"唐诗宋词"4 个字。

（5）执行"修改"＞"转换为元件"命令，在"转换为元件"对话框中选择类型为"图形"，如图 5-41 所示，将"唐诗宋词"4 个字转换为元件，在"库"面板中出现"元件 2"。

（6）选择"唐诗宋词"图层，对"元件 2"进行相应的设置，在"属性"面板中，将"X"和"Y"分别设置为 218 和-56，宽为 210，高为 44。选取"色彩效果"选项中的"Alpha"选项，并将其值设置为 30%，如图 5-42 所示。

图 5-41　　　　　　　　　　　　　　　　　　图 5-42

（7）选择"唐诗宋词"图层，在第 80 帧插入关键帧。选择此关键帧，对"元件 2"进行相应的设置。在"属性"面板中，将"X"和"Y"分别设置为 135 和 45，宽为 323，高为 134。选取"色彩效果"选项区中的"Alpha"选项，并将其值设置为 100%。在第 1~80 帧添加传统补间动画。

（8）分别在第 100、第 120 和第 160 帧插入关键帧，选择第 100 帧，在"属性"面板中选择"色彩效果"＞"色调"，选择一种颜色改变其样式。选择第 160 帧，在"属性"面板中，将"X"和"Y"分别设置为-121 和 92，宽为 114，高为 40。选取"色彩效果"选项区中的"Alpha"选项，并将其值设置为 30%。分别在第 100 帧、第 120 帧和第 160 帧添加传统补间动画，如图 5-43 所示。

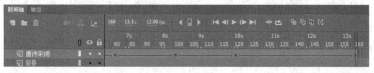

图 5-43

（9）新建"图层 3"，并将其重命名为"欣赏"，将"背景"图层和"唐诗宋词"图层锁定，选择"文本"工具，自行设置字体、颜色和字号，输入"欣赏"两个字。

（10）执行"修改" > "转换为元件"命令，在弹出的对话框中选择类型为"图形"，将"欣赏"两字转换为元件，在库中出现"元件 3"。

（11）选择"欣赏"图层，对"元件 3"进行相应的设置，在"属性"面板中，将"X"和"Y"分别设置为 263 和 433，宽为 122，高为 57。选取"色彩效果"选项区中的"Alpha"选项，并将其值设置为 30%，如图 5-44 所示。

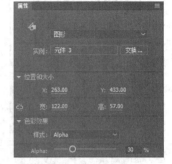
图 5-44

（12）选择"欣赏"图层，在第 80 帧插入关键帧。选择此关键帧，对"元件 3"进行相应的设置，在"属性"面板中，将"X"和"Y"分别设置为 200 和 240，宽为 248，高为 100。选取"色彩效果"选项区中的"Alpha"选项，并将其值设置为 100%。在第 1~80 帧添加传统补间动画。

（13）分别在第 100、第 120 和第 160 帧插入关键帧，选择第 100 帧，在"属性"面板中选择"颜色" > "色调"，选择一种颜色改变其样式。选择第 160 帧，在"属性"面板中，将"X"和"Y"分别设置为 640 和 260，宽为 114，高为 40。选取"色彩效果"选项区中的"Alpha"选项，并将其值设置为 30%。分别在第 100 帧、第 120 帧和第 160 帧添加传统补间动画，如图 5-45 所示。

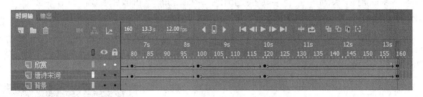
图 5-45

（14）新建"图层 4"，并将其重命名为"小船"，将该图层锁定，执行"文件" > "导入" > "导入到库"命令，在弹出的"导入到库"对话框中选择"Ch05\素材\小船.jpg"文件，单击"打开"按钮，将文件导入"库"面板中。

（15）在第 330 帧插入关键帧。选择此关键帧，在"库"面板中将"小船.jpg"拖到"舞台"上。执行"修改" > "位图" > "转换位图为矢量图"命令，将其白色背景去掉，再使用"任意变形"工具对小船进行调整，如图 5-46 所示。

（16）执行"修改" > "转换为元件"命令，在对话框中选取类型为"图形"，将"小船.jpg"转换为元件，在"库"面板中出现"元件 4"。

（17）对"元件 4"进行相应的设置，在"属性"面板中，将"X"和"Y"分别设置为 640 和 220，宽为 90，高为 68。选取"色彩效果"选项区中的"Alpha"选项，并将其值设置为 20%，如图 5-47 所示。

（18）在第 520 帧插入关键帧，将"X"和"Y"分别设置为 370 和 220，宽为 90，高为 68。选取"色彩效果"选项区中的"Alpha"选项，并将其值设置为 100%，在第 330 帧和第 520 帧添加传统补间动画。

（19）新建"图层 5"，并将其重命名为"忆江南"，在第 160 帧添加关键帧，选择"文本"工具，输入"忆江南"3 个字，可自行设置字体、颜色和字号。

（20）执行"修改" > "转换为元件"命令，在对话框中选取类型为"图形"，将"忆江南"3 个字转换为元件，在"库"面板中出现"元件 5"。

（21）选择第 160 帧，在"属性"面板中，将"X"和"Y"分别设置为 320 和 210，宽为 29，高为 8。在第 220 帧插入关键帧，将"X"和"Y"分别设置为 135 和 110，宽为 405，高为 205；在第 240、第 250 和第 280 帧插入关键帧，在第 240 帧改变文字颜色，在第 280 帧将"X"和"Y"分别设置为 45 和 35，宽为 190，高为 45；在各关键帧之间添加传统补间动画，如图 5-48 所示。

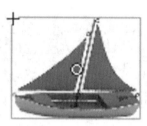

图 5-46

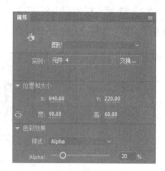

图 5-47

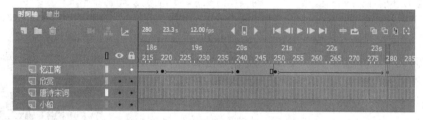

图 5-48

（22）新建"图层 6"，并将其重命名为"白居易"，在第 280 帧插入关键帧，选择"文本"工具，输入"白居易"3 个字，可自行设置字体、颜色和字号。

（23）执行"修改">"转换为元件"命令，在对话框中选取类型为"图形"，将"白居易"3 个字转换为元件，在"库"面板中出现"元件 6"。

（24）选择第 280 帧，在"属性"面板中，将"X"和"Y"分别设置为 640 和 88，宽为 58，高为 22。在第 330 帧插入关键帧，在属性窗口中，将"X"和"Y"分别设置为 105 和 88，宽为 58，高为 22，然后加上传统补间动画。

（25）新建"图层 7"，并将其重命名为"第一句诗词"，在第 340 帧插入关键帧，选择"文本"工具，输入"江南好，"，设置字体为仿宋，文字颜色为#FFFF00，字号为 25，如图 5-49 所示。

（26）在"属性"面板中，将"X"和"Y"分别设置为 85 和 132，宽为 140，高为 29。

（27）在"第一句诗词"图层上新建"图层 8"，在新建图层上单击鼠标右键，在弹出的快捷菜单中选择"遮罩层"，如图 5-50 所示，为"第一句诗词"图层添加遮罩层。

图 5-49

图 5-50

（28）插入遮罩层后，两个图层会自动锁定。将遮罩层"图层8"上的锁定打开，在第340帧插入关键帧，选择"矩形"工具，绘制一个比"江南好，"文字稍大一点的矩形，在"属性"面板中，将"X"和"Y"分别设置为−118和130，宽为116，高为32。

（29）在第380帧插入关键帧，在"属性"面板中，将"X"和"Y"分别设置为85和130，宽为116，高为32，插入传统补间动画，面板效果如图5-51所示。

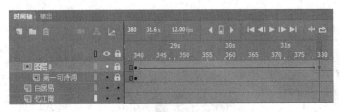

图5-51

（30）重复步骤（24）~步骤（28）的操作方法，将后面的诗句制作出来（注意：如果后面要加入朗诵声音，则要注意文字显示和声音同步的问题）。

（31）新建图层，重命名为"声音"，执行"文件">"导入">"导入到库"命令，在弹出的"导入到库"对话框中选择"Ch05\素材\忆江南.wav"文件，单击"打开"按钮，文件被导入"库"面板中。

（32）在第330帧插入关键帧，选择此关键帧，在"属性"面板中选中"忆江南.wav"，在"同步"选项中选择"数据流"，如图5-52所示，在第490帧插入帧。

（33）按Ctrl+Enter组合键播放动画，测试效果，查看声音和文字播放是否同步，如果不同步，再进行相应的调整。

图5-52

5.4 实训任务——制作MTV

制作MTV

5.4.1 实训概述

1．动画主题与目标

制作一个MTV，掌握声音在动画中的应用方法。

2．动画整体风格设计

简单明了，通过动画表现出歌曲想要表达的意境。

3．素材收集与处理

通过网络搜索和原创绘制收集素材，并使用Photoshop对素材进行相应的处理。

5.4.2 实训要点

1．故事情节设计

通过山水风景的图片体现歌曲要表达的内容。

2．按钮设计

利用按钮控制动画的播放。

3．场景设计

处理和应用图片素材。

4. 分镜头设计

对歌曲和歌词进行同步设置。

5.4.3 实训步骤

（1）启动 Animate CC 2019，执行"文件">"新建"命令，在弹出的"新建文档"对话框中选择"角色动画"选项下方的预设为"标准"，如图 5-53 所示，文档详细信息中宽度设为 550，高度设为 400，平台类型设为"ActionScript 3.0"，帧频为 12，单击"创建"按钮，进入新建文档"舞台"窗口。执行"文件">"保存"命令，保存影片文档为"万水千山总是情.fla"。

（2）执行"文件">"导入">"导入到库"命令，在弹出的"导入到库"对话框中选择"Ch05\素材\万水千山总是情.mp3"文件，单击"打开"按钮，文件被导入"库"面板中。

（3）将"图层 1"重命名为"声音"，选择第 1 帧，将"库"面板中的声音对象拖到场景中，在"属性"面板中将"同步"选项设为"数据流"，如图 5-54 所示，在第 1165 帧插入普通帧。

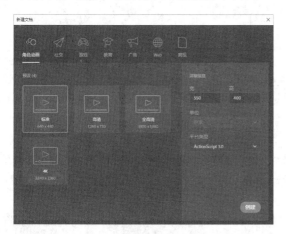

图 5-53

图 5-54

（4）新建"图层 2"和"图层 3"，分别重命名为"下屏幕"和"上屏幕"。

（5）设置前景色为"黑色"，选择"下屏幕"图层，在第 1 关键帧用"矩形"工具绘制一个矩形，在"属性"面板中，将"X"和"Y"分别设置为 0 和 200，宽为 550，高为 200，如图 5-55 所示。

（6）复制"下屏幕"图层中的矩形，将其粘贴到"上屏幕"图层的第 1 关键帧中，在"属性"面板中，将"X"和"Y"都设置为 0，宽为 550，高为 200。

（7）选择"下屏幕"图层，在第 80 帧、第 160 帧和第 190 帧插入关键帧，选择第 80 帧，在"属性"面板中，将"X"和"Y"分别设置为 0 和 350，宽为 550，高为 50，选择第 1 帧，执行"插入">"创建补间形状"命令，添加形状补间动画，如图 5-56 所示。选择第 190 帧，将其"Y"值改为 400，在第 160～190 帧添加补间形状动画。

图 5-55

（8）选择"上屏幕"图层，在第 80 帧、第 160 帧和第 190 帧插入关键帧。选择第 80 帧，在"属性"面板中，将"X"和"Y"都设置为 0，宽为 550，高为 50。选择第 1 帧，单击鼠标右键，在弹出的快捷菜单中选择"创建补间形状"，添加形状补间动画。选择第 190 帧，将其"Y"值改为-50，在第 160～190 帧添加形状补间动画，面板效果如图 5-57 所示。

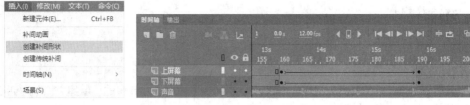

图 5-56　　　　　　　　　　　　　　　　　　　图 5-57

（9）新建"图层 4"，将其重命名为"按钮"，执行"文件"＞"导入"＞"打开外部库"命令，在对话框中选择"按钮.fla"，打开"按钮"库，从中选择一个按钮，拖放到场景中。将按钮放在场景中间位置，调整按钮大小，然后在"属性"面板中设置按钮的实例名称为 play_btn，并在"动作"面板中输入以下代码。

```
stop();
play_btn.addEventListener(MouseEvent.CLICK,run);
function run(e:MouseEvent):void{
    play();
}
```

（10）在"按钮"图层第 40 帧插入一个关键帧，在"属性"面板中，将"X"和"Y"分别设置为-20 和 200，宽为 590，高为 5，选取"色彩效果"选项区中的"Alpha"选项，并将其值设置为0%，添加传统补间动画，制作按钮渐隐效果。

（11）新建"图层 5"，将其命名为"片名"。选择"文本"工具，在图层第 40 帧插入一个关键帧，输入"万水千山总是情"，设置颜色为#FF6600，字体为黑体，字号为 25。

（12）执行"修改"＞"转换为元件"命令，在对话框中选取类型为"图形"，将其转换为元件，在"库"面板中出现"元件 1"。在"属性"面板中，将"X"和"Y"分别设置 174 和 270，宽为 180，高为 29，选取"色彩效果"选项区中的"Alpha"选项，并将其值设置为 20%，如图 5-58 所示。

（13）在第 80 帧、第 160 帧和第 190 帧插入关键帧，选择第 80 帧，在"属性"面板中，将"X"和"Y"分别设置为 62 和 82，宽为 418，高为 98，选取"色彩效果"选项区中的"Alpha"选项，并将其值设置为 100%，在第 40～80 帧添加传统补间动画。

（14）选择第 190 帧，选取"色彩效果"选项区中的"Alpha"选项，并将其值设置为 0，在第 160～190 帧添加传统补间动画。

（15）新建"图层 6"，将其重命名为"词曲作者"，在图层第 40 帧插入一个关键帧，选择"文本"工具，输入"词：邓伟雄 曲：顾嘉辉"，设置颜色为#006600，字体为楷体，字号为 20。

（16）执行"修改"＞"转换为元件"命令，在对话框中选取类型"图形"，将其转换为元件，在"库"面板中出现"元件 2"。在"属性"面板中，将"X"和"Y"分别设置为 160 和 100，宽为 214，高为 26，选取"色彩效果"中的"Alpha"选项，并将其值设置为 20%，如图 5-59 所示。

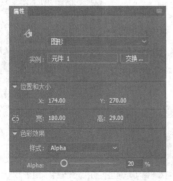
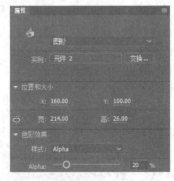

图 5-58　　　　　　　　　　　　　　　　　　　图 5-59

（17）在第 90 帧插入关键帧，在"属性"面板中，将"X"和"Y"分别设置为 120 和 235，宽为 294，高为 54，选取"色彩效果"选项区中的"Alpha"选项，将其值设置为 100%,，然后添加传统补间动画。

（18）在第 110 帧和第 150 帧插入关键帧。选择第 150 帧，在"属性"面板中，将"X"和"Y"分别设置为-300 和 235，宽为 294，高为 54，并添加传统补间动画，面板效果如图 5-60 所示。

图 5-60

（19）新建"图层 7"，将其重命名为"演唱者"，在图层第 110 帧插入一个关键帧，选择"文本"工具，输入"演唱：汪明荃"，设置颜色为#FF0000，字体为楷体，字号为 46，将"X"和"Y"分别设置为 543 和 235，宽为 294，高为 54。

（20）执行"修改"＞"转换为元件"命令，在对话框中选取类型"图形"，将其转换为元件，在"库"面板中出现"元件 3"。在第 150 帧、第 165 帧和第 190 帧插入关键帧。选择第 150 帧，在"属性"面板中，将"X"和"Y"分别设置为 130 和 235，宽为 294，高为 54，在第 110～150 帧添加传统补间动画。

（21）选择第 190 帧，在"属性"面板中，将"X"和"Y"分别设置为-300 和 235，宽为 294，高为 54，在第 165～190 帧添加传统补间动画。

（22）新建"图层 8"，将其重命名为"歌词"，通过仔细听歌，在第 199 帧插入关键帧，在"属性"面板中，将"X"和"Y"分别设置为 138 和 328，宽为 258，高为 40。在第 145 帧、第 251 帧、第 296 帧、第 302 帧、第 380 帧等插入关键帧，输入相应的歌词，歌词素材在"万水千山总是情.txt"文件中，中间没有歌词的地方，可插入空白关键帧，面板效果如图 5-61 所示。

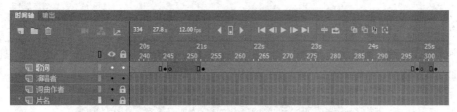

图 5-61

（23）至此，MTV 的歌曲框架已经设计完成，可以在"歌词"图层下建立新的图层，将收集的图片和动画素材展现在舞台上，以给人更加强烈的视觉观感，之后可以根据前面项目学过的知识，制作结束的画面。

（24）最后，按 Ctrl+Enter 组合键播放动画，观察声音和文字是否同步，动画播放的速度是否合适等，进行最后的处理和修改。

5.5 评价考核

项目五 任务评价考核表

能力类型	考核内容		评价
	学习目标	评价项目	
职业能力	掌握位图、声音、视频素材的处理方法； 掌握 MTV 的构思和制作方法； 能够设计故事情节、角色和场景； 掌握文字和音乐同步播放的方法	能够对位图和声音文件进行相应的处理	
		能够使用工具箱中的各种工具	
		能够使用"库"面板和"属性"面板	
		能够使用"变形"面板	
		能够使用 Animate 设计 MTV	
通用能力	造型能力		
	审美能力		
	组织能力		
	解决问题能力		
	自主学习能力		
	创新能力		
综合评价			

5.6 课外拓展——制作"春天在哪里"MTV

制作"春天在哪里"MTV

5.6.1 参考制作效果

本案例制作一首儿童歌曲的 MTV，为了适应儿童的性格特点，在 MTV 中应用一些卡通动画效果，并加上背景图片，将春天的景色展现在大家面前。效果如图 5-62 所示。

图 5-62

5.6.2 知识要点

（1）位图素材的处理。

（2）声音素材的处理。

（3）"文本"工具的使用。

（4）动画的设置。

5.6.3 参考制作过程

（1）启动 Animate CC 2019，执行"文件"＞"新建"命令，在弹出的"新建文档"对话框中选择"角色动画"选项下方的预设为"标准"，文档详细信息中宽度设为 550，高度设为 400，平台类型设为"ActionScript 3.0"，帧频为 12，单击"创建"按钮，进入新建文档"舞台"窗口。执行"文件"＞"保存"命令，保存影片文档为"春天在哪里 MTV.fla"。

（2）执行"文件"＞"导入"＞"导入到库"命令，在弹出的"导入到库"对话框中选择"Ch05\素材\春天在哪里.mp3"文件，单击"打开"按钮，文件被导入"库"面板中。

（3）将"图层 1"重命名为"声音"，选择第 1 帧，将"库"面板中的声音对象拖到场景中，在"属性"面板中设置"同步"为"数据流"，如图 5-63 所示。在第 1200 帧插入普通帧。

（4）执行"文件"＞"导入"＞"导入到库"命令，在弹出的"导入到库"对话框中选择"Ch05\素材\BJ1.jpg"文件，单击"打开"按钮，文件被导入"库"面板中。

（5）新建"图层 2"，将其重命名为"背景 1"，将"库"面板中的"BJ1.jpg"拖到"舞台"中，将"X""Y"设置为 0，宽为 550，高为 400，使文件和舞台对齐。将其转换为元件，在"属性"面板中，色彩效果样式"亮度"设置为-50%。

（6）新建"图层 3"，将其重命名为"儿童歌曲"，选择"文本"工具，输入"儿童歌曲 MTV"，"儿童歌曲 MTV"颜色设置为黄色，字体为黑体，字号为 40，并将其转换为元件。在"属性"面板中，将"X"和"Y"分别设置为 70 和 50，如图 5-64 所示。

图 5-63

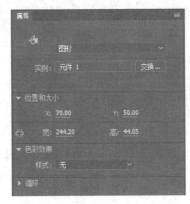

图 5-64

（7）在第 40 帧插入关键帧，在"属性"面板中，将"X"和"Y"分别设置为 70 和 50；第 60 帧和第 100 帧插入关键帧；选择第 100 帧，在"属性"面板中，将"X"和"Y"分别设置为 550 和 50；在第 40～60 帧、第 60～100 帧添加传统补间动画。

（8）新建"图层 4"，将其重命名为"片名"，选择"文本"工具，输入"春天在哪里"，文字颜色设置为绿色、字体为楷体、字号为 80。在"属性"面板中，将"X"和"Y"分别设置为 550 和 140，并将其转换为元件。

（9）在第 40 帧插入关键帧，在"属性"面板中，将"X"和"Y"分别设置为 75 和 140；在第 60 帧和第 100 帧插入关键帧；选择第 100 帧，在"属性"面板中，将"X"和"Y"分别设置为-400 和 140；在第 40~60 帧、第 60~100 帧添加传统补间动画。

（10）新建"图层 5"，将其重命名为"制作人"，选择"文本"工具，输入"多媒体工作室"，文字颜色设置为天蓝色，字体为楷体，字号为 40。在"属性"面板中，将"X"和"Y"分别设置为 150 和 400，并将其转换为元件。

（11）在第 40 帧插入关键帧，在"属性"面板中，将"X"和"Y"分别设置为 150 和 260；在第 60 帧和第 100 帧插入关键帧；选择第 100 帧，在"属性"面板中，将"X"和"Y"分别设置为 150 和-50；在第 40~60 帧、第 60~100 帧添加传统补间动画。

（12）新建"图层 6"，将其重命名为"歌词"，通过仔细听歌，在第 109 帧、第 130 帧、第 155 帧、第 205 帧、第 230 帧和第 255 帧等插入关键帧，输入相应的歌词，歌词素材在"春天在哪里.txt"文件中，中间没有歌词的地方，可插入空白关键帧，如图 5-65 所示。在"属性"面板中，将"X"和"Y"分别设置为 170 和 320，宽为 258，高为 40。

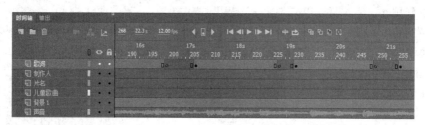

图 5-65

（13）至此，MTV 的歌曲框架已经设计完成，可以在"歌词"图层下，建立新的图层，将收集的图片和动画素材展现在"舞台"上，给人以更加强烈的视觉感受。之后可以根据以前学过的知识，制作结束的画面。

（14）按 Ctrl+Enter 组合键播放动画，观察声音和文字是否同步，动画播放的速度是否合适等，进行最后的处理和修改。

06

项目六
制作电子阅读物

项目简介

　　电子阅读物以其便利性和丰富性已获得越来越多读者的青睐。要想用 Animate CC 2019 制作出生动的电子杂志、书籍、菜谱等电子阅读物，首先必须了解 Animate CC 2019 的文本输入、编辑和处理功能。

　　本项目主要介绍 3 类文本的编辑方法及使用 Animate CC 2019 的文本编辑功能制作电子阅读物的方法。通过本项目的学习，读者可以掌握设计、制作各类电子阅读物的技巧。

学习目标

- ✔ 掌握静态文本、动态文本、输入文本的使用方法；
- ✔ 掌握电子教材、产品介绍杂志、校报的制作方法。

6.1 知识准备——Animate 文本

6.1.1 静态文本

启动 Animate CC 2019，选择"文本"工具，执行"窗口" >
"属性"命令，弹出"文本"工具的"属性"面板，如图 6-1
所示。

1. 创建文本

选择"文本"工具，在"属性"面板中选择"静态文本"
选项，选择字体、字号。

（1）将鼠标指针放置在场景中，在场景中单击，出现文本
输入光标，直接输入文字即可，如图 6-2 所示。

（2）在场景中单击并按住鼠标，向右下角方向拖曳出一个
文本框。松开鼠标，出现文本输入光标。在文本框中输入文字，
文字被限定在文本框中，如果输入的文字较多，则自动转到下
一行显示，如图 6-3 所示。

图 6-1

图 6-2   图 6-3

2. 设置文本样式

可以在"文本"工具的"属性"面板中设置文本的字体、字号、样式和颜色，字符与段落，文本
超链接等。

设置文字的样式要通过文本类型的"属性"面板完成。可以在选择"文本"工具后，先设置文字
的样式，然后再在场景上输入文字；也可以输入文字后，再设置文字的样式，这两种方式的最终效果
相同。

3. 文本"滤镜"属性

用滤镜可以实现投影、斜角、发光、模糊、渐变发光、渐变模糊、调整颜色等多种效果。通过"滤
镜"面板可对文字添加多种特效。

（1）使用文字滤镜的方法

① 用"文本"工具在场景中拖出一个文本框，选择该文本框，在"属性"面板中选择"静态文
本"，在文本框内输入文字。

② 在"滤镜"面板中单击"+"按钮，弹出滤镜菜单，其中包括投影、模糊、发光、斜角、渐变
发光、渐变斜角、调整颜色等滤镜，如图 6-4 所示。

所有的滤镜效果都可以配合起来使用，并且可以单独设置每一种滤镜效果。应用滤镜后，可以改
变其选项，或者重新调整滤镜的顺序以试验组合的效果。

（2）删除滤镜

在"属性"面板中可以启用、禁用或者删除滤镜，删除滤镜时对象可以恢复原来的外观。

（3）常用的文字滤镜

①"投影"滤镜：用于模拟对象向一个表面投影的效果，或者在背景中剪出一个形似对象的洞来模拟对象的外观。

②"模糊"滤镜：用于柔化对象的边缘和细节。将模糊应用于对象，可以使其看起来好像位于其他对象的后面，或者对象看起来好像是在运动的。

③"发光"滤镜：用于为对象的整个边缘应用颜色。

④"斜角"滤镜：用于向对象应用加亮效果，使其看起来凸出于背景表面，有浮雕字效果。从"类型"下拉菜单中可以选择要应用到对象的斜角类型，包括内斜角、外斜角以及完全斜角等几种。

⑤"渐变发光"滤镜：用于在发光表面产生带渐变颜色的发光效果。"渐变发光"要求选择一种颜色作为渐变开始的颜色，无法移动该颜色的位置，但可以改变颜色。

⑥"渐变斜角"滤镜：用于产生一种凸起效果，使对象看起来好像从背景上凸起，且斜角表面有渐变颜色。"渐变斜角"要求渐变的中间有一种颜色，无法移动该颜色的位置，但可以改变该颜色。

⑦"调整颜色"滤镜：用于调整所选影片剪辑、按钮或者文本对象的亮度、对比度、色相和饱和度。拖动"亮度""对比度""饱

图 6-4

和度"和"色相"旁边的滑杆或修改文本框中的数字，可以修改对应颜色的设置。使用"重置"按钮可以将所有文本框的数字归零。

实例练习——制作 Animate CC 2019 的文字滤镜效果

（1）新建一个 Animate CC 2019 影片文档，文档属性保持默认设置。

（2）选择"文本"工具，在"属性"面板中设置"文本类型"为"静态文本"，字体为微软雅黑，字号为 36，颜色为蓝色。在"舞台"上单击，输入文字"Animate CC 2019 滤镜效果"。

（3）保持文字处于选择状态，展开"滤镜"面板，单击"+"按钮，在弹出的菜单中选择"发光"滤镜，设置模糊为 10×10，强度为 100%，品质为低，颜色为黑色，如图 6-5 所示。

（4）"舞台"上的文字产生了发光效果，如图 6-6 所示。

（5）对文字应用滤镜效果以后，文字还能继续编辑，双击"舞台"上的特效文字，进入文字编辑状态，将原来的文字"Animate CC 2019"删除，重新输入"新文字修改"。完成以后，新的文字继续保持原来的"发光"滤镜效果，如图 6-7 所示。

图 6-5

Animate CC 2019
滤镜效果

图 6-6

新文字修改
滤镜效果

图 6-7

6.1.2 动态文本

动态文本就是可以动态更新的文本，如体育得分、股票报价等，它是根据情况动态改变的文本，常用在游戏和课件作品中，用来实时显示操作运行的状态。

1. 创建动态文本

在工具箱中选择"文本"工具，在"属性"面板中的"文本类型"下拉列表中选择"动态文本"，如图 6-8 所示。在场景中拖出一个文本框，这样就创建了一个动态文本对象，如图 6-9 所示。

图 6-8

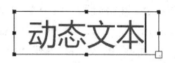

图 6-9

在"属性"面板中还可以进一步设置动态文本的属性。在"实例名称"文本框中可以定义动态文本对象的实例名。

2. 为动态文本赋值

为动态文本赋值的方法有两种，一种是使用变量赋值，另一种是通过动态文本对象的 text 属性赋值。

（1）使用变量为动态文本赋值

实例练习——使用变量为动态文本赋值

① 新建一个 Animate 文档，用"文本"工具在场景中拖出一个文本框，用"选择"工具选择该文本框，在"属性"面板中选择"动态文本"类型，定义变量名为"yhm"，如图 6-10 所示。

图 6-10

② 在"动作"面板中，输入第 1 帧上的脚本代码为

```
Yhm.text="平顶山学院";
```

③ 按 Ctrl+Enter 组合键测试影片，效果如图 6-11 所示，文本"平顶山学院"显示在了动态文本框中。

图 6-11

（2）通过动态文本对象的 text 属性赋值

实例练习——通过动态文本对象的 text 属性进行赋值

① 新建一个 Animate 文档，用"文本"工具在场景中拖出一个文本框，用"选择"工具选择该文本框，在"属性"面板中选择"动态文本"类型，并将这个动态文本命名为"ma"，如图 6-12 所示。

② 在"动作"面板中，设置第 1 帧上的脚本代码。

```
ma.text="123456";
```

③ 测试影片，效果如图 6-13 所示。

图 6-12   图 6-13

实例练习——制作数字倒计时器效果

实例描述：利用动态文本制作一个简单的 30s 倒计时器，单击"开始"按钮，影片中的数字自动从 30 变为 29、28、…，当变到 0 时停止，显示"时间到！"，数字变化间隔 1s，单击"重置"按钮，恢复到 30s。实例效果如图 6-14、图 6-15 所示。

图 6-14   图 6-15

3．创建影片文档

（1）新建一个 Animate CC 2019 影片文档，设置"舞台"尺寸为 250 像素×200 像素，其他参数保持默认，保存影片文档为"倒计时器.fla"。把素材"btn.png"导入"库"面板中，并新建"button"按钮元件。

（2）在时间轴上创建 3 个图层，分别命名为"文本显示""按钮""Actions"。

4．创建动态文本

在"文本显示"图层，创建一个动态文本对象，修改实例名称为"txt"；在"按钮"图层，从库中拖入两个"button"元件，分别修改实例名称为"btn_start"和"btn_reset"，效果如图 6-16 所示。

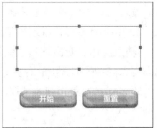

图 6-16

5. 定义动作脚本

选择"Actions"图层的第 1 帧，在"动作"面板中输入以下代码。

```
var time_num:int=30;
var tick:int=0;
var timer:Timer=new Timer(1000);
timer.addEventListener(TimerEvent.TIMER,UpdateTime);
txt.text=time_num.toString();

btn_start.addEventListener(MouseEvent.CLICK, fl_MouseClickHandler);
function fl_MouseClickHandler(event:MouseEvent):void
{
    timer.reset();
    timer.start();
}

btn_reset.addEventListener(MouseEvent.CLICK, fl_MouseClickHandler_2);
function fl_MouseClickHandler_2(event:MouseEvent):void
{
    timer.reset();
    tick=0;
    txt.text=time_num.toString();
}

function UpdateTime(e:TimerEvent):void
{
    tick++;
    txt.text=String(time_num-tick);
    if(tick==time_num)
    {
        timer.stop();
        txt.text="时间到！";
    }
}
```

图 6-17

至此，本实例制作完成，完成以后的图层结构如图 6-17 所示。

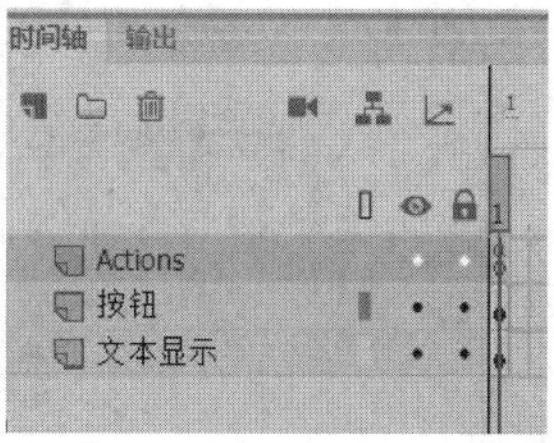

6.1.3 输入文本

"输入文本"是可以接受用户输入的文本，是一种响应键盘事件，也是一种人机交互的工具。和动态文本一样，使用"文本"工具可以创建输入文本框。

用"文本"工具在场景中拖出一个文本框，用"选择"工具选择该文本框，在"属性"面板中的"文本类型"列表框中选择"输入文本"即可。

输入文本最重要的是变量名，在"属性"面板的"变量"文本框中输入"myInputtext"，就定义了该输入文本的变量名，如图 6-18 所示。

"输入文本"变量和其他变量类似，变量的值会呈现在输入文本框中，输入文本框中的值同时也作为输入文本变量的值，它们之间是等价的。

输入文本对象也具有 text 属性，该属性的使用方法和动态文本对象类似。

图 6-18

实例练习——制作加法计算程序

（1）新建一个 Animate CC 2019 影片文档，设置"舞台"尺寸为 400 像素×300 像素，其他参数保持默认，保存影片文档为"输入文本.fla"。

（2）在时间轴上创建 2 个图层，分别重命名为"背景""文本"。

（3）在"背景"图层上，创建一个背景图层效果，如图 6-19 所示。

（4）在"文本"的第 1 帧建立两个输入文本，变量名分别设置为"yss1"和"yss2"，用来输入数字。建立一个动态文本，变量名设置为"jg"，用来显示运算的结果。建立两个静态文本，分别输入"+"和"="，并排列好 5 个文本的位置，制作一个"计算"按钮，放在右下方，效果如图 6-20 所示。

（5）选择"计算"按钮，按 F9 键打开"动作"面板，输入以下代码。

```
btn1.addEventListener(MouseEvent.CLICK, fl_MouseClickHandler);
function fl_MouseClickHandler(event:MouseEvent):void
{
    jg.text=String(int(yss1.text)+int(yss2.text));
    //指定变量 yss1 和 yss2 的类型为数字，并把相加的结果赋给变量 jg
}
```

（6）按 Ctrl+Enter 组合键测试影片，在两个输入文本中输入任意数字，单击"计算"按钮，在动态文本框中显示结果，如图 6-21 所示。

图 6-19　　　　　　　　　图 6-20　　　　　　　　　图 6-21

6.2　任务一——制作电子教材翻页效果

6.2.1　案例效果分析

本案例用 Animate CC 2019 制作电子教材，并实现自动翻开、翻页功能。电子教材由封面、扉页、前言、内容提要、目录组成，教材的封面和书脊用一个矩形图形实现，如图 6-22 所示。

图 6-22

6.2.2　设计思路

（1）制作封面、扉页、内容提要、前言、目录图形元件。

（2）制作封面、扉页、内容提要、前言、目录传统补间动画。

6.2.3　相关知识点和技能点

结合传统补间动画制作翻书动画效果。使用"文本"工具添加文本，使用"任意变形"工具调整图形的大小和位置。

6.2.4　任务实施

1. 创建文档

启动 Animate CC 2019，新建文档，尺寸为 800 像素×600 像素，背景色设置为#336699，其他属性为默认值。保存影片文档为"电子教材翻书效果.fla"。

2. 制作元件

（1）将"上封面.jpg""扉页.jpg""内容提要.jpg""前言.jpg""前言 1.jpg""目录.jpg""目录1.jpg""目录 2.jpg"等素材图片导入"库"面板中。执行"插入">"新建元件"命令，打开"创建新元件"对话框，选择"类型"为"图形"，名称为"上封面"，如图 6-23 所示。单击"确定"按钮进入"上封面"编辑面板，将"库"面板中"上封面.jpg"拖入"舞台"，如图 6-24 所示。

图 6-23　　　　　　　　　　　　　　　　　图 6-24

（2）执行"插入">"新建元件"命令，打开"创建新元件"对话框，选择"类型"为"图形"，名称为"目录"，如图 6-25 所示。单击"确定"按钮进入"目录"编辑面板，将"库"面板中"目录.jpg"拖入"舞台"，如图 6-26 所示。

（3）执行"插入">"新建元件"命令，打开"创建新元件"对话框，选择"类型"为"图形"，名称为"目录 1"，如图 6-27 所示。单击"确定"按钮进入"目录 1"编辑面板，将"库"面板中"目录 1.jpg"拖入"舞台"，如图 6-28 所示。

（4）执行"插入">"新建元件"命令，打开"创建新元件"对话框，选择"类型"为"图形"，名称为"前言"，如图 6-29 所示。单击"确定"按钮进入"前言"编辑面板，将"库"面板中"前言.jpg"拖入"舞台"，如图 6-30 所示。

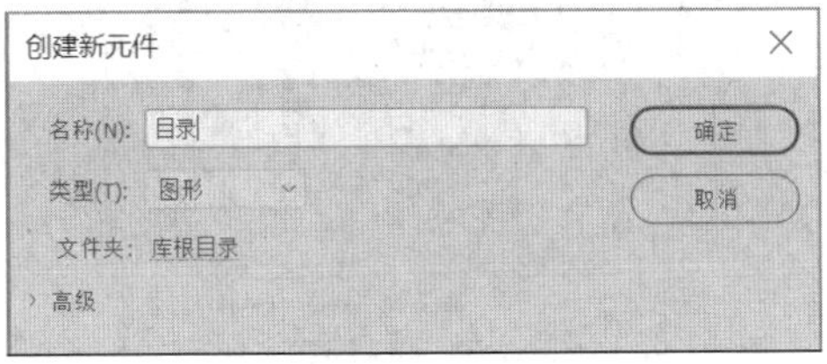

图 6-26

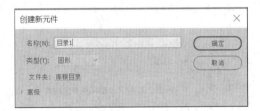

图 6-25

图 6-28

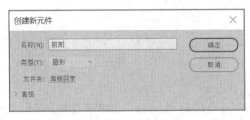

图 6-27

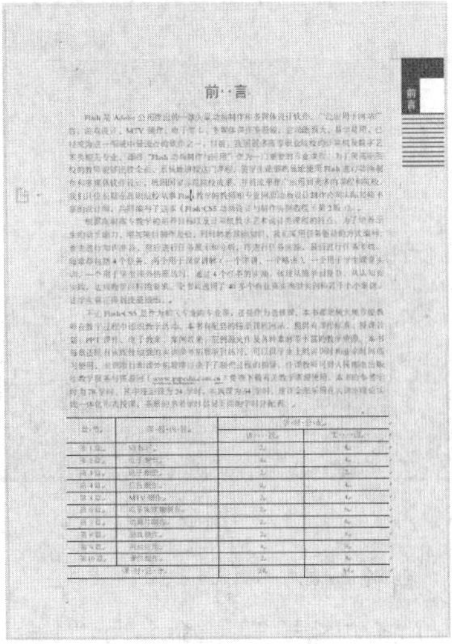

图 6-29

图 6-30

（5）执行"插入"＞"新建元件"命令，打开"创建新元件"对话框，选择"类型"为"图形"，名称为"内容提要"，如图 6-31 所示。单击"确定"按钮进入"内容提要"编辑面板，将"库"面板中"内容提要.jpg"拖入"舞台"，如图 6-32 所示。

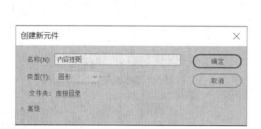

图 6-31

图 6-32

（6）执行"插入"＞"新建元件"命令，打开"创建新元件"对话框，选择"类型"为"图形"，名称为"扉页"，如图 6-33 所示。单击"确定"按钮进入"扉页"编辑面板，将"库"面板中"扉页.jpg"拖入"舞台"，如图 6-34 所示。然后依次将"库"中的"前言 1.jpg""目录 2.jpg"创建为"前言 1"和"目录 2"图形元件。

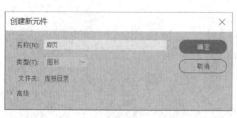

图 6-33

图 6-34

3. 制作动画

（1）将"图层 1"重命名为"上封面"，从"库"面板中将"上封面"图形元件拖到场景"舞台"中，放到合适的位置，如图 6-35 所示。其属性设置如图 6-36 所示。

图 6-35　　　　　　　　　　　　　　　　图 6-36

（2）新建图层并命名为"右边"，将此图层放置在"上封面"图层下方，用"直线"工具绘制长方形，并用渐变色填充，放在合适的位置，如图 6-37 所示。新建图层并命名为"扉页"，将此图层放置在"上封面"图层下方，"右边"图层的上方，从"库"面板中将"扉页"图形元件拖到场景"舞台"中，放到合适的位置。如果将"上封面"图层隐藏，则效果如图 6-38 所示。

（3）新建图层并命名为"下封面"，将此图层放置在"右边"图层下方，用"直线"工具绘制长方形，用"选择"工具修改，并用紫色填充，如图 6-39 所示。如果取消各个图层的隐藏，则效果如图 6-40 所示。

图 6-37　　　　　　　图 6-38　　　　　　　图 6-39　　　　　　　图 6-40

（4）选择"上封面"图层的第 11 帧和第 25 帧，将其转换为关键帧，在"上封面"图层的第 25 帧上选择"舞台"中的"上封面"实例，用"任意变形"工具对其进行变形，如图 6-41 所示。用鼠标右键单击"上封面"图层的第 11 帧，在弹出的快捷菜单中选择"创建传统补间"命令，生成传统补间动画，面板效果如图 6-42 所示。

（5）新建图层并命名为"左页面"，将此图层放置在"上封面"图层的下方，将此图层的第 26 帧转换为关键帧，用"矩形"工具绘制矩形，并填充灰白色渐变，效果如图 6-43 所示。

（6）新建图层并命名为"前言"，将此图层放置在"扉页"图层的下方，将此图层的第 26 帧转换为关键帧，从"库"面板中将"前言"图形元件拖到场景"舞台"中，放到合适的位置。如果将"扉页"图层隐藏，则效果如图 6-44 所示。

图 6-41

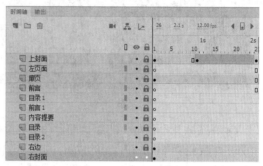

图 6-42

图 6-43

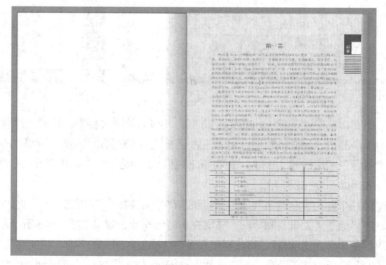

图 6-44

（7）分别选择"左页面""扉页"的第 40 帧，将其转化为关键帧，用"任意变形"工具改变"舞台"中"扉页"实例的形状，效果如图 6-45 所示。选择"扉页"图层的第 26~40 帧中的任意帧，执行"插入"＞"创建传统补间"命令，生成传统补间动画，效果如图 6-46 所示。时间轴如图 6-47 所示。

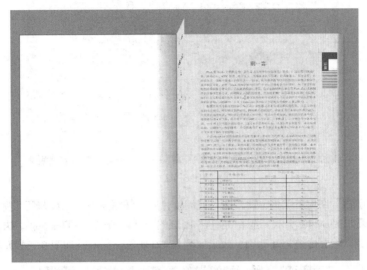

图 6-45

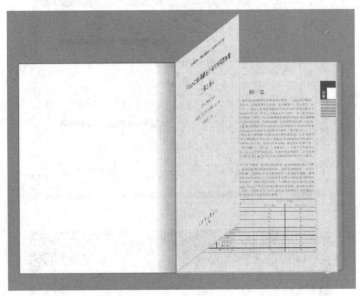

图 6-46

图 6-47

（8）新建图层并命名为"内容提要"和"目录"，将此图层放置在"前言"图层下面，"右边"图层的上方，将"前言""内容提要""目录"图层的第 41 帧转换为关键帧，从"库"面板中将"前言"

"内容提要"和"目录"图形元件拖到场景"舞台"中，放到合适的位置，效果如图 6-48 所示。

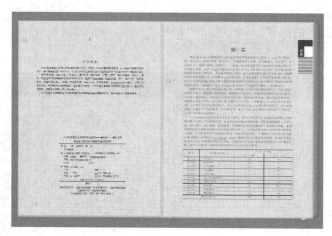

图 6-48

（9）选择"前言"图层的第 55 帧，插入关键帧，用"任意变形"工具改变"舞台"中"前言"实例的形状，效果如图 6-49 所示。选择"前言"图层的第 41～55 帧中的任意帧，执行"插入"＞"创建传统补间"命令，生成传统补间动画，效果如图 6-50 所示。时间轴如图 6-51 所示。

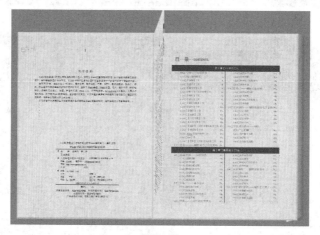

图 6-49

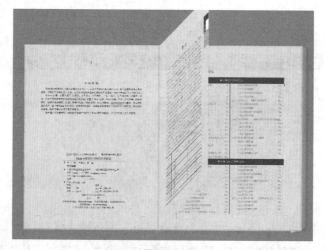

图 6-50

图 6-51

（10）新建 2 个图层并命名为"前言 1"和"目录 2"，将这 2 个图层放置在"目录 1"图层下面，"右边"图层的上方，将"前言 1""内容提要""目录""目录 2"图层的第 56 帧转换为关键帧，从"库"面板中将"前言 1""内容提要""目录"和"目录 2"等图形元件拖到场景"舞台"中，放到合适的位置，效果如图 6-52 所示。

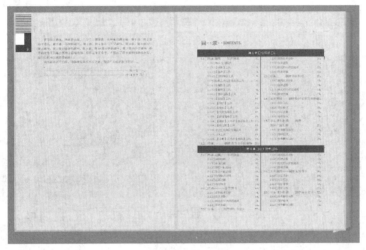

图 6-52

（11）选择"前言 1""目录"图层的第 70 帧，插入关键帧，用"任意变形"工具改变"舞台"中"目录"实例的形状，效果如图 6-53 所示。选择"目录"图层的第 56～70 帧中的任意帧，执行"插入">"创建传统补间"命令，生成传统补间动画，效果如图 6-54 所示。时间轴如图 6-55 所示。

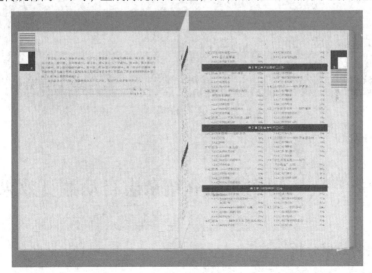

图 6-53

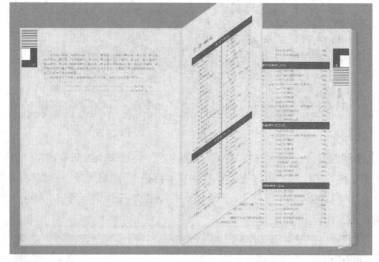

图 6-54

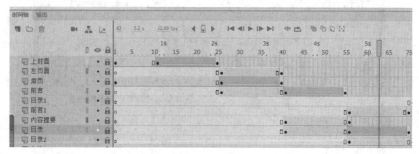

图 6-55

（12）选择"目录 1""目录 2"图层的第 71 帧，插入关键帧。选择"右边""右封面"的第 71
帧，插入空白帧，时间轴上的帧如图 6-56 所示。

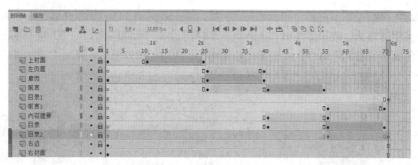

图 6-56

（13）调试并输出影片。

6.3 任务二——制作产品介绍杂志自动翻页效果

6.3.1 案例效果分析

本案例要制作某高压电器开关企业生产的隔离开关产品介绍杂志。通过自动翻页功能，使客户可以直观地了解本企业相关隔离开关产品的详细数据，效果如图 6-57 所示。

制作产品介绍杂志自动翻页效果

图 6-57

6.3.2 设计思路

（1）制作前封面、封面背面翻页动画。

（2）制作产品介绍文本图形元件。

（3）制作第 1 页、第 3 页、第 5 页、第 7 页、第 9 页、第 11 页翻页动画。

（4）制作产品 1、产品 2、产品 3、产品 4、产品 5 翻页动画。

（5）添加"滤镜"效果。

6.3.3 相关知识和技能点

使用"任意变形"工具改变图像的大小，创建传统补间动画制作翻页效果，使用"文本"工具添加文本，运用影片剪辑组合页面。给页面添加"发光""投影""渐变发光"滤镜效果。

6.3.4 任务实施

（1）启动 Animate CC 2019，新建文档，"舞台"尺寸为 800 像素×600 像素，背景颜色为白色，其他值为默认值，保存影片文档为"产品介绍杂志.fla"。

（2）执行"文件"＞"导入"＞"导入到库"命令，将"产品介绍杂志"文件夹中的素材"1.jpg""2.jpg""3.jpg""4.jpg""5.jpg""底图.jpg""前封面.jpg""后封面.jpg""背景.jpg"均导入"库"面板。

（3）执行菜单"插入"＞"新建元件"命令，或者按"Ctrl+F8"快捷键，新建影片剪辑元件"翻动"，将"图层 1"命名为"前封面"，将"库"面板中的"前封面"图形拖到"舞台"中。选择图形，按 F8 键弹出"转换为元件"对话框，设置名称为"前封面"，类型为"图形"，如图 6-58 所示。单击"确定"按钮，将图形转换为元件。

（4）分别选择"前封面"的第 12 帧和第 21 帧，按 F6 键，在选择的帧上插入关键帧，选择"前封面"图层的第 21 帧，选择"任意变形"工具，在"舞台"中选择"前封面"实例，在按住 Alt 键的同时，将右侧中间的控制手柄向左拖到适当的位置，如图 6-59 所示。用鼠标右键单击"封面"图层的第 12 帧，在弹出的快捷菜单中选择"创建传统补间"命令，生成传统补间动画。

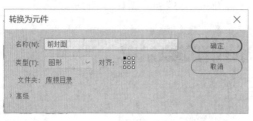

图 6-58　　　　　　　　　　　　　　　　　　　　　　图 6-59

（5）单击"时间轴"面板下方的"插入图层"按钮，创建新图层并命名为"封面背面"，选择"封面背面"图层的第 21 帧，按 F6 键，在该帧上插入关键帧，将"库"面板中的"后封面"图形拖到"舞台"中，按步骤（3）中的方法将此图形转换为"后封面"元件，并放置到合适位置，与"前封面"实例保持同一高度，如图 6-60 所示。

（6）选择"封面背面"图层的第 31 帧，在该帧上插入关键帧，选择"任意变形"工具，选择"封面背面"图层的第 21 帧，在"舞台"中选择图形，在按住 Alt 键的同时，拖动左侧的控制点，将图形向右变形至最小，高度保持不变，如图 6-61 所示。用鼠标右键单击"封面背面"图层的第 21 帧，在弹出的快捷菜单中选择"创建传统补间"命令，生成传统补间动画。

（7）按 Ctrl+F8 组合键打开"创建新元件"对话框，设置名称为"第 1 页"，类型为"图形"，单击"确定"按钮将图形转换为元件。将底图从"库"面板中拖入"舞台"，新建图层，用"文本"工具输入"公司隔离开关的发展史　由建厂初期只生产 GW5-35、110、GW4-110 和 GW7-220 发展到涵盖 9 个电压 1100、800、550、363、252、145、126、72.5、40.5kV 的几十个品种。1981 年依据法国 MG 公司 GWh-550 和 GWi-550 型隔离开关，开始研制 GW16-550 和 GW17-550 型隔离开关。该隔离开关的生产使我公司隔离开关的制造技术有了第一次飞跃。目前 1100kV 隔离开关代表了我公司隔离开关的制造技术。我公司隔离开关目前可达到的最大电流参数是：额定电流 4000A，额定短时耐受电流 63kA，额定峰值耐受电流 160kA。"（见图 6-62）。

图 6-60　　　　　　　　　　　图 6-61　　　　　　　　　　　图 6-62

（8）用步骤（7）的方法制作元件"第 3 页""第 5 页""第 7 页""第 9 页"和"第 11 页"，分别如图 6-63 ~ 图 6-67 所示。其文字内容分别如下。

GW27-550/4000 型隔离开关介绍产品型号 GW27-550，额定电压 550kV，额定电流 4000A，额定峰值耐受电流 160kA，额定短时耐受电流（3s）63kA，操动机构（主刀）CJ11，操动机构（接地刀）CJ11 或 CSC。

GW7-252 型隔离开关介绍，产品型号 GW7-252，额定电压 252kV，额定电流 A 1600、2000、2500，额定峰值耐受电流 kA 100、125、125，额定短时耐受电流（3s）kA 40、50、50，操动机构（主刀）CJ11，操动机构（接地刀）CSC。

GW4-126 型隔离开关介绍，产品型号 GW4-126，额定电压 126kV，额定电流 630～3150A，额定峰值耐受电流 63-125kA，额定短时耐受电流（3s）25～50kA，操动机构（主刀）CJ5B 或 CSA，操动机构（地刀）CS17 或 CS19。

GW31 型隔离开关特点，※借鉴欧洲产品的先进经验，进行优化设计；※自力式触头结构；※防锈蚀性能优良；※机械特性好，操作力小，可靠性高；※现场免焊接安装，安装简单，调整方便。

GW5-126Z 中性点隔离开关介绍，产品型号 GW5-126Z，额定电压 126kV，额定电流 630A，额定峰值耐受电流 50kA，额定短时耐受电流（4s）20kA，操动机构 CJ5B 或 CS17。

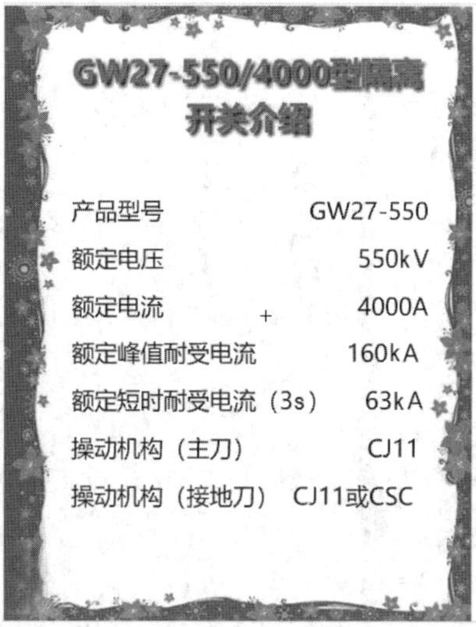

图 6-63

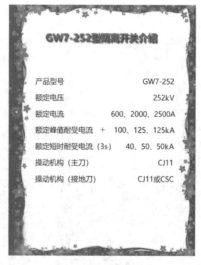

图 6-64

图 6-65

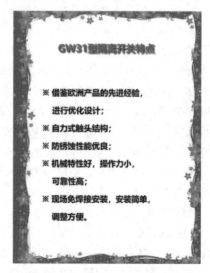

图 6-66

（9）双击"库"面板中的"翻动"影片剪辑，
进入"翻动"页面。单击时间轴下方的"插入图层"
按钮，创建新图层并命名为"第 1 页"。将此图层拖
到"前封面"图层的下方，选择"第 1 页"图层的
第 12 帧，按 F6 键，在该帧上插入关键帧。将"库"
面板中的图形"1"拖到"舞台"中，按步骤（3）
的方法将此图形转换为"1"元件，并放置到合适位
置，与"前封面"图形重合。在此图层的第 41 帧插
入关键帧，效果如图 6-68 所示。在第 51 帧插入关
键帧，选择"任意变形"工具，在按住 Alt 键的同时，
将左侧中间的控制手柄向左拖到适当的位置，如
图 6-69 所示。用鼠标右键单击"第 1 页"图层的
第 41 帧，在弹出的快捷菜单中选择"创建传统补间"
命令，生成传统补间动画。

图 6-67

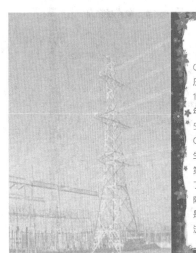

图 6-68

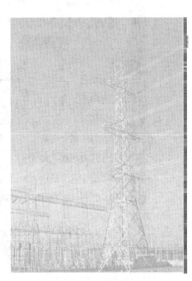

图 6-69

（10）新建图层并命名为"产品 1"，放在"第 1 页"图层的下方，选择"产品 1"图层的第 41
帧、第 71 帧，按 F6 键，在两帧上插入关键帧。将"库"面板中的"2"图形拖到"舞台"中，按步
骤（3）中的方法将此图形转换为"2"元件，并放置到合适位置，与"封面背面"实例保持同一高度，
效果如图 6-70 所示。

（11）选择"产品 1"图层的第 81 帧，按 F6 键，在该帧插入关键帧，选择"任意变形"工具，
在"舞台"中选择图形，在按住 Alt 键的同时，选择右侧的控制点，将图形向左变形至最小，高度保
持不变，效果如图 6-71 所示。用鼠标右键单击"产品 1"图层的第 71 帧，在弹出的快捷菜单中选择
"创建传统补间"命令，生成传统补间动画。

（12）新建图层，放在原图层的下方，选择"第 3 页"图层的第 51 帧、第 61 帧和第 84 帧，按
F6 键，在这些帧上插入关键帧。将"库"面板中的"3"图形拖到"舞台"中，并放置到合适位置，
与"封面背面"实例保持同一高度和宽度，如图 6-72 所示。

（13）选择"第 3 页"图层的第 51 帧，选择"任意变形"工具，在"舞台"中选择该元件，按住

Alt 键的同时，选择左侧的控制点，将图形向右变形至最小，高度保持不变，如图 6-73 所示。用鼠标右键单击"第 3 页"图层的第 51 帧，在弹出的快捷菜单中选择"创建传统补间"命令，生成传统补间动画。

图 6-70

图 6-71

图 6-72

图 6-73

（14）用制作"第 3 页"的方法，制作第 5 页、第 7 页、第 9 页和第 11 页，用制作"产品 1"的方法制作"产品 2""产品 3""产品 4"和"产品 5"，时间轴上的内容分别如图 6-74 和图 6-75 所示。

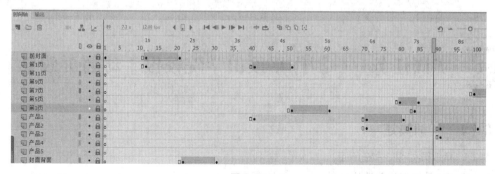

图 6-74

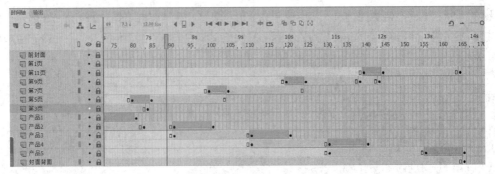

图 6-75

（15）至此，整个"翻动"影片剪辑制作完成。回到场景，将"图层"重命名为"背景"，从"库"面板中将背景图片拖入场景，调整位置使其铺满整个场景，使用"文字"工具输入"电子书翻页动画演示"，在"属性"面板中设置字体为"微软雅黑"，大小为"48"磅，颜色为"#FF0000"，并在"滤镜"面板中为其添加发光、投影、渐变发光效果，投影和渐变发光均为默认值，效果如图 6-76所示。

（16）新建图层，将"翻动"影片剪辑拖入场景"舞台"，用"任意变形"工具调整其大小和位置。选择影片剪辑，在"滤镜"面板中为其添加发光、投影、渐变发光效果，投影和渐变发光均为默认值，如图 6-77 所示。至此，整个动画制作完成。

（17）执行"文件">导出"导出影片"命令，将影片导出，效果如图 6-78 所示。

| 图 6-76 | 图 6-77 | 图 6-78 |

6.4 实训任务——制作平顶山学院校报手动翻页效果

6.4.1 实训概述

实训作品效果如图 6-79 所示。

1. 动画的制作目的与设计理念

本实训要制作一款电子校报，生动地展示校内新闻，并使校报的视觉效果具有层次感、空间感，从而吸引更多的读者。

图 6-79

目的在于掌握图形元件的使用、"变形"面板的使用、代码片段中 gotoAndPlay()脚本的使用及校报的制作流程。

2. 动画整体风格设计

作品的形式是校报，以 Animate CC 2019 制作，主要以图片为主，并为图片和帧添加简单的脚本，以实现手动翻页效果。

3. 素材收集与处理

收集平顶山学院校报内容，用 Photoshop 做适当修改，使素材风格统一、主题突出。

6.4.2 实训要点

（1）使用"变形"面板使每一页面的大小一致。

（2）为 4 个页面的元件添加"投影"滤镜。

（3）使用代码片段中的 gotoAndPlay()实现手动翻页效果。

6.4.3 实训步骤

1. 创建文档

启动 Animate CC 2019，新建文档，设置背景色为#00CCFF，"舞台"尺寸为 800 像素×1 200 像素，其他属性为默认值。保存影片文档为"平顶山学院校报.fla"。

2. 导入素材及处理元件

执行"文件">"导入">"导入到库"命令，将素材文件夹中的"1.jpg""2.jpg""3.jpg""4.jpg"导入"库"面板，并在"库"面板中新建与各图片对应的按钮元件，名称改为与图片名称编号相同，如图 6-80 所示。

3．制作动画

（1）新建 4 个图层，从上到下依次命名为"内容 1""内容 2""内容 3""内容 4"，如图 6-81 所示。

图 6-80　　　　　　　　　　　　　　　图 6-81

（2）选择"内容 1"图层，在时间轴上第 1 帧的位置，插入空白关键帧，从"库"面板中将"元件 1"按钮元件拖入场景中，放到合适的位置，如图 6-82 所示。"变形"面板的设置如图 6-83 所示，在"属性"面板中输入实例名称"btn1"，设置结果如图 6-84 所示，滤镜参数设置如图 6-85 所示。

图 6-82

图 6-83

图 6-84

图 6-85

（3）选择"内容 2"图层，在时间轴上第 1 帧的位置，插入空白关键帧，从"库"面板中将"元件 2"按钮元件拖入场景中，在"变形"面板中设置参数，如图 6-86 所示。在"属性"面板中设置实例名称为"btn2"，如图 6-87 所示。将修改过的"内容 2"元件放到"内容 1"元件的下方，使"内容 1"元件完全覆盖"内容 2"元件，在第 2 帧的位置按 F5 键插入帧，选中第 1 帧，按住 Alt 键，复制第 1~3 帧上。

图 6-86　　　　　　　　　　　　　　　　图 6-87

（4）选择"内容 3"图层，在时间轴上第 1 帧的位置，插入空白关键帧，从"库"面板中将"元件 3"按钮元件拖入场景中，使用"变形"面板中设置参数，如图 6-86 所示。在"属性"面板中设置实例名称为"btn3"，在第 4 帧的位置按 F5 键插入帧，选中第 1 帧，按住 Alt 键，复制第 1~5 帧上。

（5）选择"内容 4"图层上，在时间轴上第 1 帧的位置，插入空白关键帧，从"库"面板中将"元件 4"按钮元件拖入场景中，使用"变形"面板中设置参数，如图 6-86 所示。在"属性"面板中设置实例名称为"btn4"，在第 6 帧的位置按 F5 键插入帧，选中第 1 帧，按住 Alt 键，复制第 1~7 帧上。在第 10 帧的位置按 F5 键插入帧。

4. 编写代码

（1）选择"内容 1"图层的第 1 帧，在"舞台"上选中"内容 1"按钮，按 F9 键打开"动作"面板，执行"窗口" > "代码片段"命令，进入"代码片段"窗口，如图 6-88 所示，执行"ActionScript" > "时间轴导航" > "单击以转到帧并停止"命令，双击进入"动作"窗口，编辑如图 6-89 所示。

图 6-88

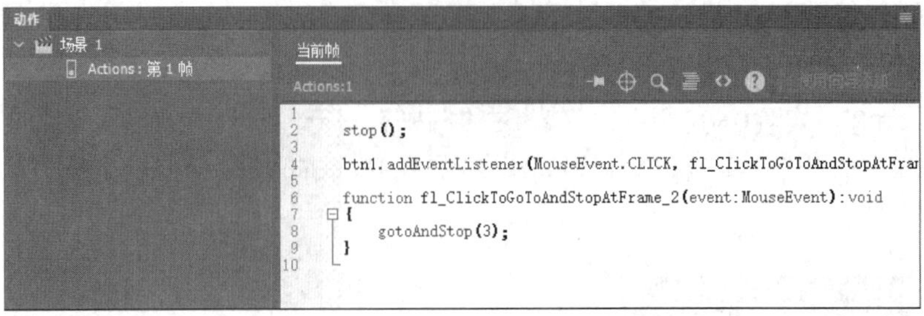

图 6-89

（2）用与步骤（1）同样的方法，分别选择"内容2"的第3帧、"内容3"的第5帧、"内容4"的第7帧，分别使用"代码片段"，在对应按钮上双击，进入"动作"窗口，分别编辑修改对应代码，如图6-90~图6-92所示。

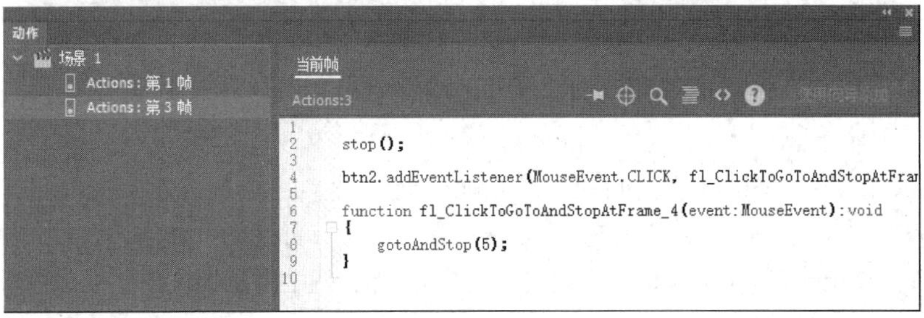

图 6-90

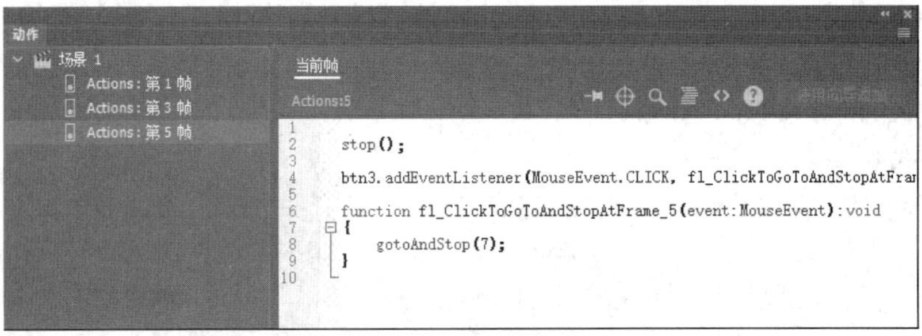

图 6-91

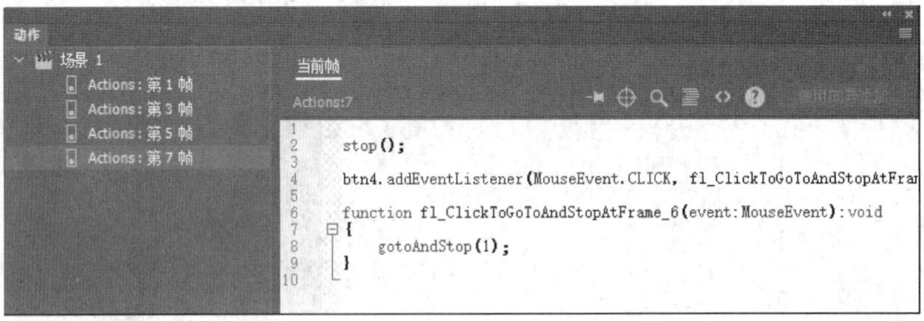

图 6-92

（3）时间轴的所有帧如图6-93所示。

图 6-93

（4）按 Ctrl+Enter 组合键测试影片，保存文件。

6.5　评价考核

项目六　任务评价考核表

能力类型	考核内容		评价		
	学习目标	评价项目	3	2	1
职业能力	掌握常用文字滤镜的使用方法； 掌握输入文本的使用方法； 会用变量为动态文本赋值； 会用 text 属性为动态文本赋值； 会运用 Animate 制作电子阅读物	能够制作常用文字滤镜效果			
		能够使用变量为动态文本赋值			
		能够通过 text 属性为动态文本赋值			
		会使用输入文本制作人机交互效果			
		能够使用 Animate 制作各种电子阅读物			
通用能力	造型能力				
	审美能力				
	组织能力				
	解决问题能力				
	自主学习能力				
	创新能力				
综合评价					

6.6　课外拓展——制作菜谱手动翻页效果

制作菜谱手动
翻页效果

6.6.1　参考制作效果

本案例设计的烧烤店菜谱如图 6-94 所示，每一个页面由美食图片和菜名两部分组成。食客通过单击"上一页"和"下一页"按钮手动翻页实现随心所欲点菜功能。

图 6-94

6.6.2 知识要点

使用"文本"工具添加文本，使用"变形"面板改变图像的大小，使用"任意变形"工具调整图形的大小和位置，使用传统补间动画制作手动翻页动画效果。

6.6.3 参考制作过程

1. 创建文档

启动 Animate CC 2019，新建文档，"舞台"尺寸为 800 像素×600 像素，背景颜色为白色，其他值为默认值，保存影片文档为"菜谱.fla"。

2. 制作动画

（1）执行"文件">"导入">"导入到库"命令，选择"菜谱素材"文件夹中的所有图片，单击"打开"按钮，将素材导入"库"面板中，如图 6-95 所示。

（2）将"库"面板中的所有图片转化为图形元件，如图 6-96 所示。

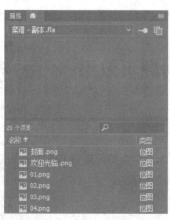

图 6-95

图 6-96

（3）将"图层1"重命名为"背景"，从"库"面板中将"背景"元件拖入场景"舞台"中，用"对齐"工具使其与"舞台"对齐并和舞台大小相同，效果如图6-97所示。

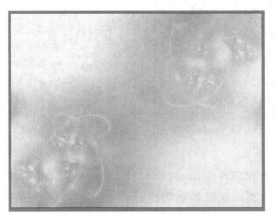

图6-97

（4）新建图层并命名为"封面"，从"库"面板中将"封面.png"拖入场景"舞台"中，缩小"封面.png"（见图6-98），放到"舞台"中的合适位置。选中"封面.png"，按F8键，转换为按钮元件，效果如图6-99所示。

分别选择"封面"图层的第2帧和第12帧，插入关键帧。选择"封面"图层的第12帧，选择"任意变形"工具，在"舞台"中选择"封面"实例，在按住Alt键的同时，将右侧的控制手柄向左拖到合适的位置，如图6-100所示。用鼠标右键单击"封面"图层的第2帧，在弹出的快捷菜单中选择"创建传统补间"命令，生成传统补间动画。

图6-98

（5）创建新图层并命名为"封面背面"，在"封面背面"图层的第12帧插入关键帧。将"库"面板中的"封面背面"图形元件拖到"舞台"中，改变其大小，将其放置到合适的位置，与"封面"实例保持同一高度，效果如图6-101所示。

图6-99

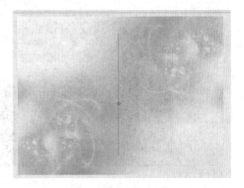

图6-100

（6）选择"封面背面"图层的第22帧，插入关键帧。选择"任意变形"工具，选择"封面背面"图层的第12帧，在"舞台"中选择"封面背面"实例，在按住Alt键的同时，选择左侧中间的控制手柄，将图形向右变形至最小，高度保持不变，如图6-102所示。用鼠标右键单击"封面"图层的第12帧，在弹出的快捷菜单中选择"创建传统补间"命令，生成传统补间动画。

图 6-101   图 6-102

（7）在时间轴中创建新图层并分别命名为"_1""_2""_3""_4"，并按次序拖到"封面"的下方，如图 6-103 所示。将"库"面板中的"01"元件拖到"_1"图层的"舞台"中，并改变其大小，设置"变形"面板参数如图 6-104 所示。用相同的方法将"02""03""04"分别拖到对应图层的"舞台"中，并放置到与"封面"实例同一位置。

图 6-103   图 6-104

（8）分别选择"_1"图层的第 23 帧和第 33 帧，在选中的帧上插入关键帧。选中"韩酱烤五花肉"图层的第 33 帧，选择"任意变形"工具，在"舞台"中选择"01"实例，在按住 Alt 键的同时，将右侧的控制手柄向左拖到合适的位置。用鼠标右键单击"_1"图层的第 23 帧，在弹出的快捷菜单中选择"创建传统补间"命令，生成传统补间动画，如图 6-105 所示。

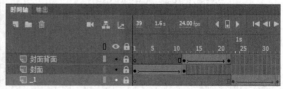

图 6-105

（9）在时间轴中创建新图层并命名为"_1 背面"，将该图层拖到顶层。选择"封面背面"图层的第 12～22 帧，用鼠标右键单击选择的帧，在弹出的快捷菜单中选择"复制帧"命令，用鼠标右键单击"韩酱烤五花肉背面"图层的第 33 帧，在弹出的快捷菜单中选择"粘贴帧"命令。

（10）延长所有图层的帧到第 105 帧。

（11）在"_2"图层的第 44 帧和第 54 帧分别插入关键帧。选择"日式盖饭亲子井"图层的第 54

帧，选择"任意变形"工具，在"舞台"中选择"02"实例，在按住 Alt 键的同时，将右侧的控制手柄向左拖到合适的位置。用鼠标右键单击"_2"图层的第 44 帧，在弹出的快捷菜单中选择"创建传统补间"命令，生成传统补间动画，如图 6-106 所示。

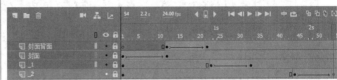

图 6-106

（12）在时间轴中创建新图层并命名为"_2 背面"，将该图层拖到顶层。选择"封面背面"图层的第 12～22 帧，用鼠标右键单击选择的帧，在弹出的快捷菜单中选择"复制帧"命令，用鼠标右键单击"_2 背面"图层的第 54 帧，在弹出的快捷菜单中选择"粘贴帧"命令。

（13）分别在"_3"图层的第 65 帧和第 75 帧插入关键帧。选择"_3"图层的第 75 帧，选择"任意变形"工具，在"舞台"中选择"03"实例，在按住 Alt 键的同时，将右侧的控制手柄向左拖到合适的位置。用鼠标右键单击"_3"图层的第 65 帧，在弹出的快捷菜单中选择"创建传统补间"命令，生成传统补间动画，如图 6-107 所示。

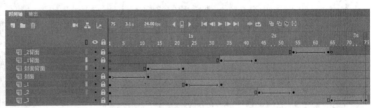

图 6-107

（14）在时间轴中创建新图层并命名为"_3 背面"，将该图层拖到顶层。选择"封面背面"的第 12～22 帧，用鼠标右键单击选择的帧，在弹出的快捷菜单中选择"复制帧"命令，用鼠标右键单击"_3 背面"图层的第 75 帧，在弹出的快捷菜单中选择"粘贴帧"命令。

（15）分别在"_4"图层的第 86 帧和第 96 帧插入关键帧。选择"_4"图层的第 96 帧，选择"任意变形"工具，在"舞台"中选择"04"实例，在按住 Alt 键的同时，将右侧的控制手柄向左拖到合适的位置。用鼠标右键单击"_4"图层的第 86 帧，在弹出的快捷菜单中选择"创建传统补间"命令，生成传统补间动画，如图 6-108 所示。

图 6-108

（16）在时间轴中创建新图层并命名为"_4 背面"，将该图层拖到顶层。选择"封面背面"的第
12～22 帧，用鼠标右键单击选择的帧，在弹出的快捷菜单中选择"复制帧"命令，用鼠标右键单击
"_4 背面"图层的第 96 帧，在弹出的快捷菜单中选择"粘贴帧"命令。

（17）时间轴上的帧如图 6-109 所示。

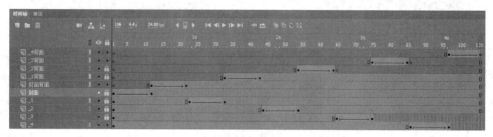

图 6-109

3. 制作按钮元件

（1）执行"插入"＞"新建元件"命令，打开"创建新元件"对话框。选择"按钮"类型，命名
为"上一页"，单击"确定"按钮进入"上一页"编辑界面，用"文本"工具输入"上一页"3 个字，
并设置"滤镜"的投影和发光效果，将帧延长到"点击"帧，如图 6-110 所示。

（2）执行"插入"＞"新建元件"命令，打开"创建新元件"对话框。选择"按钮"类型，命名
为"下一页"，单击"确定"按钮进入"下一页"编辑界面，用"文本"工具输入"下一页"3 个字，
并设置"滤镜"的投影和发光效果，将帧延长到"点击"帧，如图 6-111 所示。

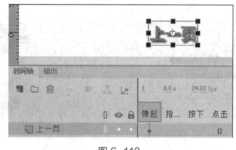
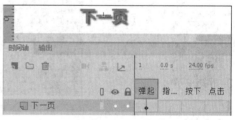

图 6-110　　　　　　　　　　　　　　　　　　图 6-111

4. 编写代码

（1）新建 3 个图层，从上到下依次命名为"ActionScript""上一页"和"下一页"。

（2）分别选择"上一页"和"下一页"图层，在第 1 帧插入空白关键帧，从"库"面板中拖入
"上一页"和"下一页"按钮，并分别命名实例名称为"prevbtn"和"nextbtn"，效果和属性设置
如图 6-112 所示。

图 6-112

（3）选择"下一页"图层的第1帧，按F9键，进入"动作"窗口，执行"窗口">"代码片段"命令，进入"代码片段"窗口。执行"ActionScript">"事件处理函数">"Mouse Click事件"命令，双击进入"动作"窗口，修改完善代码如图6-113所示，其中第1行代码的stop()方法表示动画进入后先停止在第1帧，第2行代码prevbtn.visible=false;表示，在开始动画时，上一页不显示，下面的代码是来自"代码片段"，直接修改函数内部的语句为gotoAndPlay(2);，表示单击"下一页"按钮，事件轴移动到第2帧并开始播放动画。

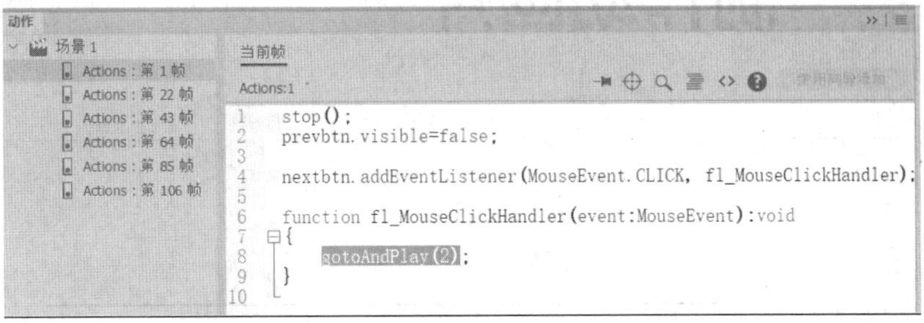

图6-113

（4）分别选择"下一页"和"上一页"图层的第22帧、第43帧、第64帧、第85帧和第106帧，将这些帧转化为关键帧。使用步骤（3）中的方法，编写完善代码，如图6-114~图6-118所示。

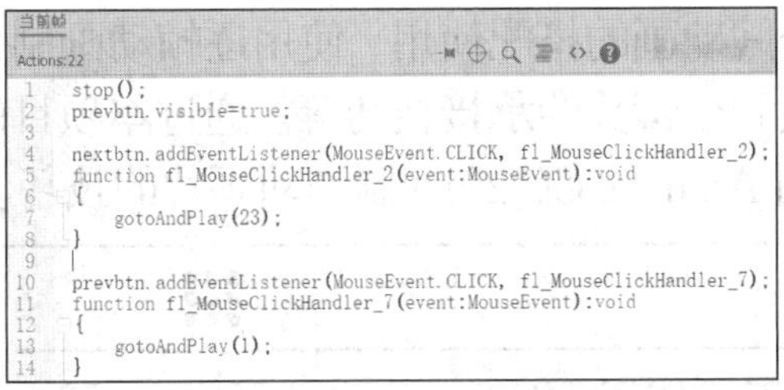

图6-114

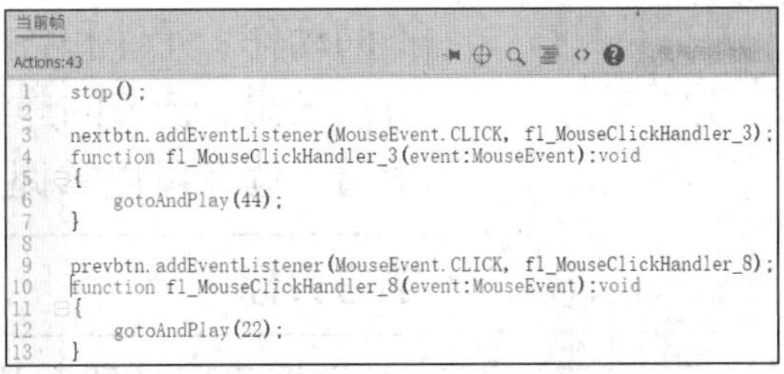

图6-115

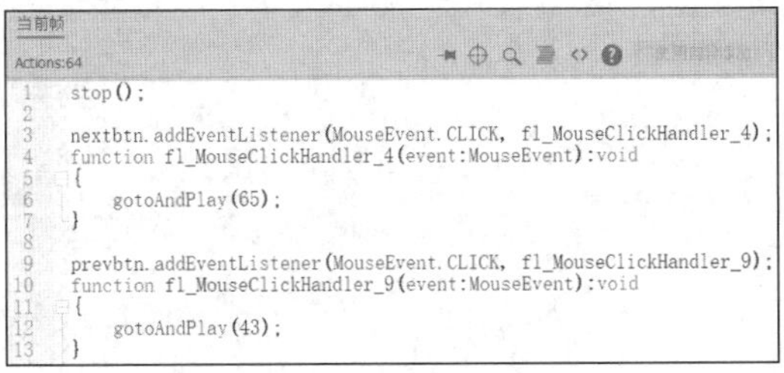

图6-116

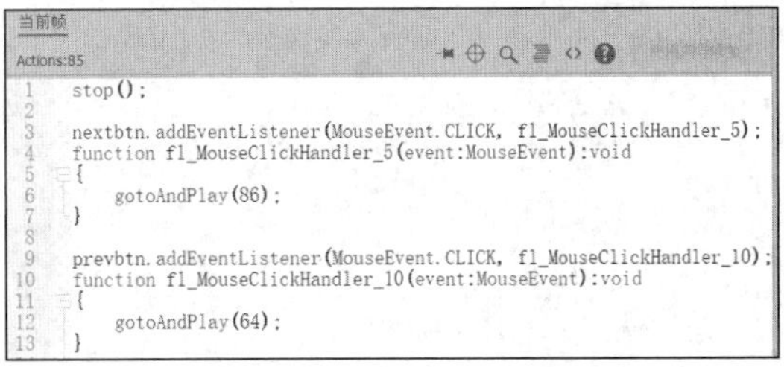

图6-117

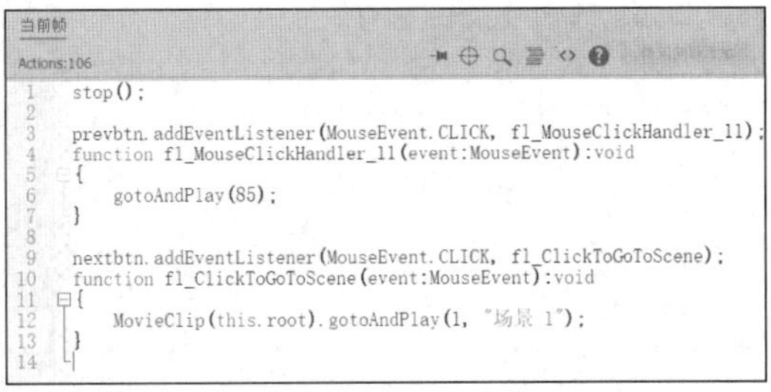

图6-118

（5）按Ctrl+Enter组合键测试影片，保存文件。

07

项目七
制作动画片

项目简介

本项目主要介绍代码片段和模板的使用、按分镜头制作动画、将分镜头情节完全放入影片剪辑元件中、制作同一角色的不同动作、元件和各补间动画的搭配使用、使用逐帧动画制作所需效果、情节的连续和分镜头的承接技巧等。通过本项目的学习，读者可以掌握用 Animate CC 2019 制作动画片的技巧。

学习目标

✔ 掌握代码片段和模板的使用方法；
✔ 掌握鱼儿游、猫和老鼠、简单爱动画片的制作方法。

7.1 知识准备——代码片段和模板

7.1.1 代码片段

代码片段是 Animate 中预先编写好的 ActionScript 3.0 代码段，可以方便地添加到项目里，利用"代码片段"面板里提供的动作立即给项目添加交互功能。可以使用代码片段添加能影响舞台上行为的代码，添加能在时间轴中控制播放头移动的代码，还可以将创建的新代码片段添加到面板中。

使用代码片段控制对象，对象必须是影片剪辑、按钮或者文本，必须在"属性"面板中为对象添加实例名，代码片段不能直接添加到对象上，只能添加到时间轴的帧中。

学会使用代码片段也是后期学习 ActionScript 的一种好方式，对提高编程能力大有帮助。

执行"窗口">"代码片段"命令，可以打开"代码片段"面板，如图 7-1 所示。可以为 ActionScript 文档、HTML5 Canvas 文档和 WebGL 文档添加交互代码。

图 7-1

1. 使用代码片段添加 ActionScript 代码

在影片主时间轴上的任意一个关键帧以及影片剪辑元件里的任意一个关键帧，都可以添加 ActionScript 代码。在编译后的项目播放过程中，当播放到某一帧时，如果其中包含代码，它们就会被执行。

使用代码片段添加 ActionScript 代码的步骤如下。

（1）选择舞台上的对象或时间轴中的帧。如果选择的对象不是元件实例，则应用该代码片段时，Animate 会将该对象转换为影片剪辑元件。如果选择的对象还没有实例名称，Animate 会在应用代码片段时添加一个实例名称。

（2）在"代码片段"面板中，双击要应用的代码片段。如果选择的是舞台上的对象，Animate 会将该代码片段添加到"动作"面板中包含所选对象的帧中。

如果选择的是时间轴中的帧，Animate 会将代码片段只添加到那个帧。

2. 将自定义代码片段添加到"代码片段"面板

（1）在"代码片段"面板中，从面板菜单中选择"新建代码片段"。在弹出的对话框中，为自定义的代码片段输入标题、工具提示文本和 JavaScript 或 ActionScript 3.0 代码。

（2）单击"自动填充"按钮，可以将"动作"面板中选择的任何代码添加进去。

注意：如果代码中包含字符串"instance_name_here"，为了在应用代码片段时 Animate 将其替换为正确的实例名称，选中"自动替换 instance_name_here"复选框。

另外，Animate 会将新的代码片段添加到"代码片段"面板中名为 Custom 的文件夹中。

（3）在"动作"面板中，查看新添加的代码并根据片段开头的说明替换必要的参数。

实例练习——使用"代码片段"控制影片的播放

（1）打开"飞机飞行.fla"文档。

（2）在"时间轴"面板中找到"PLAY"图层，在"属性"面板中将其命名为"btn"，保持 btn 对象为选中状态。

（3）单击"窗口"菜单中的"代码片段"选项，打开"代码片段"对话框，单击"ActionScript"类别文件夹，打开子文件夹"时间轴导航"，双击"单击以转到帧并播放"命令，如图 7-2 所示。

（4）打开"动作"面板，Animate 会自动将代码加载到"Action"层中，在代码中修改

"gotoAndPlay(5);"为"gotoAndPlay(2);"，实现单击"PLAY"后跳转到相应的帧并播放功能，如图 7-3 所示。

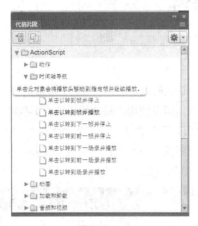

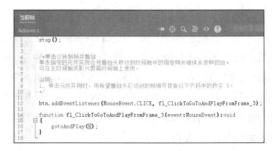

图 7-2   图 7-3

（5）回到"飞机飞行.fla"文档，按 Ctrl+Enter 组合键测试影片，静帧效果如图 7-4 所示。

图 7-4

7.1.2　模板

Animate 的模板为用户创作各种常见动画题材提供了很大便利，有许多模板可供创作使用，如照片幻灯片模板、测验模板、移动内容模板等。

实例练习——制作简单相册效果

（1）执行"文件">"从模板新建"命令，打开"从模板新建"对话框，如图 7-5 所示。

（2）在"类别"列表中选择"媒体播放"，然后在"模板"列表中选择"简单相册"，如图 7-6 所示。

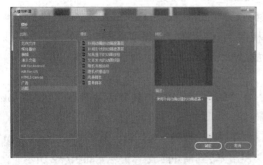   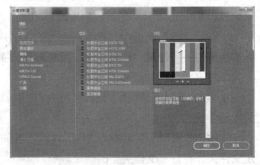

图 7-5   图 7-6

（3）单击"确定"按钮，打开 Anmiate 文档，时间轴如图 7-7 所示。

（4）导入若干张图片到"库"面板中，在"图像/标题"图层中选择和图片数相同的帧数，按 F7 键插入逐帧空白关键帧。

（5）在每一个关键帧中从"库"面板中拖入一张位图，分别调整每张图片的大小和位置，宽为 528，高为 392，"X"为 54.20，"Y"为 26.45。

（6）在每个图层上添加相应的帧数，时间轴如图 7-8 所示。

（7）按 Ctrl+Enter 组合键测试影片，静帧效果如图 7-9 所示。

图 7-7

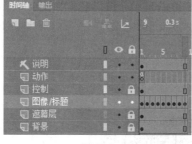

图 7-8

图 7-9

7.2 任务一——制作"鱼儿游"动画

制作"鱼儿游"
动画

7.2.1 案例效果分析

本实例制作一群小鱼在水中游来游去的小动画，主要学习元件的使用方法。效果如图 7-10 所示。

本实例使用 5 个绘制鱼儿不同形态的图形元件组成一个影片剪辑元件，由影片剪辑元件内部放置图形元件的顺序和帧数来控制鱼儿的动作，然后导入背景图片，并将影片剪辑元件放置在合适的位置创建补间动画，完成本实例的制作。

图 7-10

7.2.2 设计思路

本例在元件的不同关键帧中改变鱼儿的形状，以形成鱼儿在水中不断穿梭、翻腾的动画效果。

7.2.3 相关知识和技能点

（1）Animate 中的形状为分散的状态，在绘制鱼儿形状时，每出现一处重叠的线条，鱼儿形状就被分割成分散的形状。在调整颜色时要注意，鱼儿身体是由多个分散的色块构成的，要统一调配颜色。

（2）将 5 个形态不同的鱼儿图形元件放置在一个影片剪辑元件中，再对影片剪辑元件设置补间动画改变设置，从而制作鱼儿游来游去的效果。

7.2.4 任务实施

（1）启动 Animate CC 2019，按 Ctrl+N 组合键，新建一个 Animate 文件。

（2）按 Ctrl+F8 组合键，弹出"创建新元件"对话框，在"名称"文本框中输入"1"，选择类型为"图形"，如图 7-11 所示。

（3）单击"确定"按钮，进入该元件的编辑窗口，选择工具箱中的"铅笔"工具，在"舞台"的中心绘制鱼儿的轮廓，如图 7-12 所示。

图 7-11   图 7-12

（4）在"属性"面板中设置填充色为#FFBA94，使用"颜料桶"工具填充鱼的身体部分，如图 7-13 所示。

（5）更改填充色为#FF9A63，填充鱼的头部，如图 7-14 所示。

（6）更改填充色为#FF7939，填充鱼身上的花纹，如图 7-15 所示。

（7）删除鱼儿轮廓线，如图 7-16 所示。至此，"1"元件完成。

图 7-13   图 7-14   图 7-15   图 7-16

（8）按 Ctrl+L 组合键打开"库"面板，选中"1"元件，用鼠标右键单击，在弹出的快捷菜单中选择"直接复制"命令，弹出"直接复制元件"对话框，修改文件名为"2"，如图 7-17 所示。

图 7-17

（9）单击"确定"按钮，进入"2"元件的编辑窗口，选择"任意变形"工具和"选择"工具，调整鱼儿的形状。

（10）重复步骤（8）、（9）的操作，复制出"3""4""5"元件，并依次调整鱼儿的形状，如图 7-18 所示。

（11）按 Ctrl+F8 组合键新建元件，命名为"鱼儿"，选择元件类型为"影片剪辑"，如图 7-19 所示。

（12）单击"确定"按钮，进入新建影片剪辑元件的编辑窗口，从"库"面板中将"1"元件拖到如图 7-20 所示的位置。

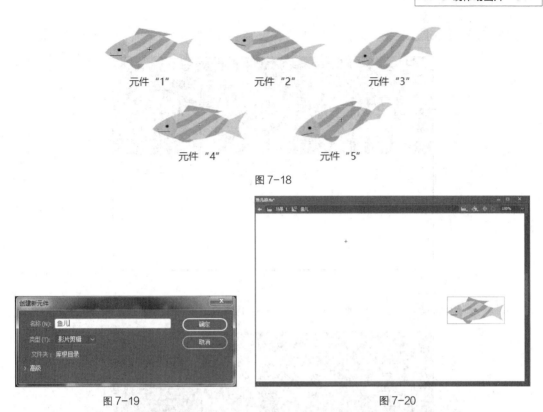

元件 "1"   元件 "2"   元件 "3"

元件 "4"   元件 "5"

图 7-18

图 7-19   图 7-20

（13）选中第 4 帧，按 F7 键插入空白关键帧，将元件 "2" 拖到图 7-21 所示的位置。

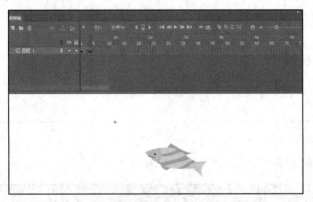

图 7-21

（14）在第 12 帧插入空白关键帧，从 "库" 面板中将元件 "3" 拖到图 7-22 所示的位置。

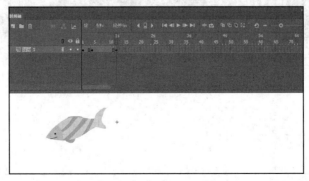

图 7-22

（15）在第 15 帧插入空白关键帧，从"库"面板中将元件"5"拖到图 7-23 所示的位置。

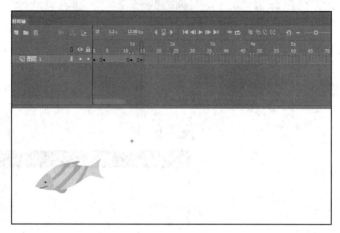

图 7-23

（16）在第 18 帧插入空白关键帧，从"库"面板中将元件"4"拖到图 7-24 所示的位置。

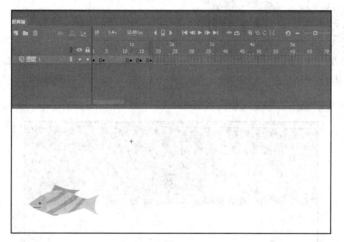

图 7-24

（17）选中第 27 帧，按 F5 键插入普通帧，如图 7-25 所示。

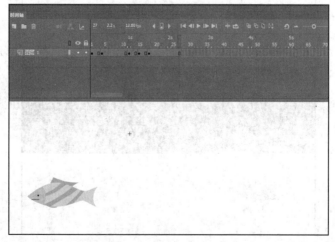

图 7-25

（18）单击"场景 1"图标，回到场景 1，执行"文件"＞"导入"＞"导入到库"命令，导入一幅图片，如图 7-26 所示，调整图片大小，使之覆盖整个舞台，如图 7-27 所示。

图 7-26　　　　　　　　　　　　　　　　图 7-27

（19）单击"时间轴"中的"插入图层"按钮，新建"图层 2"，从"库"面板中将若干"鱼儿"元件拖到"图层 2"中，最终图层和效果如图 7-28 所示。

图 7-28

（20）按 Ctrl+Enter 组合键测试影片。

7.3 任务二——制作"猫和老鼠"动画

7.3.1 案例效果分析

（1）故事情节：一只猫在老鼠洞边等着捉老鼠，老鼠一直不出来，猫等得睡着了，听见猫的鼾声，老鼠纷纷跑出洞来。

（2）场景设计：应用 3 个场景，分别是 Loading 页面、字幕场景和故事场景。Loading 页面由线条和圆圈构成，可通过制作的按钮元件跳转到字幕场景；字幕场景包括线条和闪烁小星星的变化，最后出现标题——猫和老鼠；通过 Enter 按钮可进入故事场景。

（3）具体任务分解：具体分为绘制背景、绘制角色、小猫打鼾、老鼠出洞几个小任务。分别制作元件完成这些小任务，并将情节贯穿起来，构成本实例，静帧效果如图 7-29 所示。

图 7-29

7.3.2 设计思路

实例由 3 个场景构成，按照场景可分为 3 部分设计。第一部分为 Loading 页面，第二部分为字幕，第三部分为故事情节：一只小花猫在老鼠洞口等老鼠出来等得睡着了，小老鼠们听到猫的鼾声，纷纷跑了出来。

7.3.3 相关知识和技能点

（1）设计 Loading、text 和 maohelaoshu 共 3 个场景，场景之间采用按钮连接，本实例故事情节的实现是循环播放最后一个场景 maohelaoshu，猫不断地打鼾，老鼠不断地跑出来。

（2）使用各种元件，并通过实例练习去了解元件的应用：场景的连接使用按钮元件，角色——猫和老鼠采用图形元件，猫打鼾的"Z"图形是影片剪辑元件。

7.3.4 任务实施

1. 制作 Loading 页面

Loading 页面的效果如图 7-30 所示。

（1）新建 Animate 文件，执行"窗口">"其他面板">"场景"命令，选中"场景 1"，修改名称为"Loading"，如图 7-31 所示。

图 7-30

图 7-31

（2）新建一个图形元件，命名为"circle"，如图 7-32 所示。

（3）新建一个图形元件，命名为"ring"，如图 7-33 所示。

（4）新建一个图形元件，命名为"backgr"，作为 Loading 背景，分别将图形元件"circle"和

"ring" 多次拖至"舞台",并按不同大小放置,如图 7-34 所示。

 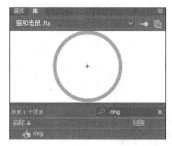 

图 7-32 　　　　　　　　图 7-33 　　　　　　　　图 7-34

(5)新建一个按钮元件,命名为"click",作为 Loading 结束后的链接,如图 7-35 所示。

(6)返回主场景"Loading",在时间轴上新建一个图层,命名为"BACK"。在第 1 帧将图形元件"backgr"拖至"舞台",在第 4 帧按 F5 键插入普通帧,如图 7-36 所示。

(7)在主场景新建一个图层,命名为"AS",在"AS"图层的第 4 帧插入关键帧,按 F9 键打开"动作"面板,输入语句"stop();",时间轴如图 7-37 所示。

Click to play ……

图 7-35 　　　　　　　　图 7-36 　　　　　　　　图 7-37

(8)在"AS"图层的第 4 帧拖入按钮元件"click","属性"面板中设置实例名称为"btn",按 F9 键,在"动作"面板中输入以下代码。

```
stop();
btn.addEventListener(MouseEvent.CLICK,onclickFun);
function onclickFun(e:MouseEvent):void
{
gotoAndPlay(1,"text");
}
```

完成 Loading 页面的制作,时间轴如图 7-38 所示。

(9)执行"插入">"场景"命令,出现"场景 2",将"场景 2"改名为"text",如图 7-39 所示。

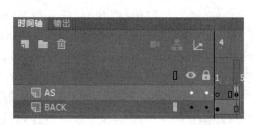 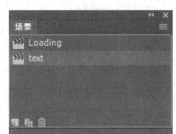

图 7-38 　　　　　　　　　　　　　图 7-39

2. 制作字幕

（1）进入"text"场景，在"图层1"上绘制一个黑色矩形，设置宽为550，高为400，"X""Y"都为0，使之布满整个舞台，成为黑色背景。

（2）新建图层，命名为"light"，使用"椭圆"工具在"舞台"中央绘制一个圆形，执行"修改"＞"形状"＞"柔化填充边缘"命令，弹出"柔化填充边缘"对话框，如图7-40所示，柔化效果对比如图7-41所示。

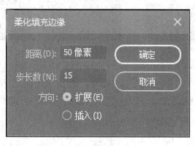
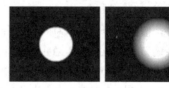

图7-40　　　　　　　　　　　　　　　　图7-41

（3）按F8键，将柔化边缘处理后的圆形转化为元件，并命名为L1。

（4）在第5帧插入关键帧，设置第1帧中元件的透明度"Alpha"值为0，在第1~5帧创建传统补间动画，编辑光线淡入效果。

（5）在第10帧插入关键帧，使用"任意变形"工具对光圈进行变形处理，设置其透明度"Alpha"值为80%，效果如图7-42所示。

（6）新建图层"line_1"，在第5帧插入关键帧，在"舞台"中央绘制一条直线，设置颜色为#666666，样式为"极细"，在第10帧插入关键帧，将第5帧中的线条缩到最短，在第5~10帧创建形状补间动画，如图7-43所示。

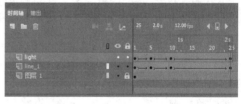

图7-42　　　　　　　　　　　　　　　　图7-43

（7）新建图层"title"，在第25帧按F6键插入关键帧，在"舞台"中央输入文本"猫和老鼠"，格式为隶书、白色、粗体，按F8键，将其转化为图形元件title。

（8）在图层"light"的第25帧插入关键帧并创建传统补间动画，使用"任意变形"工具放大该帧中的元件，在"属性"面板上将该元件的透明度设为0。

（9）在图层"title"的第55帧插入关键帧，并创建传统补间动画，将第25帧中元件的透明度设为0，形成标题文字的淡入效果。

（10）新建图层"line_2"，在第10帧按F6键插入关键帧，复制图层"line_1"中第10帧的直线，粘贴到当前位置。分别在这两个图层的第25帧插入关键帧并创建形状补间动画，将"line_1"图层中的线条向下移，"line_2"图层中的线条向上移，将标题夹在它们之间，如图7-44所示。

（11）新建图层"g_line1"，在第25帧插入关键帧，复制两条分开的线到新图层的相同位置，转换成图形元件"line"。在第35帧插入关键帧，使用"任意变形"工具在垂直方向上拉伸元件"line"，将第25帧的"缓动"设为100，在第25~35帧创建传统补间动画。

（12）新建4个图层，复制"g_line1"图层的内容，时间轴布置如图7-45所示。

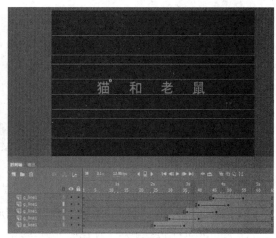

<table>
<tr><td>图 7-44</td><td>图 7-45</td></tr>
</table>

（13）新建图层"m-circle"，在第 40 帧插入关键帧，绘制图 7-46 所示的发光小球，并进行组合。将该图形复制 15 次，使用"修改">"对齐"下的命令，使其以线条为参考均匀排列。

（14）选中第 41～55 帧，按 F6 键逐帧插入关键帧，从第 40 帧开始，逐帧删除后面的 14 个、13 个小球组合……直到第 55 帧，生成小球依次出现的动画效果。

（15）新建图层"m-light"，选择相应帧，插入图 7-47 所示的小球发光效果。

（16）新建图层，为标题制作倒影，并在最后一帧插入关键帧，按 F9 键，输入"stop();"。添加按钮元件"ENTER"，设置实例名称为"btn_enter"。按 F9 键，在"动作"面板中输入以下代码。

```
stop();
btn_enter.addEventListener(MouseEvent.CLICK,onclickFun1);
function onclickFun1(e:MouseEvent):void
{
gotoAndPlay(1,"maohelaoshu");
}
```

场景"text"的制作完成，静帧效果如图 7-48 所示。

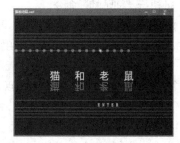

<table>
<tr><td>图 7-46</td><td>图 7-47</td><td>图 7-48</td></tr>
</table>

3. 制作故事情节

（1）新建"场景 3"，更名为"maohelaoshu"。绘制一个矩形框，填充背景颜色为#FFFFCC。

（2）将图层命名为"wall"，绘制图 7-49 所示的墙壁图形，然后按 Ctrl+G 组合键进行组合。

（3）在图层"wall"下新建图层"floor"，绘制图 7-50 所示的黑色不规则图形，作为墙壁上小洞的阴影，效果如图 7-51 所示。

（4）新建图形元件"mouse"，绘制老鼠的卡通形象，如图 7-52 所示。

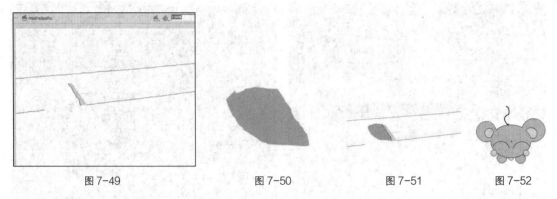

图 7-49	图 7-50	图 7-51	图 7-52

（5）新建图形元件"cat"，绘制小猫睡觉的图形，如图 7-53 所示。

（6）在"floor"图层上新建一个图层"mouse1"，在时间轴第 5 帧按 F6 键插入关键帧，将"mouse"元件拖至"舞台"并放置在洞口的位置，如图 7-54 所示。

（7）在"mouse1"图层的第 15 帧和第 30 帧插入关键帧，将第 5 帧中"mouse"元件的透明度设为 0。将第 30 帧中的"mouse"元件拖至洞外。在第 5～15、第 15～30 帧创建传统补间动画，静帧效果如图 7-55 所示。

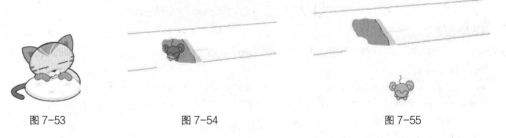

图 7-53	图 7-54	图 7-55

（8）新建图层"mouse2""mouse3"，选中图层"mouse1"的第 5～30 帧，用鼠标右键单击，在弹出的快捷菜单中选择"复制帧"命令，分别在"mouse2"图层的第 30 帧和"mouse3"图层的第 60 帧执行"粘贴帧"命令。

（9）在图层"mouse1"的第 40 帧、图层"mouse2"的第 70 帧和图层"mouse3"的第 95 帧插入关键帧，分别将"mouse"元件拖至"舞台"以外的下方、右方和左方。

（10）新建图层"cat"，将图形元件"cat"拖至舞台，新建图形元件"Z"，如图 7-56 所示，插入 3 个关键帧，使 3 个"Z"依次出现，制作打鼾效果。"Z"元件的时间轴如图 7-57 所示。

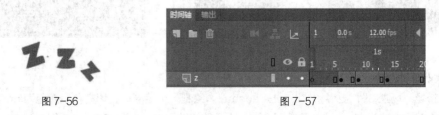

图 7-56	图 7-57

（11）新建图层"sound"，导入小猫打呼的声音文件，在"属性"面板上将声音的"同步"属性设为"事件""循环"，在最后一帧插入空白关键帧，按 F9 键，在"动作"面板上输入语句"stop();"。

（12）测试影片，最终效果如图 7-58 所示。

图 7-58

7.4　实训任务——制作"简单爱"动画

7.4.1　实训概述

1. 动画的制作目的与设计理念

制作本实训的目的在于熟悉制作动画片的逻辑过程，先设计情节和剧情，然后按照分镜头制作，整个动画片由若干影片剪辑元件构成，最终场景的合成是由一个个影片剪辑元件放置在时间轴的合适位置上构成的。实训内容是制作一个搭配音乐的动画片，通过一个个浪漫的情节表现出青年男女之间纯真的爱。动画静帧效果如图 7-59 所示。

图 7-59

2. 动画整体风格设计

本实训选取"包子"为主人翁，充满童话风格，并且大大简化了角色设计。动画的整体风格生动活泼，搭配清新的歌曲，体现了"青年男女之间纯真的爱"的主题。本实训设计了故事前奏和 12 个情节构成动画整体。

3. 素材收集与处理

收集色彩明亮的河边、草地、棒球等背景图片，收集歌曲作为声音素材，收集（元件素材多采用手绘完成）。

7.4.2　实训要点

（1）按分镜头制作动画。

（2）将分镜头情节完全放入影片剪辑元件中。

（3）制作同一角色的不同动作。

（4）元件和多种补间动画的搭配使用。

（5）使用逐帧动画制作所需效果。

（6）情节的连续和分镜头的承接技巧。

7.4.3　实训步骤

第一部分：前期设定

（1）新建一个文档，导入声音文件"背景音乐"，将声音的"同步"属性设为"数据流"，如图 7-60 所示。

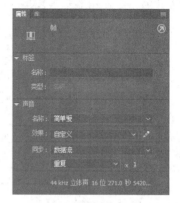

图 7-60

（2）按 Enter 键播放声音，确定歌曲唱完一段的帧数，单击"属性"面板上的"编辑"按钮，编辑声音并设置声音的淡入淡出效果，如图 7-61 和图 7-62 所示。

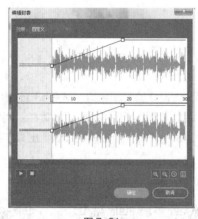

图 7-61

图 7-62

第二部分：绘制主角

（1）按 Ctrl+F8 组合键新建一个影片剪辑元件，命名为"男孩身体"，选择"椭圆"工具，设置笔触颜色为无色，填充色为#FFCC00，激活"对象绘制"选项，绘制一个椭圆，如图 7-63 所示。将填充色调整为#FFFF99，在该椭圆的上面绘制一个稍小的椭圆，如图 7-64 所示。

（2）新建图层，取消"对象绘制"选项，再绘制一个椭圆，打开"颜色"面板，选择类型为"线性"，在面板下端的滑块上设定两个颜色标签，分别为不透明度为 100% 的白色和不透明度为 0 的白色，填充刚才绘制的形状，制作高光效果。

（3）新建元件，并命名为"男孩头顶"，设置元件类型为"影片剪辑"，打开"颜色"面板，选择填充类型为"线性"，设置填充色为渐变的黄色，使用"填充变形"工具调整渐变色，并设置高光，如图 7-65 所示。

（4）绘制拳头，拳头是个正圆，用"铅笔"工具勾出高光，填充渐变色即可，如图 7-66 所示。

图 7-63

图 7-64

图 7-65

图 7-66

（5）绘制另一个拳头，复制刚才的正圆，调整高光方向即可，如图 7-67 所示。男孩整体形象如图 7-68 所示。

（6）绘制女孩身体，选中之前绘制的"男孩身体"元件，用鼠标右键单击，在弹出的快捷菜单中执行"直接复制"命令，在弹出的对话框中设置复制出的元件名称为"女孩身体"。双击"库"面板中"女孩身体"元件标签，进入该元件的编辑窗口进行修改。

（7）绘制女孩头顶，将女孩的头发绘制成图 7-69 所示有尖端的形状。

（8）绘制女孩的蝴蝶结，新建影片剪辑元件，如图 7-70 所示，命名为"女孩蝴蝶结"。女孩蝴蝶结的绘制过程如图 7-71 所示。

（9）蝴蝶结制作好后放到女孩头顶，女孩整体效果如图 7-72 所示。

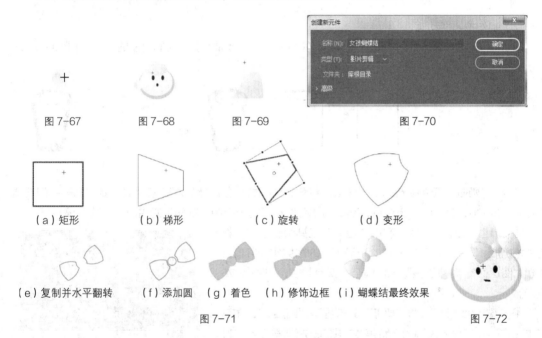

图 7-67　　　　图 7-68　　　　图 7-69　　　　　　　　图 7-70

（a）矩形　　　（b）梯形　　　（c）旋转　　　（d）变形

（e）复制并水平翻转　（f）添加圆　（g）着色　（h）修饰边框　（i）蝴蝶结最终效果

图 7-71　　　　　　　　　　　　　　　　　图 7-72

（10）制作标题元件，如图 7-73 所示（可将心形转换为元件，并做一定动作）。

第三部分：制作情节

1．制作前奏

前奏由 4 个部分组成：开场白、抢奶瓶、抢漫画书、前奏结束语。

（1）制作开场白

① 新建影片剪辑元件，命名为"开场白"，在"图层 1"绘制一个和"舞台"大小相同的黑色矩形，按 Ctrl+K 组合键打开"对齐"面板，单击"相对于舞台"按钮，然后分别单击"垂直中齐"和"水平中齐"按钮，将该黑色矩形放置在元件的中央。

② 将"图层 1"锁定，并添加图层，直接复制"男孩"元件，命名为"男孩生气"，改变男孩的眼睛和嘴巴，将"男孩生气"影片剪辑元件放置在"图层 2"上，调整元件的位置和大小。

③ 将"图层 2"锁定，并添加图层，直接复制"女孩"元件，命名为"女孩高兴"，改变女孩的眼睛和嘴巴，将"女孩高兴"影片剪辑元件放置在"图层 3"上，调整元件的位置和大小。

④ 将素材"开场背景"导入到库，调整大小并将素材放置到"舞台"的合适位置。

⑤ 使用"文本"工具输入文本"我最早的回想：居然是我和她出生在同一个病房"，设置格式为华文新魏、40 号、白色。

⑥ 将字号改为 60，字体颜色改为#CCCCCC，再次输入文本"她欺侮我"，"开场白"元件的最

终效果如图 7-74 所示。

图 7-73

图 7-74

（2）制作抢奶瓶动画

① 新建影片剪辑元件，命名为"奶瓶"，在"图层 1"中绘制奶瓶，绘制奶瓶的大致流程如图 7-75 所示。

图 7-75

② 在"奶瓶"元件中新建一个图层，将背景色调成灰色，然后新建遮罩层，复制奶瓶中间的填充部分，按 Ctrl+Shift+V 组合键，粘贴到新图层相同的坐标中，制作牛奶溢出奶瓶的效果。

③ 新建"桌子"元件，利用"矩形"工具绘制桌子。新建"抢奶瓶 1"将"桌子"元件置于最下面的图层作为背景，新建"图层 2"，将"男孩"元件拖至"舞台"中，如图 7-76 所示。

图 7-76

④ 新建"图层 3"，将"奶瓶"元件拖至"图层 3"，在第 30 帧和第 40 帧插入关键帧，将第 40 帧的奶瓶向右拖到"舞台"外面，在第 30～40 帧创建传统补间动画，制作奶瓶被抢走的效果。

⑤ 新建"抢奶瓶 2"元件，仍将"桌子"元件作为背景，向左移动桌子。

⑥ 复制"男孩"元件，命名为"男孩追"，改变男孩眼睛、嘴巴和拳头的位置。

⑦ 复制"女孩"元件，命名为"女孩拿奶瓶"，改变女孩眼睛、嘴巴的形状。

⑧ 新建图层，拖曳"奶瓶"元件，将其移至在女孩手中。

⑨ 加入对白，如图 7-77 所示。

（3）制作抢漫画书动画

① 绘制和"舞台"大小相同的矩形，填充淡黄色到淡蓝色的渐变作为背景。

② 绘制黄绿色的椭圆作为地面。

③ 绘制两个类似椭圆的阴影。

④ 复制"男孩"元件，命名为"男孩追"，改变男孩的眼睛、嘴巴和拳头的位置。

⑤ 复制"女孩"元件，命名为"女孩得意"，改变女孩的眼睛和嘴巴的位置。

⑥ 制作"书"图形元件，放在"女孩得意"元件女孩的两个拳头之间。

⑦ 添加对白等文本，整体效果如图 7-78 所示。

（4）制作前奏结束动画

导入"文字背景"素材到舞台，调整大小和位置，并输入文本，如图 7-79 所示。

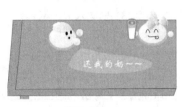

图 7-77　　　　　　　　　　　图 7-78　　　　　　　　　　　图 7-79

2. 按照分镜头制作动画

（1）第一分镜头情节

男孩和女孩相约到河边，男孩先到河边，边等候边看风景，女孩来了慢慢地走到男孩身后，却害羞地垂下脸，不知怎么开口叫他。

设计步骤如下。

① 新建元件文件夹，命名为"第一分镜"，按 Ctrl+F8 组合键新建影片剪辑元件"1"，在元件"1"的"图层 1"中导入"河边背景"图片。

② 在"库"面板中复制"男孩"元件，命名为"男孩背影"，删除男孩的眼睛和嘴巴，并将"男孩背影"元件放置在"图层 2"中。

③ 在"图层 2"的最后一帧插入"男孩"元件，制作迅速转身效果。

④ 复制"女孩"元件，命名为"女孩背影"，将女孩的眼睛和嘴巴删除。新建"图层 3"，在"图层 3"的第 15 帧插入关键帧，将"女孩背影"元件从"库"面板中拖至"舞台"。

⑤ 在"图层 3"的第 55 帧插入关键帧，将"女孩背影"元件放在男孩身后，并在第 15～55 帧创建传统补间动画，制作女孩慢慢走近男孩的效果。

⑥ 在"图层 3"的第 56 帧按 F7 键插入空白关键帧，新建"女孩害羞"元件，修改女孩的眼睛和嘴巴，并为女孩添加脸红效果。将"女孩害羞"元件拖至"舞台"。

⑦ 分别在"图层 3"的第 70 帧和第 115 帧插入关键帧，将第 115 帧的"女孩害羞"元件拖至"舞台"下方，在第 70～115 帧创建传统补间动画，制作女孩慢慢走开的效果，如图 7-80 所示。

图 7-80

（2）第二分镜头情节

男孩转身去追女孩，正在找不到女孩时，女孩突然蹦出来亲了男孩一口，男孩受惊转身就跑，女孩在后面追。

① 新建元件文件夹，命名为"第二分镜"，按 Ctrl+F8 组合键新建影片剪辑元件"2"，在元件"2"的"图层 1"中导入"河边背景"图片。

② 新建图层将"男孩"元件拖至"舞台"，将图层命名为"男孩"，延续上一分镜的内容，在"男孩"图层的第 10 帧插入关键帧，将"男孩"元件拖至"舞台"下方，在第 1～10 帧创建传统补间动画，制作男孩离开河边的效果。

③ 导入"草地背景"图片，在"背景"图层的第 11 帧将其放置在"舞台"上。在"男孩"图层的第 11 帧导入"男孩"元件，将"男孩"元件拖至"舞台"外，在第 17 帧按 F6 键插入关键帧，在第 11～17 帧创建传统补间动画，使男孩进入"舞台"。

④ 在"男孩"图层上面新建一个图层，命名为"对白"，在该图层的第 17 帧按 F6 键，绘制圆形并输入对白文本"跑哪去了？"，在第 30 帧按 F7 键插入空白关键帧结束对白。

⑤ 在"背景"图层上新建"女孩"图层，在"女孩"图层的第 30 帧插入关键帧，复制"女孩"元件，命名为"女孩亲亲"，将身体改为侧面，调整眼睛和拳头的位置。在第 31 帧插入关键帧，将"女孩亲亲"元件拖到男孩身边。

⑥ 新建图层，在第 32 帧插入"心"元件，放在男孩的脸上，制作女孩突然蹦出来亲男孩一口的效果。

⑦ 新建"烟幕元件"影片剪辑元件，先用若干圆塑造出形状，包括边界上零散的圆，在一些相互交叠的地方画出近似的暗部，将边缘填充浅色，删除轮廓线即可。

⑧ 在"男孩"图层的第 40 帧按 F6 键插入关键帧，将"男孩背影"元件拖至舞台，同样在"女孩"图层的第 40 帧按 F6 键插入关键帧，将"女孩背影"元件拖至舞台，调整它们的大小及先后顺序，并分别在上面添加图层，拖动相应的"烟幕元件"，制作烟幕在男孩和女孩身后的效果。

⑨ 分别在"男孩"图层、"女孩"图层和两个烟幕图层的第 75 帧插入关键帧，缩小"男孩"元件、"女孩"元件和两个烟幕元件的大小，并将它们拖到合适的位置。在 4 个图层的第 40～75 帧创建传统补间动画，产生男孩、女孩越跑越远的效果。

⑩ 在最上面的图层上新建图层，绘制几朵白云，并填充。第二分镜静帧效果如图 7-81 所示。

（3）第三分镜情节

男孩和女孩追逐着跑过草地，来到河边停了下来，隔壁邻居在旁观看。

① 新建元件文件夹，命名为"第三分镜"，按 Ctrl+F8 组合键新建影片剪辑元件"3"，在"图层 1"插入背景图片，并将"图层 1"改名为"背景"。

② 新建图层，命名为"烟幕"，复制 3 个烟幕，从前到后依次缩小元件，摆放在女孩身后。

③ 复制"女孩"元件，命名为"女孩恶魔"，修改眼睛、嘴巴，并在头上加上恶魔的小角。

④ 新建图层，将"女孩恶魔"放置在"图层 4"上，并将"图层 4"重命名为"女孩"。

⑤ 将刚才的 3 个烟幕全部选中，复制并粘贴到新建的"图层 5"中，进行适当放大。

⑥ 新建"图层 6"，导入"男孩生气"元件，调整大小并放置在合适位置，然后将"图层 6"重命名为"男孩"。

⑦ 分别在"男孩"图层、"女孩"图层和两个烟幕图层的第 15 帧插入关键帧，在 4 个图层的第 1～15 帧创建传统补间动画，产生男孩、女孩越跑越近的效果。

⑧ 在"背景"图层的第 16 帧插入关键帧，导入"河边背景"图片。

⑨ 在"男孩"图层的第 16 帧插入关键帧，导入"男孩背影"元件。

⑩ 在"女孩"图层的第 16 帧插入空白关键帧，隔断对前面关键帧的复制。在第 25 帧插入关键帧，导入"女孩背影"元件。

⑪ 在"男孩"图层的第 30 帧插入关键帧，在第 16～30 帧创建传统补间动画，制作男孩越走越靠近河边的效果。

⑫ 在"女孩"图层的第 30 帧插入关键帧，在第 25～30 帧创建传统补间动画，制作女孩跟着男孩越走越靠近河边的效果。

⑬ 分别在"男孩"图层和"女孩"图层的第 31 帧插入关键帧，分别导入"男孩"元件和"女孩"元件，制作男孩和女孩走到河边转身的效果。

⑭ 分别在"男孩""女孩"和"背景"图层的第 45 帧按 F5 键插入普通帧。第三分镜完成，静帧效果如图 7-82 所示。

图 7-81

图 7-82

（4）第四分镜情节

互相深情款款地对视，爱意在男孩和女孩之间传送。

① 新建元件文件夹，命名为"第四分镜"，按 Ctrl+F8 组合键新建影片剪辑元件"4"，插入"河边背景"图片，在第 60 帧按 F5 键插入普通帧。

② 新建图层，命名为"女孩"，在"库"面板中直接复制"女孩"元件，命名为"女孩河边"，修改女孩的眼睛、嘴巴、拳头，制作女孩侧面效果。将"女孩河边"元件拖至该图层，放置在河边的石头上。

③ 新建图层，命名为"男孩"，导入"库"面板中的"男孩追"元件，放置在河边。

④ 新建图层，导入"心"元件，并为之添加运动引导层，在引导层上绘制男孩到女孩之间的一条抛物线。在被引导层插入关键帧，使"心"元件沿抛物线来回运动。第四分镜情节至此结束，静帧效果如图 7-83 所示。

图 7-83

（5）第五分镜情节

男孩和女孩由对视到牵手。

① 在"库"面板中新建元件文件夹，命名为"第五分镜"，按 Ctrl+F8 组合键新建影片剪辑元件"5"，插入"河边背景"图片，在第 60 帧按 F5 键插入普通帧。

② 新建"男孩"图层，导入"男孩追"元件，放在河边位置。

③ 新建"女孩"图层，导入"女孩河边"元件，仍放置在河边的石头上，添加运动引导层，绘制女孩从石头上跳到男孩身边的路径。在"女孩"图层的第 25 帧插入关键帧，将女孩移到男孩身边，在第 1~25 帧创建传统补间动画。

④ 分别在"男孩"图层和"女孩"图层的第 30 帧插入关键帧，分别放入"男孩"元件和"女孩"元件，使男孩和女孩手牵手。

⑤ 分别在"男孩"图层和"女孩"图层的第 60 帧插入关键帧，将"男孩"元件和"女孩"元件拖至"舞台"下方，制作男孩和女孩牵着手离开河边的效果。第五分镜结束，静帧效果如图 7-84 所示。

（6）第六分镜情节

天色渐渐变暗，男孩和女孩手牵手回家。

① 新建元件文件夹，命名为"第六分镜"，按 Ctrl+F8 组合键新建影片剪辑元件"6"，导入"河边背景"图片，并将"图层 1"改名为"背景"，在第 50 帧按 F5 键插入普通帧，在第 51 帧按 F7 键插入空白关键帧，将"草地背景"图片拖至"舞台"，并延续至第 120 帧。

② 制作"天色"元件。按 Ctrl+F8 组合键新建"天色"图形元件，在该元件中绘制一个黄色到红色再到黑色的矩形。

③ 新建图层，改名为"天色"，导入"天色"元件，在第 1 帧、第 25 帧、第 50 帧和第 120 帧
插入关键帧，将元件的透明度分别调整为 0、35%、60%、75%，在每两个关键帧之间创建传统补间
动画，制作天色渐渐变暗的效果。

④ 在"背景"图层上面新建两个图层，分别命名为"女孩"和"男孩"，在两个图层的第 50 帧
分别插入"女孩背影"元件和"男孩背影"元件，使两人手牵手。

⑤ 为两个图层添加一个运动引导层，将两个图层的属性都设为被引导。在引导层中，沿着图片
背景中的小路绘制路径。

⑥ 分别在"男孩"图层和"女孩"图层的第 120 帧插入关键帧，缩小"男孩背影"元件和"女
孩背影"元件，并在这两个图层的第 50～120 帧创建传统补间动画，绘制渐渐走远的效果。第六分镜
结束，静帧效果如图 7-85 所示。

图 7-84   图 7-85

（7）第七分镜情节

男孩和女孩随着云彩反复上下飘动。

① 新建元件文件夹，命名为"第七分镜"，按 Ctrl+F8 组合键新建影片剪辑元件"7"，导入"草
地"背景，在第 125 帧插入普通帧。

② 添加图层并命名为"云彩"，绘制几朵白云，使用逐帧动画，每隔 5 帧插入一个关键帧，向上
或向下移动云彩的位置，到第 35 帧结束，制作云彩上下飘动的效果。

③ 新建"男孩"图层，导入"男孩"元件，同云彩一样，使用逐帧动画让男孩随着云彩一起上
下飘动。

④ 新建"女孩"图层，导入"女孩"元件，同样使用逐帧动画，让女孩和男孩手牵手随着云彩
一起上下飘动。

⑤ 在"云彩"图层的第 36 帧插入空白关键帧，将中间的云彩融合成一朵大云彩。

⑥ 直接复制"男孩"元件，命名为"男孩侧面"，修改男孩眼睛和嘴巴的位置，制作出侧面效
果。同样，直接复制"女孩"元件，命名为"女孩侧面"，修改女孩眼睛和嘴巴的位置，制作出侧
面效果。

⑦ 按 Ctrl+F8 组合键新建名为"转圈"的影片剪辑元件，在"转圈"元件中绘制一个圆圈，新
建"男孩"图层和"女孩"图层，使用逐帧动画摆放男孩和女孩的相对位置。在"男孩"图层依次将
"男孩追""男孩背影""男孩侧面""男孩"等元件拖至"舞台"上。相对地，在"女孩"图层依次将
"女孩河边""女孩侧面""女孩""女孩背影"等元件拖至"舞台"上，制作男孩和女孩相对转圈的效
果，如图 7-86 所示。

⑧ 在"云彩"图层的第 80 帧插入关键帧，向上或向下移动云彩的位置。

⑨ 在"男孩"图层的第 35 帧、第 80 帧放入"转圈"元件，对应云彩改变"转圈"元件的位置。
第七分镜完成，静帧效果如图 7-87 所示。

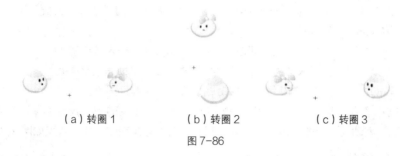

（a）转圈 1　　　　　　（b）转圈 2　　　　　　（c）转圈 3

图 7-86

（8）第八分镜情节

男孩骑着单车载着女孩向前驶去，去看棒球比赛。

① 新建元件文件夹，命名为"第八分镜"，按 Ctrl+F8 组合键新建影片剪辑元件"8"，导入"单车"图片和"草地背景"图片。选择"单车"图片，按 F8 键，将图片转换为影片剪辑元件"单车 1"。

② 复制"男孩背影"元件，命名为"男孩骑车"，修改男孩拳头的位置，制作骑车效果。同样，复制"女孩背影"元件，命名为"女孩骑车"，修改女孩拳头的位置，制作女孩坐在车后座的效果。

③ 在"单车 1"元件中新建"男孩"图层，导入"男孩骑车"元件，再新建"女孩"图层，导入"女孩骑车"元件，放置好两个元件的位置。至此，"单车 1"影片剪辑元件完成。

④ 回到场景中，新建图层，将"单车 1"元件拖至"舞台"上，在第 30 帧插入关键帧，将其缩小并拖动到路的远方。添加运动引导层，沿背景图中的小路绘制路线，制作单车渐行渐远的效果。

⑤ 添加图层，在第 12 帧插入关键帧，输入文本"去看棒球哦!"，为下一个情节做铺垫。

⑥ 添加图层，添加几片白云。至此，第八分镜完成，静帧效果如图 7-88 所示。

图 7-87

图 7-88

（9）第九分镜情节

棒球比赛非常精彩，看完球赛两人拉着手边走唱歌边走。

① 新建元件文件夹，命名为"第九分镜"，按 Ctrl+F8 组合键新建影片剪辑元件"9"，导入"打棒球背景"图片，并将其转换为元件，在第 30 帧和第 90 帧插入关键帧，调整图片元件的大小和位置，创建传统补间动画，制作图片由近及远的效果。

② 新建"男孩"图层，导入"男孩"元件，上下移动男孩的位置，使用逐帧动画制作男孩蹦蹦跳跳的效果。

③ 新建"女孩"图层，导入"女孩"元件，使女孩和男孩一起蹦蹦跳跳。

④ 导入"音符"图片，并将图片转换为元件。新建"音符"图层，将"音符"元件导入并放置在合适的位置，在第 30 帧、第 65 帧和第 90 帧插入关键帧并创建传统补间动画，使音符跟随图片一起晃动，将第 90 帧的"音符"元件的透明度设为 20%。至此，第九分镜完成，静帧效果如图 7-89 所示。

（10）第十分镜情节

两人手牵着手转圈。

① 新建元件文件夹，命名为"第十分镜"，按 Ctrl+F8 组合键新建影片剪辑元件"10"，导入背景图片，在第 120 帧插入普通帧。

② 添加"女孩"图层，导入"女孩河边"元件，在第 70 帧插入普通帧。

③ 添加"男孩"图层，导入"男孩追"元件，同样在第 70 帧插入普通帧。

④ 添加"转圈"图层，在第 70 帧插入关键帧，导入"转圈"元件。

⑤ 新建"心"图层，导入"心"元件，每隔 10 帧插入一个关键帧。调整"心"元件的大小和位置，并创建传统补间动画，形成心跳动的效果。至此，第十分镜完成，静帧效果如图 7-90 所示。

图 7-89

图 7-90

（11）第十一分镜情节

女孩走累了，让男孩背着她，女孩伏在男孩肩上貌似睡着了，男孩小声说了句"我爱你"，没想到女孩却听到了，男孩的脸红了。

① 新建元件文件夹，命名为"第十一分镜"，按 Ctrl+F8 组合键新建影片剪辑元件"11"，导入"山"图片，将图片转换为元件，在第 170 帧插入关键帧，使图片元件从下向上运动，制作移景效果。

② 新建"女孩"图层，导入"女孩"元件，再新建"男孩"图层，导入"男孩"元件。

③ 分别在"女孩"和"男孩"图层的第 55 帧按 F7 键，插入空白关键帧。直接复制"库"面板中的"女孩"元件，命名为"女孩睡"，修改女孩眼睛和拳头的位置，将"女孩睡"元件导入"女孩"图层的第 55 帧。同样，将"男孩"元件导入"男孩"图层的第 55 帧，摆放成男孩背着女孩的效果。

④ 复制"库"面板中的"男孩"元件，命名为"男孩害羞"，修改男孩的眼睛和嘴巴，并添加害羞的腮红。在"男孩"图层的第 135 帧插入空白关键帧，将"男孩害羞"元件导入。

⑤ 新建"对白"图层，在第 42 帧插入关键帧，绘制对白图形，对白指向女孩，并输入文本"累了，背背~"，在第 55 帧按 F7 键插入空白关键帧，结束对白。

⑥ 在"对白"图层的第 88 帧插入关键帧，绘制对白图形，并输入文本"我爱你……"，对白指向男孩，将文本颜色调成红色，在第 98 帧按 F7 键插入空白关键帧，结束对白。

⑦ 在第 118 帧插入关键帧，绘制对白图形，并输入文本"好哦，不准嫌我重（⊙o⊙）哦"，对白指向女孩。

⑧ 在第 133 帧插入关键帧，绘制对白图形，并输入文本"她听到了？"，对白指向男孩。至此，第十一分镜完成，静帧效果如图 7-91 所示。

（12）第十二分镜情节

11 个分镜快速变换，最后回到标题。

① 新建元件文件夹，命名为"第十二分镜"，按 Ctrl+F8 组合键新建影片剪辑元件"12"，将前面 11 个分镜的抓图导入文件夹，采用逐帧动画方式，每隔 5 帧放置一张分镜图片，再重复一遍至第 110 帧结束。

② 新建元件，命名为"简单爱"，将"标题"元件中的文字部逐帧复制过来，粘贴在元件中。

③ 新建"对视"元件，将"心"元件拖至"舞台"，每隔 10 帧插入一个关键帧，调整"心"元件的大小，并创建传统补间动画，制作心大小变化的效果。添加"男孩"和"女孩"图层，分别将"男孩追"元件和"女孩河边"元件导入。

④ 回到"12"影片剪辑中，在第 111 帧导入"简单爱"元件，新建"图层 2"，在"图层 2"的第 111 帧放入"对视"元件。

⑤ 在"图层 2"的第 80 帧放入前奏中的"标题"元件，在第 240 帧插入普通帧。至此，第十二分镜结束，效果如图 7-92 所示。

图 7-91

图 7-92

3. 最终合成

（1）回到场景 1 中，新建"动画"图层，将"标题"元件导入。

（2）在"动画"图层第 60 帧，按 F7 键插入空白关键帧，导入"开场白"元件。

（3）在"动画"图层第 100 帧，按 F7 键插入空白关键帧，导入"抢奶瓶 1"元件。

（4）在"动画"图层第 138 帧，按 F7 键插入空白关键帧，导入"抢奶瓶 2"元件。

（5）在"动画"图层第 170 帧，按 F7 键插入空白关键帧，导入"抢漫画书"元件。

（6）在"动画"图层第 208 帧，按 F7 键插入空白关键帧，导入"前奏结束语"元件。

（7）在"动画"图层第 245 帧，按 F7 键插入空白关键帧，导入"1"元件。

（8）在"动画"图层第 364 帧，按 F7 键插入空白关键帧，导入"2"元件。

（9）在"动画"图层第 439 帧，按 F7 键插入空白关键帧，导入"3"元件。

（10）在"动画"图层第 483 帧，按 F7 键插入空白关键帧，导入"4"元件。

（11）在"动画"图层第 545 帧，按 F7 键插入空白关键帧，导入"5"元件。

（12）在"动画"图层第 603 帧，按 F7 键插入空白关键帧，导入"6"元件。

（13）在"动画"图层第 720 帧，按 F7 键插入空白关键帧，导入"7"元件。

（14）在"动画"图层第 840 帧，按 F7 键插入空白关键帧，导入"8"元件。

（15）在"动画"图层第 871 帧，按 F7 键插入空白关键帧，导入"9"元件。

（16）在"动画"图层第 960 帧，按 F7 键插入空白关键帧，导入"10"元件。

（17）在"动画"图层第 1078 帧，按 F7 键插入空白关键帧，导入"11"元件。

（18）在"动画"图层第 1230 帧，按 F7 键插入空白关键帧，导入"12"元件。

（19）至此，"简单爱"动画完成，测试影片并调试。

7.5 评价考核

项目七　任务评价考核表

能力类型	考 核 内 容		评　　价		
	学 习 目 标	评 价 项 目	3	2	1
职业能力	掌握使用 Animate 绘制图形、编辑图形的方法和技能； 掌握动画片分镜头设计方法； 会使用"代码片段"面板和模板	能够熟练使用 Animate 绘图			
		能够灵活运用场景和元件			
		能够使用"代码片段"面板			
		能够使用模板			
		能够使用 Animate 设计制作动画片			
通用能力	造型能力				
	审美能力				
	组织能力				
	解决问题能力				
	自主学习能力				
	创新能力				
综合评价					

7.6 课外拓展——制作"亲吻猪"动画

制作"亲吻猪"
动画

7.6.1 参考制作效果

本例的静帧效果如图 7-93 所示。

图 7-93

7.6.2 知识要点

（1）使用传统补间动画制作小猪的位置变化。

（2）使用形状补间动画制作中心的变化。

7.6.3　参考制作过程

（1）新建一个文档，按 Ctrl+F8 组合新建一个元件，命名为"pig"。选择"椭圆"工具，设置笔触为黑色，无填充，绘制图 7-94 所示的椭圆。

（2）使用"矩形"工具在椭圆下部绘制图 7-95 所示的矩形。

（3）使用"选择"工具选中多余的线条，按 Delete 键删除，绘制成小猪的身体，如图 7-96 所示。

（4）新建一个图层，再画一个小矩形作为小猪的鼻子，如图 7-97 所示。

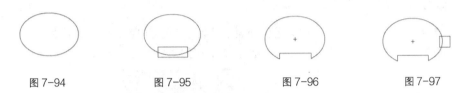

| 图 7-94 | 图 7-95 | 图 7-96 | 图 7-97 |

（5）用"选择"工具选中鼻子上多余的线条，按 Delete 键删除，再把 3 条直线都调节成圆滑的弧线，在直线上拖动鼠标即可调节，如图 7-98 所示。

（6）用"直线"工具在小猪鼻子上画两条竖线，然后也调节成弧形，如图 7-99 所示。

（7）用"直线"工具画出嘴巴的线条，并调整成向下弯曲以形成微笑的表情，如图 7-100 所示。

（8）绘制眼睛，一大一小两个椭圆，大椭圆填充白色，轮廓为黑色；小椭圆填充黑色，放在大椭圆上面，如图 7-101 所示。

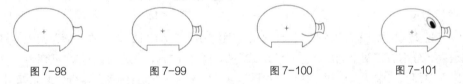

| 图 7-98 | 图 7-99 | 图 7-100 | 图 7-101 |

（9）新建一个图层，用"直线"工具画一个小三角形作为耳朵，如图 7-102 所示。

（10）用"选择"工具将三角形调节成图 7-103 所示的形状。

（11）用"选择"工具选中整个耳朵，按 Ctrl+D 组合键复制一个，用"任意变形"工具将耳朵旋转到图 7-104 所示的角度。

（12）用"铅笔"工具画出小猪的尾巴，完成线稿的绘制，如图 7-105 所示。

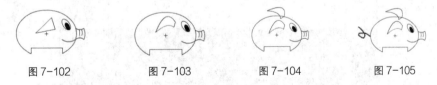

| 图 7-102 | 图 7-103 | 图 7-104 | 图 7-105 |

（13）选择"颜料桶"工具，在"颜色"面板中设置由粉红色（#FF66CC）到白色的放射状渐变，如图 7-106 所示。在小猪的身体上单击，再用"填充变形"工具调整渐变效果，如图 7-107 所示。

（14）用"颜料桶"工具给鼻子填充颜色，调节成图 7-108 所示的效果。

（15）给耳朵填充颜色，调节比例如图 7-109 所示。将耳朵与身体相连的线条删除，完成小猪的制作，效果如图 7-110 所示。

（16）按 Ctrl+F8 组合键新建一个元件，命名为"heart"。用"椭圆"工具绘制一个椭圆，并复制，层叠摆放出心的凹处形状，使用"部分选取"工具将下方中心的节点向下拉，删除多余节点，调整出心形的轮廓，效果如图 7-111 所示。

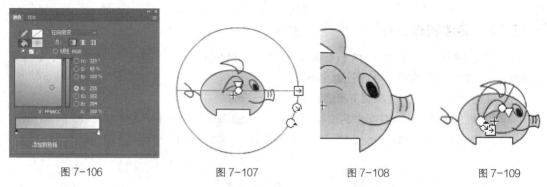

图 7-106　　　　　　　图 7-107　　　　　　　图 7-108　　　　　　　图 7-109

（17）选择"颜料桶"工具，在"颜色"面板中设置由红色到白色的放射状渐变，如图 7-112 所示。用"填充变形"工具调整渐变，完成心的绘制，效果如图 7-113 所示。

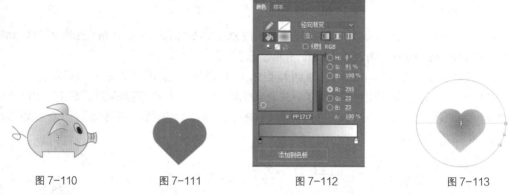

图 7-110　　　　　　图 7-111　　　　　　　图 7-112　　　　　　　图 7-113

（18）回到场景中，建立两个图层，分别命名为"pig1"和"pig2"。在"库"面板中将画好的小猪拖进来，分别放在两个图层上。对"pig2"执行"修改"＞"变形"＞"水平翻转"命令，使两只小猪面对面。选中两只小猪，执行"修改"＞"对齐"＞"垂直中齐"命令，效果如图 7-114 所示。

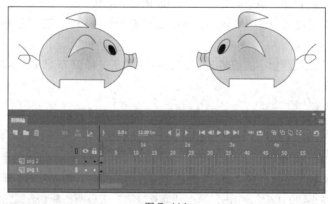

图 7-114

（19）选中两个图层的第 10 帧，按 F6 键插入关键帧，在此帧上将两只小猪分别向中间水平移动至鼻对鼻。调整好位置后，分别添加传统补间动画。按 Ctrl+Enter 组合键可随时播放效果，小猪开始"亲嘴"了，如图 7-115 所示。

（20）选中两个图层上的第 10 帧，用鼠标右键单击，在弹出的快捷菜单中选择"复制帧"命令，在第 16 帧用鼠标右键单击，在弹出的快捷菜单中选择"粘贴帧"命令。分别添加传统补间动画，如图 7-116 所示。

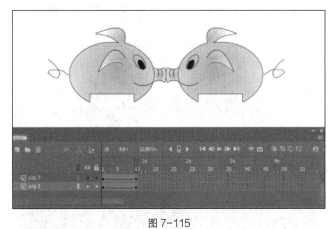

图 7-115

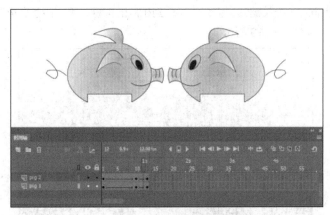

图 7-116

（21）在两个图层的第 13 帧按 F6 键插入一个关键帧，在此帧上将两只小猪分开一些（按左右方向键分别后退一点点即可），如图 7-117 所示。

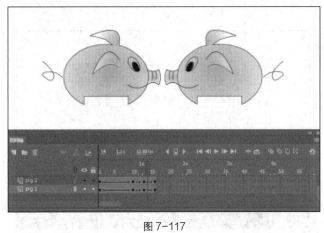

图 7-117

（22）新建一个图层，命名为"heart1"。选中第 10 帧，按 F6 键插入关键帧，在"库"面板中将画好的"heart"元件拖进来，放在小猪鼻子中间，用"任意变形"工具缩小，按 Ctrl+B 组合键打散，如图 7-118 所示。

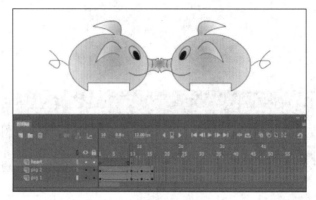

图 7-118

（23）在第 21 帧插入一个关键帧，将红心移动到相应的位置，用"任意变形"工具调大一些，然后添加形状补间动画，如图 7-119 所示。

图 7-119

（24）新建一个图层，命名为"heart2"。选中第 16 帧，按 F6 键插入关键帧，在"库"面板中再次将"heart"元件拖进来，放在小猪鼻子中间，用"任意变形"工具缩小，按 Ctrl+B 组合键打散，如图 7-120 所示。

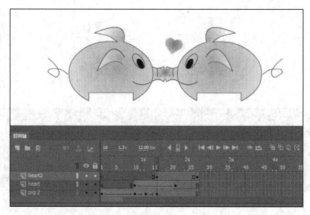

图 7-120

（25）在第 27 帧插入一个关键帧，移动红心，用"任意变形"工具调大一些，如图 7-121 所示，然后添加形状补间动画。在"pig1""pig2"和"heart1"图层的第 27 帧分别按 F5 键插入帧，最终效果如图 7-122 所示。

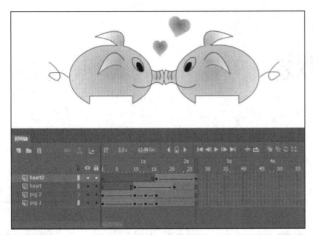

图 7-121

图 7-122

08

项目八
制作游戏

项目简介

使用 Animate 制作的游戏以其小巧灵活、老少皆宜的特性，获得了很多人的青睐。

本项目主要介绍 Animate CC 2019 "动作"面板的组成及使用、ActionScript 3.0 基础、事件和事件处理函数、时间轴控制函数和程序的 3 种基本结构。通过几个应用范例，讲解 Animate CC 2019 在游戏制作中的应用。通过本项目的学习，读者可以掌握"动作"面板、MouseEvent.事件和时间轴的使用方法和技能，掌握用 Animate 进行游戏制作的方法和技巧。

学习目标

✔ 了解 ActionScript 3.0 基础知识；
✔ 掌握"石头剪刀布"游戏的制作方法；
✔ 掌握拼图游戏的制作方法；
✔ 掌握填色游戏的制作方法。

8.1.1　ActionScript 3.0 概述

1. "动作"面板概述

"动作"面板是 Animate 程序编辑环境。使用该面板可以开发与编辑用于 Flash Player 或 AIR 的 ActionScript 脚本程序，也可开发和编辑用于 HTML5 Canvas 文档的 JavaScript 程序，这里主要介绍 ActionScript 脚本语言。在 Animate 中，ActionScript 3.0 有两种编写方法，一种是在时间轴的帧上编写，另一种是在 AS 文件中编写。

启动 Animate CC 2019，执行"窗口">"动作"命令或按 F9 键打开"动作"面板，如图 8-1 所示。

"动作"面板由以下几部分组成。

◎ 脚本窗口：提供了必要的代码编辑工具，用来编辑脚本。

该窗口是编写代码的主要平台。可以在其中输入要执行的命令代码，并可以编辑和调试代码，其使用方式与在文本编辑应用程序中的方式相同。

◎ 脚本选项："动作"面板右上角有各种查找、替换和插入代码的选项，还有一个"使用向导添加"的按钮，是一个简单易用的代码自动生成向导，可用于 HTML5 画布文件类型。

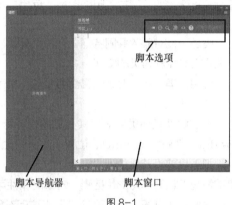

脚本导航器　　　　脚本窗口

图 8-1

◎ 脚本导航器：用于查找代码所处的位置，Animate 将代码存放在时间轴的关键帧上，可在多个时间轴和关键帧上直接切换导航。

使用脚本导航器可以在 Animate 文档的各个脚本之间快速切换。

2. 编程要素

（1）数据类型

简单数据类型：Boolean（布尔）、int（有符号整型）、Number（浮点）、String（字符串）、uint（无符号整型）。

复杂数据类型：Array（数组）、Date（日期）、Error（异常）、Function（函数）、RegExp（正则表达）。

（2）运算符和表达式

运算符是用于对表达式中各个运算量进行各种运算的符号。通过运算符可以对一个或多个值计算新值。Animate 提供的运算符主要有以下几种。

◎ 后缀：x++、x−−。

◎ 一元：++x、−−x、+、−、~、、!、delete、typeof、void。

◎ 乘除法：*、/、%。

◎ 加减法：+、−。

◎ 按位移位：<<、>>、>>>。

◎ 关系：<、>、<=、>=、as in instanceof、is。

◎ 等于：==、!=、===、!==。

◎ 按位"与"：&。

◎ 按位"异或"：^。

◎ 按位"或"：|。

◎ 逻辑"与"：&&。

◎ 逻辑"或"：||。

◎ 条件：?:。

◎ 赋值：=、*=、/=、%=、+=、−=、<<=、>>=、>>>=、&=、^=、|=。

◎ 逗号：。

表达式是由常量、变量、函数及运算符按照运算法则组成的计算式。

（3）对象

客观世界中的任何一个事物都可以看成是一个对象。在 Animate 中，每一个可以访问的目标都是一个对象，如"舞台"中的图形、按钮、影片剪辑等。

（4）类

类是一批对象的共同特征（称为"属性"）和共同行为（称为"方法"）的描述。类是对象的抽象。一般也把对象称为类的实例。

说明：类中不同对象的属性名相同，属性值各异。

（5）属性

类的属性是指类中对象共有的特性和特征。例如，影片剪辑（MovieClip）类的属性有：宽度（width）、高度（height）、位置（x, y）、透明度（alpha）、旋转度（rotation）等。

把影片剪辑元件放到"舞台"中，形成一个具体的对象，称为影片剪辑元件的实例，在不产生混淆的情况下也简称为影片剪辑。对象的属性可以在"属性"面板上设置，也可以用代码设置。

注意：可以通过点运算符"."来访问对象的属性。格式为：对象.属性

（6）方法

类的方法是指可以由类中所有对象执行的操作。一般由系统内已经定义好的一段有特定功能的代码来实现，可以在需要时直接调用这样的方法。例如，play()就是影片剪辑的方法。

注意：可以通过点运算符"."来访问对象的方法。格式为：对象.方法（参数列表）

（7）变量

变量是指程序运行中可以改变的量。变量由两部分构成：变量名和变量的值。

① 变量名的命名规则：变量的名称必须以英文字母开头，中间不能有空格，不能使用除了"_"（下画线）的符号，不能使用与命令（关键字）相同的名称。

变量的相关语法如下。

◎ 声明变量：var i;

◎ 将变量与一个数据类型相关联：var i:int;

◎ 为变量赋值：var i:int;　i = 20;

◎ 在声明变量的同时为变量赋值：var i:int = 20

② 变量的作用域是指能够识别和引用该变量的区域。ActionScript 3.0 始终为变量分配声明它们的函数或类的作用域。全局变量是在任何函数或类定义的外部定义的变量。在函数内部声明的局部变量仅存在于该函数中。

（8）函数

函数是用来对常量、变量等进行某种运算的程序代码。这些代码在程序中可重复使用。在编程时可以将需要处理的值或对象通过参数的形式传递给函数，该函数将对这些值执行运算后返回结果。

定义函数的一般形式如下。

```
function 函数名称(参数1,参数2,……,参数n) {
// 函数的程序代码
}
```

3. ActionScript 的语法规则

编写 ActionScript 脚本时应遵循以下语法规则。

◎ 用半角分号（;）作为一个语句的结束标志。

◎ 用圆括号()来放置函数中的相关参数，在定义函数时要将所有参数都放在圆括号中。

◎ 用大括号{}将语句组合在一起，形成逻辑上的一个程序块。注意括号使用时要匹配。

◎ 用点标记（.）指出一个对象的属性、特性或方法，或用于指示一个对象的目标路径。

◎ 注释：单行注释，在一行中的任意位置放置两个斜杠来指定单行注释。程序将忽略斜杠后直到该行末尾的所有内容。多行注释，多行注释包括一个开始注释标记（/*）、注释内容和一个结束注释标记（*/）。无论注释跨多少行，程序都将忽略开始标记与结束标记之间的所有内容。

◎ 关键字：是 ActionScript 中有特殊用途的保留字。不能使用关键字作为函数名、变量名和标识符。

◎ 区分大小写。

8.1.2 ActionScript 3.0 的事件处理

ActionScript 3.0 使用单一事件模式来管理事件，所有的事件都位于 Animate.events 包内，其中构建了 20 多个 Event 类的子类，用来管理相关的事件类型。下面介绍常用的鼠标事件（MouseEvent）类型、键盘事件（KeyboardEvent）类型和帧循环（ENTER_FRAME）事件。

1. 常见事件类型

（1）鼠标事件

在 ActionScript 3.0 之前的语言版本中，常常使用 on(press)或者 onClipEvent(mousedown)等方法来处理鼠标事件。而在 ActionScript 3.0 中，统一使用 MouseEvent 类来管理鼠标事件。在使用过程中，无论是按钮，还是影片事件，统一使用 addEventListener 注册鼠标事件。此外，若在类中定义鼠标事件，则需要先引入（import）Animate.events.MouseEvent 类。

MouseEvent 类定义了 10 种常见的鼠标事件，具体如下。

◎ CLICK：定义鼠标单击事件。

◎ DOUBLE_CLICK：定义鼠标双击事件。

◎ MOUSE_DOWN：定义鼠标按键按下事件。

◎ MOUSE_MOVE：定义鼠标指针移动事件。

◎ MOUSE_OUT：定义鼠标指针移出事件。

◎ MOUSE_OVER：定义鼠标指针移过事件。

◎ MOUSE_UP：定义鼠标按键松开事件。

◎ MOUSE_WHEEL：定义鼠标滚轮滚动触发事件。

◎ ROLL_OUT：定义鼠标指针滑入事件。

◎ ROLL_OVER：定义鼠标指针滑出事件。

（2）键盘事件

键盘操作也是 Animate 用户交互操作的重要事件。在 ActionScript 3.0 中使用 KeyboardEvent 类来处理键盘操作事件。它有两种类型的键盘事件：KeyboardEvent.KEY_DOWN 和 KeyboardEvent.KEY_UP。

◎ KeyboardEvent.KEY_DOWN：定义按下键盘按键时事件。

◎ KeyboardEvent.KEY_UP：定义松开键盘按键时事件。

注意：在使用键盘事件时，要先获得它的焦点，如果不想指定焦点，则可以直接把 stage 作为侦听的目标。

（3）帧循环事件

帧循环事件是 ActionScript 3.0 中动画编程的核心事件。该事件能够控制代码跟随 Animate 的帧频播放，在每次刷新屏幕时改变显示对象。使用该事件时，需要把事件代码写入事件侦听函数中，然后在每次刷新屏幕时，都会调用 Event. ENTER_FRAME 事件，从而实现动画效果。

2. 事件侦听器

ActionScript 3.0 中的事件侦听器也就是以前版本中的事件处理函数，是事件的处理者，负责接收事件携带的信息，并在接收到该事件之后执行事件处理函数体内的代码。

添加事件侦听的过程分为两步：第一步是创建一个事件侦听函数，第二步是使用 addEvenListener()方法在事件目标或者任何显示对象上注册侦听器函数。

（1）创建事件侦听器

事件侦听器必须是函数类型，可以是一个自定义的函数，也可以是实例的一个方法。创建侦听器的语法格式如下。

```
function 侦听器名称（evt:事件类型）:void{...}
```

语法格式说明如下。

◎ 侦听器名称：要定义的事件侦听器的名称，命名需符合变量命名规则。

◎ evt：事件侦听器参数，必需。

◎ 事件类型：event 类实例或其子类的实例。

◎ void：返回值必须为空，不可省略。

（2）管理事件侦听器

在 ActionScript 3.0 中使用 IEventDispatcher 接口的方法来管理侦听器，主要用于注册、检查和删除事件侦听器。

① 注册事件侦听器：addEventListener()函数用来注册事件侦听器。注册侦听器的语法格式如下。

```
事件发送者. addEventListener(事件类型,侦听器)
```

② 删除事件侦听器：removeEventListener()函数用来删除事件侦听器。删除侦听器的语法格式如下。

```
事件发送者.removeEventListener(事件类型,侦听器)
```

③ 检查事件侦听器：HasEventListener()方法和 willTrangger()方法，都可以用来检测当前的事件发送者注册了何种类型的事件侦听器。检查事件侦听器语法格式如下。

```
事件发送者.hasEvenListener(事件类型)
```

实例练习——用按钮控制动画的播放和停止

（1）新建一个尺寸为 400 像素×200 像素的 Animate 文件，选择"属性">"舞台"，设置背景色为黑色，并导入本节相关素材到库。

（2）制作一个"星星"图形元件，绘制星星效果或者把素材中的相关文件导入到库，如图 8-2 所示。

（3）制作一个影片剪辑元件"星星动"，制作"星星"旋转一周的动作补间动画，设置补间属性如图 8-3 所示。

（4）制作一个影片剪辑元件"沿轮廓运

图 8-2

图 8-3

动"，制作"星星动"元件沿文字轮廓运动的动作补间动画。运动引导层"图层_2"～"图层_5"上是经过处理的文字轮廓，有 5 个轮廓线；"星星 1"～"星星 5"这 5 层上各有一个"星星动"的动作补间动画，每个"星星动"沿一条轮廓线运动一周，"图层_1"上是文字，完成效果如图 8-4 所示。

（5）将影片剪辑元件"沿轮廓运动"放入"舞台"，添加实例名称为"mc"。

（6）选择"库"面板中的"button"按钮放入"舞台"，并编辑按钮实例，将原来的文字删除。在"舞台"中添加文字，添加按钮实例名称分别为"btn1"和"btn2"，效果如图 8-5 所示。

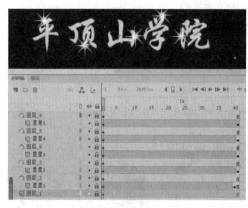

图 8-4   图 8-5

（7）分别选中"btn1"或"btn2"，按 F9 键打开"动作"面板，输入代码，如图 8-6 所示。

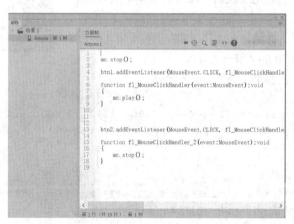

图 8-6

（8）测试影片，开始时，星星沿文字轮廓运动，单击"停止"按钮时，星星停止沿轮廓运动，当单击"开始"按钮时，星星沿文字轮廓继续运动。

8.1.3 控制影片剪辑播放的方法

ActionScript 3.0 中控制影片剪辑播放的常用方法如下。

（1）停止方法 stop()：停止正在播放的动画。此方法没有参数。

（2）播放方法 play()：当动画被停止播放之后，使用 play()方法使动画继续播放。此方法没有参数。

（3）停止播放声音方法 stopAllSounds()：在不停止播放头的情况下停止 SWF 文件中当前正在播放的所有声音。此方法没有参数。

（4）跳转播放方法 gotoAndPlay。

格式：gotoAndPlay([scene,] frame)

参数：scene（场景）为可选字符串，指定播放头要转到的场景名称；如果无此参数，则为当前场景。frame（帧）表示将播放头转到的帧编号的数字，或者表示将播放头转到指定的帧标签。

功能：将播放头转到场景中指定的帧并从该帧开始播放。如果未指定场景，则播放头转到当前场景中的指定帧，开始播放。

说明

场景名、帧标签名要用双引号括起来。

（5）跳转停止方法 gotoAndStop：与跳转播放方法类似，跳转到指定帧停止。

（6）跳转到下一帧方法 nextFrame()：将播放头转到下一帧并停止。如果当前帧为最后一帧，则播放头不移动。无参数。

（7）跳转到上一帧方法 prevFrame()：将播放头转到前一帧并停止。如果当前帧为第一帧，则播放头不移动。无参数。

（8）跳转到下一场景方法 nextScene()：将播放头移到下一场景的第 1 帧并停止。无参数。

实例练习——制作按钮换图效果

（1）新建一个尺寸为 400 像素×300 像素的 Animate 文件。

（2）将"框图""图 1"~"图 12"共 13 张图片导入"库"面板中。

（3）在"图层 1"中制作逐帧动画，每个关键帧中是一张图片（图片的位置都相同）。

（4）新建"图层 2"，在第 1 帧将"框图"拖至舞台，放在合适的位置。

（5）新建"图层 3"，在第 1 帧中从"库"面板中将 4 个按钮拖至"舞台"，放置在图 8-7 所示的位置。

图 8-7

（6）新建"图层 4"，在第 1 帧添加以下代码。

```
stop();
shou_btn.addEventListener(MouseEvent.CLICK, fl_ClickToGoToAndStopAtFrame);
function fl_ClickToGoToAndStopAtFrame(event:MouseEvent){
    gotoAndStop(1);
}

wei_btn.addEventListener(MouseEvent.CLICK, fl_ClickToGoToAndStopAtFrame_2);
function fl_ClickToGoToAndStopAtFrame_2(event:MouseEvent):void
{
    gotoAndStop(12);
}

pre_btn.addEventListener(MouseEvent.CLICK, fl_ClickToGoToPreviousFrame);
function fl_ClickToGoToPreviousFrame(event:MouseEvent):void
{
    prevFrame();
}

nxt_btn.addEventListener(MouseEvent.CLICK, fl_ClickToGoToNextFrame);
function fl_ClickToGoToNextFrame(event:MouseEvent):void
{
    nextFrame();
}
```

（7）测试影片，单击按钮可进行换图操作。

8.1.4 程序结构

程序有 3 种基本结构：顺序结构、选择结构、循环结构。

1. 顺序结构

按照语句的顺序逐句执行，只执行一次。

2. 选择结构

用 if 语句实现，可以是函数嵌套，只执行程序的某一个分支。

3. 循环结构

可实现程序块的循环，循环的次数不定。用 while、do…while、for 语句实现。

8.2 任务一——制作"石头剪刀布"游戏

制作"石头剪刀布"游戏

8.2.1 案例效果分析

本案例设计的是"石头剪刀布"游戏。作为玩家，用户可以单击"石头""剪刀""布"按钮中的任意一个，在玩家和电脑中有伸手的动作，玩家出的是玩家单击的按钮，而电脑是随机出的。会显示当前是第几局，玩家赢了几局，电脑赢了几局，平局数是几。当玩够 30 局后，游戏跳到另一个界面，显示你赢了或者你输了，可以单击"重玩"按钮重新开始游戏。运行中的某个画面如图 8-8 所示。

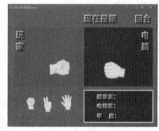

图 8-8

8.2.2 设计思路

（1）制作"石头""剪刀""布"元件及对应的按钮元件。

（2）用一个影片剪辑元件实现猜拳的 3 种动作。

（3）用动态文本实现计数，用 if 函数判断电脑实例显示石头、剪刀或布。

8.2.3 相关知识和技能点

（1）特殊字体的使用。

（2）动态文本的使用。

（3）if 函数、gotoAndStop() 语句的使用。

8.2.4 任务实施

（1）新建一个尺寸为 400 像素×300 像素的 Animate 文件（选择 ActionScript 3.0）。

（2）新建图形元件"布"，在元件的编辑窗口，选择布的图形放入到元件中，如图 8-9 所示。

（3）新建图形元件"剪刀"，选择剪刀的图形放入到元件中，如图 8-10 所示。

（4）新建图形元件"石头"，选择石头的图形放入到元件中，如图 8-11 所示。

（5）新建影片剪辑"石头剪刀布"，进入元件的编辑窗口，在第 4 帧插入空白关键帧，添加代码 "stop();"。在第 5 帧插入空白关键帧，在"属性"面板中设置帧标签"a"，如图 8-12 所示。

（6）在第 7 帧插入空白关键帧，将"石头"元件拖至"舞台"。在第 11 帧插入关键帧，将该帧中的"石头"向左移动一段距离。在此帧上添加代码"stop();"。将第 5～11 帧选中，进行"复制帧"操作，在第 20 帧和第 40 帧各执行一次"粘贴帧"操作，将第 20 帧的帧标签改为"b"，将第 40 帧的帧标签改为"c"。用鼠标右键单击第 22 帧中的"石头"，在弹出的快捷菜单中选择"交换元件"命令。在"交换元件"对话框中选择"剪刀"图形元件，单击"确定"按钮或按 Enter 键；对第 26 帧（交换为剪刀）、第 42 帧（交换为布）和第 46 帧（交换为布）中的元件进行交换元件操作。完成的时间轴如图 8-13 所示。

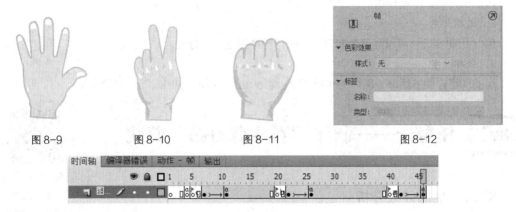

图 8-9　　　　　图 8-10　　　　　图 8-11　　　　　图 8-12

图 8-13

（7）新建按钮元件"布 1"，在"弹起"帧，将图形元件"布"拖至"舞台"，添加文字"布"；在"指针经过"帧插入关键帧，更改图形大小；在"点击"帧插入关键帧后，绘制一个矩形，矩形的大小恰好能覆盖手及文字。

（8）用类似方法制作 "剪刀 1"和"石头 1"按钮元件。

（9）返回"场景 1"，设置背景为灰色。在第 2 帧插入空白关键帧，绘制一个矩形，填充红色，复制该矩形并移到右侧，填充蓝色。将 3 个按钮拖至"舞台"；输入静态文本"玩家""电脑""现在是第　回合""玩家赢:""电脑赢:""平局:"，效果如图 8-14 所示。

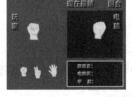

（10）在"现在是第　回合"的空处，使用"文本"工具拖出一个矩形块，在"属性"面板中选择"动态文本"，并设置实例名称为"sum_text"，如图 8-15 所示。

图 8-14　　　　　图 8-15

（11）用类似方法，在"玩家赢:"后面添加动态文本框，实例名称为"w1_text"。在"电脑赢:"后面添加动态文本框，实例名称为"d1_text"。在"平 局:"后面添加动态文本框，实例名称为"p1_text"。

（12）从"库"面板中将 "石头剪刀布" 影片剪辑拖到蓝色区域，使用"变形"工具旋转-90°，添加实例名称"mc_d"。复制该影片剪辑实例，移到红色矩形中，改变实例名称为"mc_w"，并使用"变形"工具，进行水平翻转。使用"对齐"面板使"mc_d""mc_w"处于同一水平线上。

（13）新建"图层 3"，第 2 帧插入空白关键帧，添加"剪刀"的动作代码，"动作"面板如图 8-16 所示。在"图层 3"中的第 2 帧添加的"石头"的代码如图 8-17 所示。

（14）在"图层 3"中的第 2 帧添加 "布"按钮的代码，与剪刀、石头的代码类似。

（15）在第 1 帧添加动作代码 "var w1:int=0; var p1:int =0; var d1:int =0; var sum:int =0;"，在第 2 帧添加动作代码 "stop();"，在后面 10 帧插入空白关键帧，添加帧标签 "wy"，在该帧的"舞台"中输入 "恭喜！你赢了!"，并添加一个"重玩"按钮，实例名称为 yan。在新建"图层 3"的第 10 帧上添加代码，如图 8-18 所示。

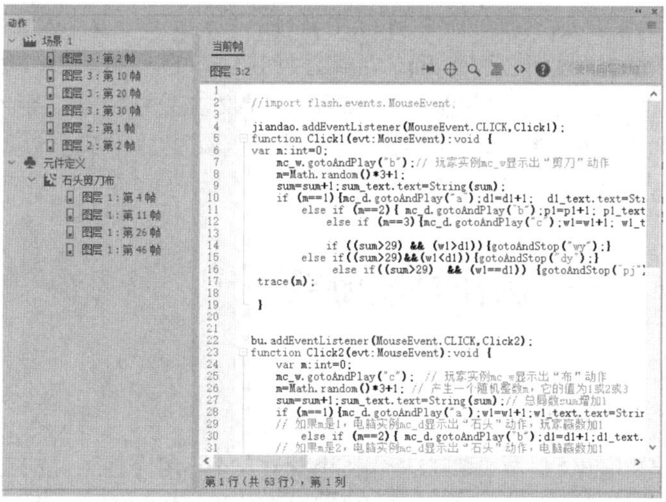

图 8-16

```
shitou.addEventListener(MouseEvent.CLICK,Click3);
function Click3(evt:MouseEvent):void {
    var m:int=0;
    mc_w.gotoAndPlay("a"); // 玩家实例 mc_w 显示出 "石头" 动作
    m=Math.random()*3+1;   // 产生一个随机整数 m，它的值为 1 或 2 或 3
    sum=sum+1;sum_text.text=String(sum);// 总局数 sum 增加 1
     if  (m==1){mc_d.gotoAndPlay("a");p1=p1+1;p1_text.text=String(p1) ; }
              // 如果 m 是 1，电脑实例 mc_d 显示出 "石头" 动作，平局数加 1
        else if  (m==2){ mc_d.gotoAndPlay("b");w1=w1+1;w1_text.text=String(w1); }
         // 如果 m 是 2，电脑实例 mc_d 显示出 "剪刀" 动作，玩家赢数加 1
           else if  (m==3){mc_d.gotoAndPlay("c"); d1=d1+1;d1_text.text=String(d1);}
           // 如果 m 是 3，电脑实例 mc_d 显示出 "布" 动作，电脑赢数加 1
     if ((sum>29) &&(w1>d1)){gotoAndStop("wy");}
    //如果总数 sum 大于 29 并且玩家赢数大于电脑赢数，跳转到 wy 帧，显示 "恭喜! 你赢了!"
         else if((sum>29)  &&(w1<d1)){gotoAndStop("dy");}
         //如果总数 sum 大于 29 并且玩家赢数小于电脑赢数，跳转到 dy 帧，显示 "很遗憾! 你输了!"
            else if((sum>29)&& (w1==d1)) {gotoAndStop("pj");}
             //如果总数 sum 大于 29 并且玩家赢数等于电脑赢数，跳转到 pj 帧，显示 "打成平手!"
} }
```

图 8-17

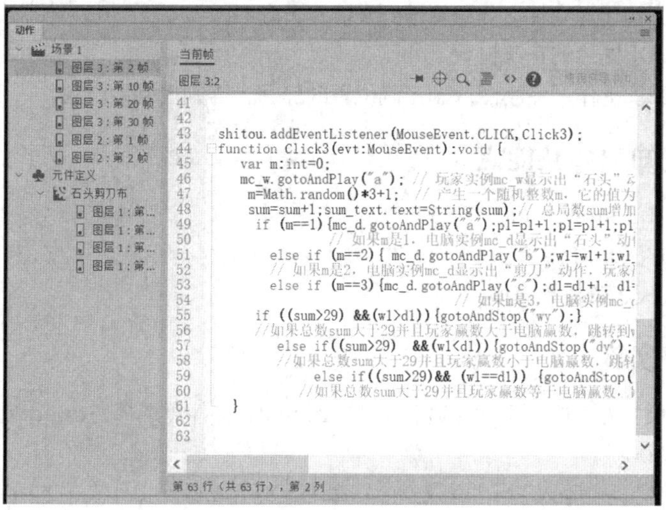

图 8-18

在后面 20 帧插入关键帧，添加帧标签"dy"，在该帧的"舞台"中将文字改成"很遗憾！你输了！"。并添加一个"重玩"按钮，实例名称为 san。在新建"图层 3"的第 20 帧添加类似代码。在后面 30 帧插入关键帧，添加帧标签"pj"，在该帧的"舞台"中将文字改成"打成平手！"。并添加一个"重玩"按钮，实例名称为 pan。在新建"图层 3"的第 30 帧上添加类似代码。

（16）测试影片，保存为"石头剪刀布.fla"。

8.3 任务二——制作拼图游戏

制作拼图游戏

8.3.1 案例效果分析

本案例设计的是拼图游戏，游戏规则是当鼠标指针在某个小图片上时，按下鼠标左键不松开进行拖曳，该小图片跟随鼠标指针移动，当移动到小图片的正确位置并松开鼠标时，该图片停留在正确位置，否则回到原来的位置。完成的效果截图如图 8-19 所示。

图 8-19

8.3.2 设计思路

（1）将小图片都转化为元件，并重新排列好。

（2）用按钮记录小图片的正确位置。

（3）为小图片添加动作，使小图片到正确位置时停留，否则返回原位置。

8.3.3 相关知识和技能点

（1）影片剪辑方法 stopDrag()。

（2）碰撞检测方法 hitTestPoint()、hitTestObject()。

（3）"对齐"面板、查找与替换

8.3.4 任务实施

（1）新建一个尺寸为 640 像素×480 像素的 Animate 文件（选择 ActionScript 3.0），"舞台"背景色设置为#003300。

（2）执行"文件">"导入">"导入到库"命令，将 images 文件夹中的所有图片导入"库"面板中。

（3）按 Ctrl+F8 组合键，新建"影片剪辑"元件，名称为"tu1"，从"库"面板中将"pdsu-1.gif"拖至"舞台"中，将它转换为影片剪辑元件。

（4）重复上一步的操作，把"pdsu-2.gif"转换为"tu2"，"pdsu-3.gif"转换为"tu3"…"pdsu-16.gif"转换为"tu16"。

（5）将"舞台"中的 16 个影片剪辑打乱次序后，使用"对齐"面板排列，如图 8-20 所示。将"图层 1"命名为"小图形"，并锁定。

图 8-20

（6）在"库"面板中，用鼠标右键单击"tu1"，选择"直接复制"命令，在弹出的"直接复制元件"对话框中输入名称为"bt"，选择类型为"按钮"，单击"确定"按钮，这时就有一个按钮元件"bt"。在"库"面板中双击"bt"按钮图标，进入按钮的编辑窗口。将"弹起"帧的内容全选后，执行"修改">"分离"命令（或按 Ctrl+B 组合键）把图像打散，使用"墨水瓶"工具给它添加黑色边框后，将填充删除，只留边框。在"点击"帧插入关键帧，并填充渐变色，效果如图 8-21 所示。

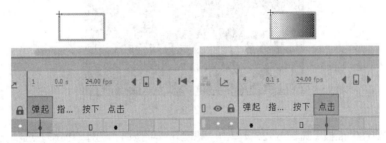

图 8-21

（7）返回"场景 1"。新建一个图层，将该图层拖到"图形"层的下面。将按钮"bt"拖至"舞台"中，选择该按钮，按 Alt 键拖动按钮"bt"横向复制 4 个，再选中这 4 个按钮纵向复制 4 排，如图 8-22 所示。对按钮按先行后列的顺序将实例命名为"bt1"…"bt16"，如图 8-23 所示。将该层命名为"按钮"并锁定。

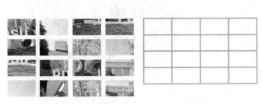

图 8-22

图 8-23

（8）新建一个图层，命名为"参考图"，将该图层拖到"按钮"层的下面。将"未标题-1.jpg"文件导入"库"面板，将之拖至"参考图"层，转换为图形元件，位置和"按钮"层的按钮相同，如

图 8-24 所示。在"属性"面板，设置其"样式"为"Alpha"，"Alpha"为 15%，如图 8-25 所示。

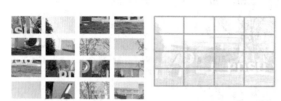

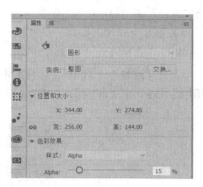

图 8-24 图 8-25

（9）新建一个图层，命名为"文字"，使用"文本"工具在图片的上方空白处输入文字"拼图游戏"，设置文字格式为微软雅黑、80、粗体，颜色为#8D030B，将库中"pds.png"拖入"舞台"，并使用"文本工具"在图片下方空白处输入"原图"，设置文字大小为 20，其他不变。为了突出显示标题，使用"线条工具"在标题下画一条直线，"颜色"设置为#999999，"笔触"大小设置为 5，效果如图 8-26 所示。

图 8-26

（10）在"属性"面板（见图 8-27）单击"滤镜"选项按钮，选择"投影"选项，将阴影颜色设为#666666，选择"发光"选项，将发光颜色设为#333333，如图 8-28 所示，锁定该层。

图 8-27

图 8-28

（11）将"小图形"层解锁，新建图层并重命名为"as"。选择第 1 帧，打开"动作"面板，输入图 8-29 所示的代码。

说明

以//开头的是注释，注释在"动作"面板中显示为灰色，可以不输入。

（12）将图 8-29 所示代码（除了 var a:int=0；）全选后复制，在"动作"面板的下面进行粘贴，然后将 tu16 全部改为 tu15，bt16 全部改为 bt15 即可。

方法：可在"动作"面板中单击"查找"按钮，在弹出的"查找和替换"对话框中输入"查找内容"为 tu16/bt16，"替换为"为 tu15/bt15，单击"全部替换"按钮，如图 8-30 所示。

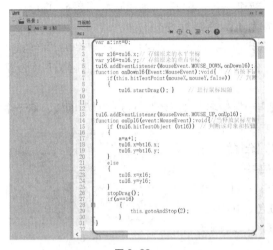

图 8-29   图 8-30

（13）用类似方法，为所有小图形影片剪辑（一直到 tu1）都添加代码。测试影片后保存为"拼图游戏.fla"。

说明

大家也可进行类似的制作，如改变文档的尺寸、图像的大小、小图片的数目、布局、背景颜色等，制作出具有自己特色的拼图游戏。

8.4 实训任务——制作填色游戏

制作填色游戏

8.4.1 实训概述

1. 动画的制作效果与设计理念

本实训制作的填色游戏，玩家能够选择颜色填充和重新填色，参考效果如图 8-31 所示。

2. 动画整体风格设计

首先选择颜色，然后在上面的小格中单击即可填色；也可以重新选色进行填充，填出各式图案；还可单击"重新填充"按钮，开始新的填充。

3. 素材收集与处理

上网搜索填色游戏，分析其实现的方法，解决技术问题。参

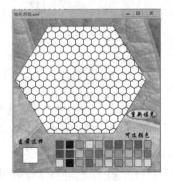

图 8-31

照实例效果，学生分组合作，进行策划，制作填色游戏。

8.4.2　实训要点

（1）使用"动作"面板，使用时间轴控制语句。

（2）颜色的搭配。

（3）制作出填色游戏，提高学习兴趣。

8.4.3　实训步骤

（1）新建一个 Animate 文件。默认舞台尺寸，新建一个"正方形"图形元件，选择"矩形"工具，设置笔触颜色为无色，填充颜色为白色，绘制宽为 40，高为 40 的正方形。

（2）新建一个"隐形按钮"按钮元件，选择"矩形"工具，设置笔触颜色为无色，打开"混色器"面板，填充颜色可任意，但是填充颜色的"Alpha"值要设置为 0。在"舞台"中绘制正方形，设置宽为 40，高为 40。

（3）新建一个"30 色"影片剪辑元件，将"图层 1"命名为"颜色"，打开"库"面板，将元件"正方形"拖到"舞台"。使用"对齐"面板使"正方形"元件处于"舞台"的中心。在第 31 帧按 F6 键插入关键帧，选择第 2 ~ 30 帧，在选择的帧上用鼠标右键单击，在弹出的快捷菜单中选择"转换为关键帧"命令。单击第 2 帧，单击"正方形"元件，在"属性"面板中设置元件的颜色，选择"色调"、红色、100%，如图 8-32 所示。重复操作，直到完成第 31 个关键帧中元件颜色的调整（每个关键帧颜色都不相同）。

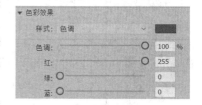

图 8-32

（4）新建图层并将其命名为"代码"，用鼠标右键单击"代码"层的第 1 帧，在弹出的快捷菜单中选择"动作"命令，打开"动作"面板，在右侧输入"stop();"，关闭"动作"面板，这时"代码"层的第 1 帧显示 α 标志，锁定"颜色"和"代码"图层。

（5）用鼠标右键单击"颜色"图层，在弹出的快捷菜单中选择"属性"命令，打开"图层属性"对话框，在"轮廓颜色"中选择红色，如图 8-33 所示，单击"确定"按钮。新建图层并将其命名为"边线"，单击"显示所有图层的轮廓"按钮，此时"舞台"显示如图 8-34 所示。使用"矩形"工具绘制只有黑色边线的矩形，该矩形和"颜色"图层中"正方形"元件的大小、位置都相同。

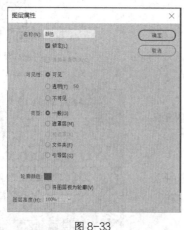

图 8-33

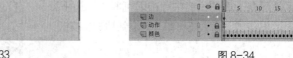

图 8-34

（6）新建一个"30 色的六边形遮罩"影片剪辑元件，将"图层 1"命名为"30 色"，把"库"面板中的元件"30 色"拖至"舞台"，使用"对齐"面板调整，使之处于"舞台"的中心，并添加实例名称"se"。新建图层并将其命名为"隐形按钮",单击该层的第 1 帧,将"库"面板中的按钮元件"隐形按钮"拖至"舞台",单击"显示所有图层轮廓"按钮,显示元件轮廓,用"对齐"面板调整,使其处于"舞台"中心,并添加实例名称"yinxing_an"。新建图层并重命名为"Actions"。单击"Actions"层的第 1 帧,按 F9 键打开"动作"面板,输入图 8-35 所示的代码。关闭"动作"面板,锁定"隐形按钮"层。

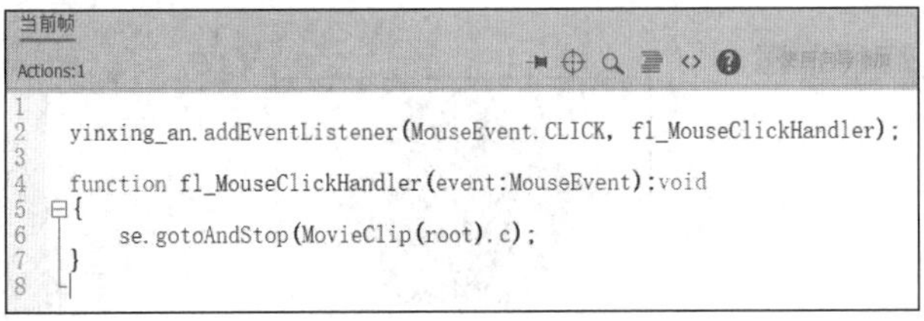

```
yinxing_an.addEventListener(MouseEvent.CLICK, fl_MouseClickHandler);

function fl_MouseClickHandler(event:MouseEvent):void
{
    se.gotoAndStop(MovieClip(root).c);
}
```

图 8-35

（7）新建图层"六边形",在第 1 帧,选择"多角星形"工具,在"属性"面板中单击"选项"按钮,设置"边数"为 6,在"舞台"中绘制六边形,颜色可任意,效果如图 8-36 所示（显示比例为 400%）,外边的矩形框为其他层。选择六边形的 6 条边线,进行剪切,新建图层并将其命名为"边线",单击该层的第 1 帧,在"舞台"中用鼠标右键单击,在弹出的快捷菜单中选择"粘贴到当前位置"命令。调整图层的顺序,并设置遮罩层,面板效果如图 8-37 所示。

图 8-36

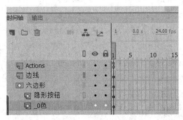

图 8-37

（8）返回"场景 1",新建图层,并命名为"多个 30 色的六边形遮罩",将"库"面板中的"30 色的六边形遮罩"拖至"舞台"。设置宽为 16,高为 20,"X"为 0,"Y"为 0。单击选中该元件,按 Alt 键的同时进行拖曳,复制多个,效果如图 8-38 所示（16 行）。选择所有内容,使用"选择"工具将其移动到"舞台"的上方中间,锁定该层。

（9）新建图层"六边形遮罩",选择"多角星形"工具,在"属性"面板中单击"选项"按钮,在"工具设置"对话框中设置"边数"为 6,在"舞台"中绘制六边形,颜色可任意,效果如图 8-39 所示。为减少文件大小,可将大六边形之外的小六边形删除。选择六边形的 6 条边线,进行剪切。新建图层并将其命名为"边线",单击该层的第 1 帧,在"舞台"中用鼠标右键单击,选择"粘贴到当前位置"命令,然后将"六边形遮罩"层设置为遮罩层。

（10）新建图层"当前选择",将"库"面板中的"30 色"元件拖至"舞台",在"属性"面板的"实例名称"中输入"mc0"。

（11）新建图层"可选颜色",将"库"面板中的"30 色"元件拖至"舞台",在"属性"面板的"实例名称"中输入"mc_1"。使用"变形"面板调整元件的大小为 50%,按 Enter 键确定。

（12）选中"30 色"元件,按 Alt 键的同时进行拖曳,设置"偏移距离""X"为 0,"Y"为 30,复制多个,效果如图 8-40 所示。按先行后列的顺序,分别选择单个实例,改变实例名称从"mc_1"直到"mc_30"。新建图层并将其命名为"代码",单击该层的第 1 帧,添加以下代码（对"mc_1"直到"mc_30"的影片剪辑添加类似代码）。

```
mc_1.addEventListener(MouseEvent.CLICK,Click1);
function Click1(evt:MouseEvent):void {
    c=2;
    mc0.gotoAndStop(c);
}
```

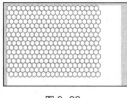

图 8-38

图 8-39

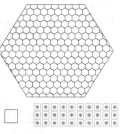

图 8-40

（13）选中"Actions"图层，单击该层的第 1 帧，在帧上添加以下代码（该代码用于使 30 个小
方块显示出"30 色"影片剪辑元件的 30 种颜色），如图 8-41 所示。

```
var   c:int=1;
mc_1.gotoAndStop(2);        mc_2.gotoAndStop(3);
mc_3.gotoAndStop(4);        mc_4.gotoAndStop(5);
mc_5.gotoAndStop(6);        mc_6.gotoAndStop(7);
mc_7.gotoAndStop(8);        mc_8.gotoAndStop(9);
mc_9.gotoAndStop(10);       mc_10.gotoAndStop(11);
mc_11.gotoAndStop(12);      mc_12.gotoAndStop(13);
mc_13.gotoAndStop(14);      mc_14.gotoAndStop(15);
mc_15.gotoAndStop(16);      mc_16.gotoAndStop(17);
mc_17.gotoAndStop(18);      mc_18.gotoAndStop(19);
mc_19.gotoAndStop(20);      mc_20.gotoAndStop(21);
mc_21.gotoAndStop(22);      mc_22.gotoAndStop(23);
mc_23.gotoAndStop(24);      mc_24.gotoAndStop(25);
mc_25.gotoAndStop(26);      mc_26.gotoAndStop(27);
mc_27.gotoAndStop(28);      mc_28.gotoAndStop(29);
mc_29.gotoAndStop(30);      mc_30.gotoAndStop(31);
```

图 8-41

（14）新建图层并将其命名为"按钮"，单击该层的第 1 帧，将库中"按钮"元件拖至"舞台"，
为此按钮添加实例名称"ctan1"，关闭"库－按钮"面板。选中"Actions"图层的第 1 帧，为"ctan1"
按钮添加以下代码。

```
ctan1.addEventListener(MouseEvent.CLICK, fl_MouseClickHandler_3);
function fl_MouseClickHandler_3(event:MouseEvent):void
```

```
{
    this.gotoAndPlay(1);
}
```

（15）在"舞台"中双击刚放入的按钮，打开按钮的编辑窗口，将"text"图层删除后，返回"场景1"。使用"文本"工具输入说明性文字。选择各层的第2帧，将"代码"层第2帧按钮的实例名称改为"ctan2"，在"代码"层的第2帧添加以下代码。

```
stop();
ctan2.addEventListener(MouseEvent.CLICK,Click222);
function Click222(evt:MouseEvent):void {
    this.gotoAndPlay(1);}
```

图 8-42

完成的时间轴效果如图8-42所示。

（16）测试影片，发现背景有些单调，将"填色背景"导入"舞台"，放置在最下层。测试影片，保存文件为"填色游戏.fla"。

8.5 评价考核

项目八　任务评价考核表

能力类型	考核内容		评价		
	学习目标	评价项目	3	2	1
职业能力	掌握"动作"面板的使用； 掌握 MouseEvent.CLICK 事件的使用； 能够合理利用时间轴控制命令； 能够使用 Animate 完成简单游戏的制作	熟练使用"动作"面板			
		熟练使用 MouseEvent.CLICK 事件			
		熟练使用时间轴控制命令			
		能够使用 if 函数			
		能够使用 Animate 制作简单游戏			
通用能力	造型能力				
	审美能力				
	组织能力				
	解决问题能力				
	自主学习能力				
	创新能力				
综合评价					

8.6 课外拓展——制作换装游戏

8.6.1 参考制作效果

本例要实现的效果如图8-43所示。

图 8-43

8.6.2 知识要点

（1）元件类型的更改，实例名称的使用。

（2）MouseEvent.CLICK 事件、gotoAndStop()方法。

（3）hitTestObject()、visible（可见性）。

8.6.3 参考制作过程

（1）新建一个 Animate 文件（选择 ActionScript 3.0），设置文档尺寸为 600 像素×460 像素，背景色为#CC9966。使用"矩形"工具绘制矩形，设置填充色为#99CCCC，线条色为白色，如图 8-44 所示。

（2）将图片"上 1"～"上 6""下 1"～"下 6"共 12 张衣服图片导入"库"面板中。将"库"面板中的"图形"元件都改为"影片剪辑"元件。

（3）新建"图层 2"，将"模特.swf"导入"舞台"，并放置在矩形中，设置实例行为为"影片剪辑"，实例名称为"mm"，如图 8-45 所示。

图 8-44

图 8-45

（4）新建"图层 3"，将"库"面板中的 12 个衣服元件拖至"舞台"，摆放位置如图 8-46 所示，分别添加实例名称"sh1"～"sh6""xia1"～"xia6"（和元件名对应）。

图 8-46

（5）新建图层并重命名为"as"，选择第 1 帧，对"sh1"实例添加图 8-47 所示的动作代码。

```
shang.stop();
xiayi.stop();
mm.stop();

sh1.addEventListener(MouseEvent.CLICK,Click1);
function Click1(evt:MouseEvent):void {          // 当单击鼠标左键时
    if (this.hitTestObject(mm))                 // 如果此实例和模特实例mm有重叠
    {
            shang.gotoAndStop(2);// 上装实例shang显示对应图片
            sh1.visible=false;   // 此实例不可见
            sh2.visible=true;    // 其他实例可见
            sh3.visible=true;
            sh4.visible=true;
            sh5.visible=true;
            sh6.visible=true;
    }

    this.x=x;               // 此实例返回原来位置
    this.y=y;               // 此实例返回原来位置
    stopDrag();             // 停止鼠标指针跟随
}
```

图 8-47

（6）对"sh2"实例添加同样的代码，只是将"shang.gotoAndStop(2);"中的 2 改为 3，sh2.visible=true;"中的 sh2 改为 sh1。用类似方法，为"sh3"～"sh6"添加代码。

（7）对"xia1"实例添加类似的代码，如图 8-48 所示。用类似方法，为"sh2"～"sh6"添加代码。

（8）制作"上装"影片剪辑，其是逐帧动画，"图层 1"上的第 1 帧是空白关键帧，后边 6 个关键帧分别是"上 1"～"上 6"6 张图片，调整图片的位置，大体合适。在"图层 2"上添加动作"stop();"，面板效果如图 8-49 所示。

```
xia1.addEventListener(MouseEvent.CLICK,Click1x);     // 当单击鼠标左键时
function Click1x(evt:MouseEvent):void {
    if (this.hitTestObject(mm))
    {
            xiayi.gotoAndStop(2);
            xia1.visible=false;
            xia2.visible=true;
            xia3.visible=true;
            xia4.visible=true;
            xia5.visible=true;
            xia6.visible=true;
    }

    this.x=x;
    this.y=y;
    stopDrag();
}
```

图 8-48

图 8-49

（9）用类似方法，制作"下装"影片剪辑。

（10）返回场景 1，新建"图层 4"，将"下装"元件拖至"舞台"，放置在模特上，设置实例名称为"xiazhuang"。双击打开元件的编辑窗口，观察位置，不合适的话进行调整，使下装显示在模特身上正确的位置。

（11）新建"图层 5"，将"上装"元件拖至"舞台"，放置在模特上，设置实例名称为"shang"。调整位置，使上装显示在模特身上正确的位置。

（12）测试影片，可以单击衣服到模特身上，当单击另一件上装或下装时，原来的衣服会回到原始位置。保存影片为"换装游戏.swf"。

大家可以在此例的基础上进一步制作，如添加帽子、鞋子、围巾等物品。

09

项目九
制作网站

项目简介

在网络普及的现代社会，越来越多的企业或个人用户开始制作属于自己的动态网站。Animate 与其他可以制作网页的动画制作软件相比，具有更强大的交互性。要想使用 Animate 制作出美观的网页，并使用户能够自由控制动画，首先就必须了解 ActionScript 的基础知识，以及如何向影片添加交互性动作。

本项目主要介绍在 Animate 动画设计中经常用到的函数和类对象，并通过 3 个应用范例，讲解应用 Animate CC 2019 制作网站的方法和技巧。通过本项目的学习，读者可以掌握实现交互动画的方法，学会使用 Animate CC 2019 设计、制作网站。

学习目标

- 掌握影片剪辑控制脚本的使用方法；
- 掌握网页元素控制脚本的使用方法；
- 掌握键盘事件的使用方法；
- 掌握摄影网页、学院招生网站、产品销售网站的制作方法。

9.1 知识准备——交互式动画的制作

在 Animate CC 2019 中，可使用 ActionScript 3.0 或 JavaScript 为动画添加交互性，具体使用哪种取决于所使用的文档类型，Action Script 3.0 提供了相应的命令和组件，可以控制"影片剪辑"或"按钮"实现超链接，让网页中的动画对用户操作做出响应，这些指令可以播放声音、视频，也可以跳转到时间轴各个图层对应的帧，可以运用 ActionScript 3.0 脚本设计交互式导航及网页，使用组件可以建立类似注册类或网上考试类网页。ActionScript 3.0 脚本在"动作"面板中脚本窗口内进行编辑，如图 9-1 所示，在"动作"面板中，可以使用内置的"代码片段"工具简化脚本设计和编写，代码片段中集成了常见的各种事件和功能代码。选定对象，直接双击相应代码片段即可把代码添加到编辑框内，根据实际需要完善修改即可，其调入可以直接在"动作"面板中单击脚本选项中的快捷工具图标调入，也可通过在主菜单中执行"窗口">"代码片段"命令，在打开的对话框中调入，如图 9-2 所示。

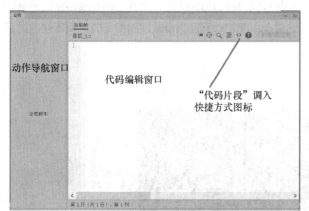

图 9-1

图 9-2

9.1.1 影片剪辑控制脚本

要使用 ActionScript 3.0 控制影片剪辑，必须先命名放在"舞台"上的每个影片剪辑，即实例名称。另外，在给影片剪辑实例命名时，通常可以加上后缀_mc，如 boy_mc、circle_mc、point_mc等，这样可以在写代码时显示代码提示，方便代码的编写。

1. 影片剪辑元件的属性

（1）坐标：Animate 场景中的每个对象都有它的坐标，坐标值以像素为单位。Animate 场景的左上角为坐标原点，它的坐标位置为(0,0)，前一个表示水平坐标，后一个表示垂直坐标。Animate默认的场景大小为 550 像素×400 像素，即场景右下角的坐标为(550,400)。场景中的每一点分别用X 和 Y 表示 x 坐标值和 y 坐标值。

（2）鼠标指针位置：利用影片剪辑元件的属性，不但可以获得坐标位置，还可以获得鼠标指针位置，即鼠标指针在影片中的坐标位置。表示鼠标指针坐标属性的关键字是 mouseX 和 mouseY，其中 mouseX 代表指针的水平坐标位置，mouseY 代表指针的垂直坐标位置。

（3）旋转方向：rotation 属性代表影片剪辑的旋转方向，它是一个角度值，范围为-180°～180°，可以是整数，也可以是浮点数。如果将它的值设置在这个范围之外，系统会自动将其转换为这个范围之间的值。

（4）可见性：visible 属性即可见性，使用布尔值 true（1）或者 false（0）表示。为 true 表示影片剪辑可见，即显示影片剪辑；为 false 表示影片剪辑不可见，即隐藏影片剪辑。

（5）透明度：alpha 属性决定了影片剪辑的透明程度，范围为 0～100，0 代表完全透明，100 表示不透明。

（6）缩放属性：影片剪辑的缩放属性包括横向缩放 scaleX 和纵向缩放 scaleY。scaleX 和 scaleY 的值代表相对于"库"面板中原影片剪辑的横向尺寸 width 和纵向尺寸 height 的百分比，而与场景中影片剪辑实例的尺寸无关。

（7）尺寸属性：与 scaleX/scaleY 值的属性不同，width 和 height 代表影片剪辑的绝对宽度和高度，而不是相对比例。

2. 绝对路径和相对路径

在 Animate CC 2019 的场景中有个主时间轴，在场景里可以放置多个影片剪辑，每个影片剪辑都有自己的时间轴，每个影片剪辑又可以有多个子影片剪辑。在一个 Animate 影片中，就会出现层层叠叠的影片剪辑。如果要对其中一个影片剪辑进行操作，就要说明影片剪辑的位置，也就是影片剪辑的路径。

路径分为绝对路径和相对路径，它们的区别是到达目标对象的出发点不同。绝对路径是以当前主场景（即根时间轴）为出发点，以目标对象为结束点；而相对路径则是从发出指令的对象所在的时间轴为出发点，以目标对象为结束点。

实例练习——制作飞舞的蜻蜓

本例完成的某帧效果如图 9-3 所示。

图 9-3

（1）新建一个 Animate 影片文档，设置舞台尺寸为 600 像素×400 像素，其他参数保持默认，保存影片文档为"飞舞的蜻蜓.fla"，把素材中的"花.jpg"和"蜻蜓身体.swf"导入"库"面板中。

（2）在时间轴上创建 3 个图层，分别重命名为"背景""按钮""蜻蜓"。

（3）在"背景"图层上，将"库"面板中的"花.jpg"拖入"舞台"，效果如图 9-4 所示。

（4）在"按钮"图层创建 7 个按钮元件，并修改各个按钮元件实例名称分别为"kj_btn""bkj_btn""xz_btn""s_btn""x_btn""z_btn"和"y_btn"，效果如图 9-5 所示。

（5）新建一个"蜻蜓飞舞"影片剪辑元件，将"库"面板中的"蜻蜓身体.swf"拖入"舞台"，修改图层名称为"身体"，新建图层"眼睛"和"翅膀"，分别绘制蜻蜓的眼睛和翅膀，把翅膀转换为图形元件，设置"alpha"值为 40，并在第 3 帧插入关键帧，调整翅膀大小，在第 4 帧插入帧，在"蜻蜓"图层，从"库"面板中拖入"蜻蜓飞舞"影片剪辑元件，命名为"qingting_mc"，效果如图 9-6 所示。

图 9-4	图 9-5	图 9-6

（6）选择"按钮"图层，在"动作"面板中输入以下代码。

```
import flash.events.MouseEvent;
this.stop();
bkj_btn.addEventListener(MouseEvent.CLICK, fl_MouseClickHandler);
kj_btn.addEventListener(MouseEvent.CLICK, f2_MouseClickHandler);
xz_btn.addEventListener(MouseEvent.CLICK, f3_MouseClickHandler);

function fl_MouseClickHandler(event:MouseEvent):void{
    qingting_mc.visible=false;//设置蜻蜓不可见
}

function f2_MouseClickHandler(event:MouseEvent):void{
    qingting_mc.visible=true;//设置蜻蜓可见
}

function f3_MouseClickHandler(event:MouseEvent):void{
    qingting_mc.rotation-=30;//设置旋转30度
}
s_btn.addEventListener(MouseEvent.CLICK, f4_MouseClickHandler);
function f4_MouseClickHandler(event:MouseEvent):void{
    qingting_mc.y-=12;//每次单击鼠标下移12像素
}
x_btn.addEventListener(MouseEvent.CLICK, f5_MouseClickHandler);
function f5_MouseClickHandler(event:MouseEvent):void{
    qingting_mc.y+=12;//每次单击鼠标上移12像素
}
z_btn.addEventListener(MouseEvent.CLICK, f6_MouseClickHandler);
function f6_MouseClickHandler(event:MouseEvent):void{
    qingting_mc.x-=12;//每次单击鼠标左移12像素
}
y_btn.addEventListener(MouseEvent.CLICK, f7_MouseClickHandler);
function f7_MouseClickHandler(event:MouseEvent):void{
    qingting_mc.x+=12;//每次单击鼠标右移12像素
}
```

（7）完成后的时间轴结构如图 9-7 所示。

3. 载入库中的影片剪辑

在 Animate 中，可以从"库"面板中将影片剪辑拖到"舞台"上，使它们出现在 SWF 文件中。当使用 ActionScript 3.0 添加影片剪辑时，实际上是将一个影片实例添加到时间轴上。帧是时间轴的一部分，可以使用"动作"面板将 ActionScript 3.0 代码与帧关联。因此时间轴成了用 ActionScript 3.0 代码添加的显示对象的父容器，除非指定了另一个

图 9-7

显示对象。

用于添加影片剪辑的 ActionScript 3.0 代码有以下 2 个。

（1）DisplayObjectContainer 类

DisplayObjectContainer 类是可用作显示列表中显示对象容器的所有对象的基类。使用 DisplayObjectContainer 类可排列显示列表中的显示对象。每个 DisplayObjectContainer 对象都有自己的子级列表，用于组织对象的 z 轴顺序。z 轴顺序是由前至后，可确定哪个对象绘制在前，哪个对象绘制在后等。

（2）addChild()方法

格式为：public function addChild(child:DisplayObject):DisplayObject

功能：将一个 DisplayObject 子实例添加到该 DisplayObjectContainer 实例中。子项将被添加到该 DisplayObjectContainer 实例中其他子项的前（上）面（要将某子项添加到特定索引位置，应使用 addChildAt()方法）。

参数 child:DisplayObject 是作为该 DisplayObjectContainer 实例的子项添加的 DisplayObject 实例。

实例练习——制作移动的蜜蜂

本例实现的效果如图 9-8 所示。

（1）新建一个 Animate CC 2019 影片文档（选择 ActionScript3），设置舞台尺寸为默认，保存影片文档为"移动蜜蜂.fla"。

（2）新建"bee"影片剪辑元件，设置该元件属性如图 9-9 所示。

（3）新建图层，重命名为"Text"。当"Text"图层的第 1 帧被选中时，使用"文本"工具在"舞台"上输入如下内容："单击并移动 mySprite 到(300,200)坐标位置（mySprite 是影片剪辑的容器）"，并设置"投影"和"发光""滤镜"效果，参数均采用默认值。

单击并移动mySprite到 (300, 200)坐标位置 (mySprite是影片剪辑的容器)

图 9-8

（4）新建"图层 2"，重命名为"Actions"，选中该图层的第 1 帧。按 F9 键，打开"动作"面板，输入图 9-10 所示的代码。

图 9-9

```
1    //声明一个实例名mybee给影片剪辑。
2    var mybee:bee = new bee();
3    //创建一个能够作为mybee的容器的显示对象
4    var mySprite:Sprite = new Sprite();
5    //将mybee添加为mySprite的一个子对象
6    mySprite.addChild(mybee);
7    //将mySprite添加到显示列表中
8    addChild(mySprite);
9    //在一次鼠标单击后移动mySprite容器
10   stage.addEventListener(MouseEvent.CLICK, clickhandler);
11   function clickhandler(e:MouseEvent):void
12   {
13       mySprite.x = 300;
14       mySprite.y = 200;
15   }
16
```

图 9-10

（5）按 Ctrl+Enter 组合键测试影片，保存文件。

实例练习——制作飘落的雪花

本例实现的效果如图 9-11 所示。

（1）新建一个 Animate CC 2019 影片文档，设置"舞台"尺寸为 600 像素×450 像素，保存影片文档为"飘雪.fla"。

（2）按 Ctrl+F8 组合键新建影片剪辑元件"snow"，使用"椭圆"工具绘制图 9-12 所示的图形。执行"修改" > "形状" > "柔化填充边缘"命令，弹出图 9-13 所示的对话框，设置参数。

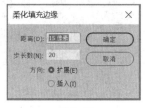

图 9-11　　　　　　　　　　图 9-12　　　　　　　　　　图 9-13

（3）在"库"面板中选择"snow"影片剪辑用鼠标右键单击，在弹出的快捷菜单中单击"编辑类"命令，新建 ActionScript 3.0 文件，输入以下代码，保存脚本文件为 SnowFlake.as。

```
package
{
    import flash.display.*;
    import flash.events.*;
    public class SnowFlake extends MovieClip
    {
        var radians = 0;//radians
        var speed = 0;
        var radius = 5;
        var stageHeight;
        public function SnowFlake (h:Number)
        {
            speed =.01+.5*Math.random();
            radius =.1+2*Math.random();
            stageHeight = h;

            this.addEventListener (Event.ENTER_FRAME,Snowing);//这个this其实就是库中的
SnowFlake影片剪辑
        }
        function Snowing (e:Event):void
        {
            radians += speed;
            this.x += Math.round(Math.cos(radians));
            this.y += 2;
            if (this.y > stageHeight)
            {
                this.y = -20;
            }
        }
    }
}
```

（4）在"库"面板中选择"snow"影片剪辑用鼠标右键单击，在弹出的快捷菜单中单击"属性"命令，打开"元件属性"对话框，选中"为 ActionScript 导出"，在"类"文本框中输入 SnowFlake，单击"确定"按钮，如图 9-14 所示。

（5）回到"场景 1"，重命名"图层 1"为"背景"，将背景图片导入"舞台"中，调整其位置和大小，如图 9-15 所示。

图 9-14

图 9-15

（6）新建图层"as"，在第 1 帧上添加空白关键帧，在"动作"面板中输入图 9-16 所示的代码。

```
当前帧
as:1
1   import SnowFlake;
2   function DisplaySnow ()
3   {
4       for (var i:int=0; i<30; i++)
5       {
6           var _SnowFlake:SnowFlake = new SnowFlake(300);
7           this.addChild (_SnowFlake);
8           _SnowFlake.x =Math.random()*600;
9           _SnowFlake.y =Math.random()*400;
10          _SnowFlake.alpha = .2+Math.random()*5;
11
12          var scale:Number = .3+Math.random()*2;
13          _SnowFlake.scaleX =_SnowFlake.scaleY =scale;
14      }
15  }
16  DisplaySnow();
```

图 9-16

（7）按 Ctrl+Enter 组合键测试影片，保存文件。

4. 拖曳影片剪辑

在 ActionScript 3.0 中，startDrag()方法的一般形式如下。

```
public function startDrag(lockCenter:Boolean = false, bounds:Rectangle = null):void
```

该方法允许用户拖动指定的 Sprite。Sprite 将一直保持可拖动，直到通过调用 Sprite. stopDrag()方法来明确停止，或直到将另一个 Sprite 变为可拖动为止。在同一时间只有一个 Sprite 是可拖动的。

◎ lockCenter:Boolean：指定是将可拖动的 Sprite 锁定到鼠标指针位置中央（true），还是锁定到用户首次单击该 Sprite 时所在的点上（false）。

◎ bounds:Rectangle：相对于 Sprite 父级的坐标值，用于指定 Sprite 约束矩形。

stopDrag()方法可以实现停止拖曳影片，这个方法没有参数。通过 startDrag()方法变为可拖动的 Sprite 将一直保持可拖动状态，直到添加 stopDrag()方法或另一个 Sprite 变为可拖动状态为止（在同一时间只有一个 Sprite 是可拖动的）。

实例练习——制作望远镜

本例实现的效果如图 9-17 所示。

（1）新建一个 Animate CC 2019 影片文档，参数保持默认，保存影片文档为"望远镜.fla"。

（2）按 Ctrl+J 组合键，出现图 9-18 所示的对话框，将尺寸修改为 800 像素×600 像素，将背景颜色改为灰色，单击"确定"按钮。

（3）按 Ctrl+F8 组合键，出现图 9-19 所示的对话框。新建影片剪辑元件"望远镜"，使用"线条"工具和"椭圆"工具绘制图 9-20 所示的图形。

图 9-17　　　　　　　　　　　　　　　　　　　图 9-18

（4）新建影片剪辑元件"遮罩"，如图 9-21 所示。使用"椭圆"工具绘制图 9-22 所示的图形。

图 9-19　　　　　　　　　　图 9-20　　　　　　　　　　图 9-21

（5）回到"场景 1"，将素材图片导入"库"面板中，重命名"图层 1"为"模糊"，将素材图片拖到"舞台"中，按 Ctrl+K 组合键调出"对齐"面板，调整其位置，如图 9-23 所示。

（6）新建图层"清晰"，将素材图片拖到"舞台"中，同样调整其位置，如图 9-24 所示。

图 9-22　　　　　　　　　　图 9-23　　　　　　　　　　图 9-24

（7）新建图层"遮罩"，将元件"遮罩"拖到"舞台"中，如图 9-25 所示。在图层上用鼠标右键单击，在弹出的快捷菜单中选择"遮罩"命令。选中元件，打开"属性"面板，为其命名为"s1"，如图 9-26 所示。

（8）选中该层的关键帧，用鼠标右键单击，调出"动作"面板，输入图 9-27 所示的代码。

图 9-25　　　　　　　　图 9-26　　　　　　　　　　图 9-27

（9）新建图层"望远镜"，将 "望远镜"元件拖到"舞台"中，调整其位置和大小，并将其命名为"s2"，如图 9-28 所示。在该层上插入关键帧，如图 9-29 所示。选中该关键帧，调出"动作"面板，输入图 9-30 所示的代码。

  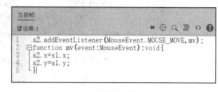

图 9-28　　　　　　　　　　图 9-29　　　　　　　　　　图 9-30

（10）按 Ctrl+Enter 组合键测试影片，保存文件。

9.1.2　网页元素控制脚本

在 ActionScript 3.0 中，fscommand()是 flash.system 包中的方法，getURL 是 flash.net 包中的 navigateToURL()方法；loadMovie 和 loadMovieNum 全局函数由 flash.display 包中的 Loader 类所替代；loadVariable 和 loadVariablesNum 由 flash.net 包中的 URLLoader 类所替代。

1. fscommand()方法

该方法用于控制 Flash 播放器的播放环境及播放效果。其语法格式如下。

```
public function fscommand(command, args):void
```

用法 1：要使用 fscommand()将消息发送给 Flash Player，必须使用预定义的命令和参数。下面列出 fscommand()函数的 command 参数和 args 参数（command 参数的值）可以指定的值。这些值控制在 Flash Player 中播放的 SWF 文件，包括放映文件。放映文件是可以作为独立应用程序运行（也就是说不需要使用 Flash Player 即可运行）的 SWF 文件。

◎ quit：无 args 参数，关闭播放器。

◎ fullscreen：args 为 true 或 false。为 true 时，可将 Flash Player 设置为全屏模式；为 false 时，可将播放器返回到标准菜单视图。

◎ allowscale：args 为 true 或 false。为 false 时，可设置播放器始终按 SWF 文件的原始大小绘制 SWF 文件，从不进行缩放；为 true 时，强制将 SWF 文件缩放到播放器的 100% 大小。

◎ showmenu：args 为 true 时，可启用整个上下文菜单项集合；为 false 时，将隐藏除"关于 Flash Player"和"设置"外的所有上下文菜单项。

◎ exec：args 为指向应用程序的路径，在放映文件内执行应用程序。

◎ trapallkeys：args 为 true 时，可将所有按键事件（包括快捷键）发送到 Flash Player 中的 onClipEvent(keyDown/keyUp)处理函数。

用法 2：要使用 fscommand()向 Web 浏览器中的脚本语言（如 JavaScript）发送消息，可以在 command 和 args 参数中传递任意两个参数。这些参数可以是字符串或表达式，并在处理或捕获 fscommand()函数的 JavaScript 函数中使用。

2. navigateToURL()方法

navigateToURL()方法位于 flash.net 包中，用于为事件添加超级链接，包括电子邮件链接。其语法格式如下。

```
navigateToURL(request,window):void
```

其中，request 参数是一个 URLRequest 对象，用来定义目标；window 参数是一个字符串对象，用来定义加载的 URL 窗口是否为新窗口。window 参数的值与 HTML 中 target 的值相同，可选值有：_self 表示当前窗口，_blank 表示新窗口，_parent 表示父窗口，_top 表示顶层窗口。

实例练习——利用 navigateToURL()制作一个简单快速导航

（1）新建一个 Animate CC 2019 影片文档，设置舞台尺寸为 500 像素×200 像素，其他参数保存默认，保存影片文档为"快速链接.fla"。

（2）新建"背景、清华、北大、浙大、天大"5 个图层，在"清华、北大、浙大、天大"图层上各创建一个按钮，如图 9-31 所示。

图 9-31

（3）选择"清华"图层，在"动作"面板中输入以下代码。

```
qh_Button.addEventListener(MouseEvent.CLICK, qhUrl);
function qhUrl(event:MouseEvent):void{
var yUrl:URLRequest = new URLRequest("http://www.tsinghua***.edu.cn/qhdwzy/index.jsp")
navigateToURL(myUrl);}
```

（4）选择"北大"图层，在"动作"面板中输入以下代码。

```
bd_Button.addEventListener(MouseEvent.CLICK, bdUrl);
function bdUrl(event:MouseEvent):void{
var myUrl:URLRequest = new URLRequest("http://www.pku***.edu.cn/")
navigateToURL(myUrl);}
```

（5）选择"浙大"图层，在"动作"面板中输入以下代码。

```
zd_Button.addEventListener(MouseEvent.CLICK, zdUrl);
function zdUrl(event:MouseEvent):void{
var myUrl:URLRequest = new URLRequest("http://www.zju***.edu.cn/")
navigateToURL(myUrl);}
```

（6）选择"天大"图层，在"动作"面板中输入以下代码。

```
td_Button.addEventListener(MouseEvent.CLICK, tdUrl);
function tdUrl(event:MouseEvent):void{
var myUrl:URLRequest = new URLRequest("http://www.tju***.edu.cn/index.htm")
navigateToURL(myUrl);}
```

3. Loader 类

Loader 类可用于加载 SWF 文件或图像（JPG、PNG 或 GIF）文件。使用 load()方法来启动加载。被加载的显示对象将作为 Loader 对象的子级添加。

（1）load()方法

load()方法语法格式如下。

```
public function load(request:URLRequest, context:LoaderContext = null):void
```

将 SWF、JPEG、渐进式 JPEG、非动画 GIF 或 PNG 文件加载到此 Loader 对象的子对象中。如果加载 GIF 动画文件，将仅显示第一帧。由于 Loader 对象可以只包含一个子级，因此，发出后续 load()请求将终止先前的请求，如果仍然存在未处理的请求，则会开始新的加载。

◎ request:URLRequest：要加载的 SWF、JPEG、GIF 或 PNG 文件的绝对或相对 URL。

◎ context:LoaderContext (default = null)：LoaderContext 对象，它具有定义下列内容的属性。

Flash Player 是否应在加载对象时检查策略文件存在与否。

被加载的对象的 ApplicationDomain。

加载的对象的 SecurityDomain。

（2）unload()方法

unload()方法语法格式如下。

```
public function unload():void
```
unload()方法可删除此 Loader 对象中使用 load()方法加载的子项。

4. removeChild()*方法和* removeChildAt()*方法*

使用 removeChild()方法，将影片剪辑实例名作为参数，可以将其从"舞台"上删除。如删除当前时间轴所在"舞台"上的影片剪辑实例 myMovieClip，就可以使用语句：this.removeChild(myMovieClip);。也可以使用 removeChildAt()方法使用索引号作为参数删除某个影片剪辑。例如下面的代码（假设当前"舞台"上仅存在一个影片剪辑实例）。

```
this.removeChildAt(0);
```

实例练习——加载图像

本例实现的效果如图 9-32 所示。

（1）新建一个 Animate CC 2019 影片文档，设置舞台尺寸为 550 像素×400 像素，其他参数保持默认，保存影片文档为"加载图像.fla"。

（2）在时间轴上创建 4 个图层，分别重命名为"边框""按钮""空 mc"和"as"。

（3）在"边框"图层上创建一个边框，细节效果如图 9-33所示。

图 9-32

（4）在"按钮"图层上创建一个按钮，效果如图 9-34 所示。

（5）在"空 mc"图层创建一个"空"影片剪辑，位于场景的左上角，实例名为"kmc"，用来加载外部图像，如图 9-35 所示。

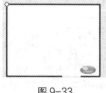  

图 9-33   图 9-34   图 9-35

（6）选择"as"图层的第 1 帧，在"动作"面板中输入以下代码。

```
var imgURL:URLRequest = new URLRequest();//图像文件的地址
imgURL.url = "CAR.jpg";
var imgLoader:Loader = new Loader();
imgLoader.load(imgURL);
//载入外部图片;

imgLoader.contentLoaderInfo.addEventListener(Event.COMPLETE, finished);
function finished(evt:Event):void
{
var img:Bitmap = new Bitmap(evt.target.content.bitmapData);//使用Bitmap类来将其显示在
舞台中
    kmc.addChild(img);
    }
    //加载到一个空影片中;

xz_an.addEventListener(MouseEvent.CLICK,abc);
function abc(evt:Event):void
{
this.removeChild(kmc);
```

```
}//删除影片剪辑
```

完成后的图层结构如图 9-36 所示。

5. URLLoader 类

URLLoader 类以文本、二进制数据或 URL 编码变量的形式从 URL 下载数据。

图 9-36

格式：URLLoader(request:URLRequest = null)

作用：创建 URLLoader 对象。

参数：request:URLRequest (default = null)是一个 URLRequest 对象，指定要下载的 URL。如果省略该参数，则不开始加载操作。如果已指定参数，则立即开始加载操作。

6. 计时器、日期、声音类

（1）Timer 类

Timer 类是 Flash Player 计时器的接口。可以创建新的 Timer 对象，以便按指定的时间顺序运行代码。使用 start()方法来启动计时器。为 timer 事件添加事件侦听器，以便将代码设置为按计时器间隔运行。

（2）Date 类

Date 类表示日期和时间信息。

Date()构造函数的作用是构造一个新的 Date 对象，该对象将保存指定的日期和时间。

Date()构造函数使用最多 7 个参数（year、month、…、millisecond）指定日期和时间。

Date()构造函数语法如下。

```
public function Date(yearOrTimevalue:Object, month:Number, date:Number = 1, hour:
Number = 0, minute:Number = 0, second:Number = 0, millisecond:Number = 0)
```

（3）Sound 类

使用 Sound 类可以创建新的 Sound 对象、将外部 MP3 文件加载到该对象并播放该文件、关闭声音流，以及访问有关声音的数据，如有关流中字节数和 ID3 元数据的信息。

◎ Sound()构造函数：创建一个新的 Sound 对象。

◎ Play()方法：生成一个新的 SoundChannel 对象来回放该声音。此方法返回 SoundChannel 对象，该对象可停止声音并监控音量。

实例练习——利用影片剪辑元件制作一个简单时钟

本例实现的效果如图 9-37 所示。

（1）新建一个 Animate CC 2019 影片文档，设置舞台尺寸为 400 像素×320 像素，其他参数保持默认，把素材导入"库"面板中，保存影片文档为"时钟.fla"。

（2）在时间轴上创建 6 个图层，分别重命名为"背景""date""hourMc""minuteMc""secondMc"和"Actions"，在"库"面板中，用鼠标右键单击"bell.mp3"元件，在弹出的快捷菜单中选择"属性"命令，在"属性"面板中设置"ActionScript"链接类为"Bell"。

（3）在"背景"图层上创建一个背景，从"库"面板中导入"表盘.jpg"，调整至合适位置和大小，效果如图 9-38 所示。

（4）在"date"图层上新建 3 个静态文本"年""月"和"日"，再创建 4 个动态文本，实例名称分别修改为"y_txt""m_text""d_txt"和"w_txt"，在"属性"面板内设置字体为"微软雅黑"，颜色设置为#000099，大小设置为 12 磅。

（5）分别在"hourMc""minuteMc"和"secondMc"图层，创建 3 个影片剪辑，实例名称分别修改为"hourPoint""minutePoint"和"secondPoint"，导入指针图片，效果如图 9-39 所示，

整体效果如图 9-40 所示。

图 9-37   图 9-38   图 9-39   图 9-40

（6）在"Actions"图层中，新建 ActionScript 脚本文件，输入以下代码。

```actionscript
var timer:Timer=new Timer(30);//更新时间定时器
init();//初始化
function init():void
{
    timer.addEventListener(TimerEvent.TIMER,UpdateTimeEvent);//更新定时器事件
    timer.start();//启动定时器
}
function UpdateTimeEvent(e:TimerEvent):void
{
    var date:Date=new Date();//初始化时间变量
    var hour:int=date.getHours();//获取当前小时数
    if(hour>12)//如果是 24 小时制，且时间是下午，则小时数-12
    {
        hour=hour-12;
    }
    var minute:int=date.getMinutes();//获取分钟数
    var second:int=date.getSeconds();//获取秒数
    hourPoint.rotation=((hour+minute/60+second/3600)*360)/12;//将小时转换到时针表示
    minutePoint.rotation=((minute+second/60)*360)/60;//将分钟转换到分针表示
    secondPoint.rotation=(second*360)/60;//将秒钟转换到秒针表示

    //整点报时功能
    var bellSound:Bell=new Bell();//初始化铃声
    if(date.minutes==0 && date.seconds==0)
    {
        var hour12:int=date.hours%12;
        if(hour12)
        {
            bellSound.play(0,hour12);
        }
        else
        {
            bellSound.play(0,12);       //0 点时敲 12 下
        }
    }

    var currentdate:Date=new Date();
    //显示年月日和星期几
    var year=currentdate.fullYear;
    var month=currentdate.month+1;
```

```
    var day=currentdate.date;
    var week=currentdate.day;

    var aweek=new Array("星期日","星期一","星期二","星期三","星期四","星期五","星期六");
    y_txt.text=year;
    m_txt.text=month;
    d_txt.text=day;
    w_txt.text=aweek[week];

}
```

完成后时间轴的图层结构如图 9-41 所示。

图 9-41

9.1.3　键盘事件

键盘操作也是 Animate 用户交互操作的重要事件。在 ActionScript 3.0 中使用 KeyboardEvent
类来处理键盘操作事件。它有两种类型的键盘事件：KeyboardEvent.KEY_DOWN 和
KeyboardEvent.KEY_UP。

　◎ KeyboardEvent.KEY_DOWN：定义按下键盘按键时的事件。

　◎ KeyboardEvent.KEY_UP：定义松开键盘按键时的事件。

注意：在使用键盘事件时，要先获得它的焦点，如果不想指定焦点，可以直接把 stage 作为侦听
的目标。

KeyboardEvent()构造函数语法如下。

```
KeyboardEvent(type:String, bubbles:Boolean = true, cancelable:Boolean = false, cha
rCode:uint = 0, keyCode:uint = 0, keyLocation:uint = 0, ctrlKey:Boolean = false,
altKey:Boolean = false, shiftKey:Boolean = false)
```

KeyboardEvent()构造函数可用于创建一个 Event 对象，其中包含有关键盘事件的特定信息，并
将 Event 对象作为参数传递给事件侦听器。具体参数介绍如下。

　◎ type:String：事件的类型，可能的值为 KeyboardEvent.KEY_DOWN 和 KeyboardEvent.
KEY_UP。

　◎ bubbles:Boolean（default = true）：确定 Event 对象是否参与事件流的冒泡阶段。

　◎ cancelable:Boolean（default = false）：确定是否可以取消 Event 对象。

　◎ charCode:uint（default = 0）：按下或释放的键的字符代码值，返回的字符代码值为英文键
盘值。

　◎ keyCode:uint（default = 0）：按下或释放的键的键控代码值。

　◎ keyLocation:uint（default = 0）：按键在键盘上的位置。

　◎ ctrlKey:Boolean（default = false）：指示是否已激活 Ctrl 功能键。

　◎ altKey:Boolean（default = false）：保留以供将来使用（当前不受支持）。

◎ shiftKey:Boolean（default = false）：指示是否已激活 Shift 功能键。

实例练习——键盘响应

本例实现的效果如图 9-42 所示。

（1）新建一个 Animate CC 2019 文档，保存影片文档为"猜按键.fla"，导入相关素材进入"库"面板。

（2）按 Ctrl+J 组合键，出现图 9-43 所示的对话框，将背景颜色改为黑色，单击"确定"按钮。

（3）按 Ctrl+F8 组合键新建图形元件"小猪"，使用"直线"工具、"钢笔"工具、"任意变形"工具等绘图工具绘制图 9-44 所示的图形。

图 9-42   图 9-43   图 9-44

（4）新建"动态文字"影片剪辑元件，使用"文字"工具绘制一个矩形输入框，在"属性"面板中设置为"动态文本"，实例名称设置为"output"，其他属性设置如图 9-45 所示，如非系统字体，请进行"嵌入"相关操作，否则在运行时会出现文字不显示的现象。

（5）回到"场景 1"，重命名"图层 1"为"背景"，将背景图片从"库"面板中导入"舞台"中，调整其位置和大小，如图 9-46 所示。

（6）新建图层"小猪"，将"小猪"元件拖到"舞台"中，调整其位置和大小，如图 9-47 所示。

图 9-45   图 9-46   图 9-47

（7）新建图层"提示文字"，使用"文本"工具和"直线"工具绘制图 9-48 所示的图形和文字。

（8）新建图层"动态文字"，将"动态文字"影片剪辑元件拖到"舞台"中，打开"属性"面板，将其实例名称命名为"mc"，设置如图 9-49 所示。在时间轴的第 10 帧、第 20 帧、第 30 帧和第 40 帧分别插入关键帧，调整"mc"到合适位置，插入传统补间动画，"时间轴"面板如图 9-50 所示。

图 9-48 图 9-49

（9）新建图层动作，按 F9 键，进入"动作"窗口，输入图 9-51 所示代码。

图 9-50 图 9-51

（10）按 Ctrl+Enter 组合键测试影片，然后保存文件。

9.2 任务一——制作菲凡摄影网页

制作菲凡摄影
网页

9.2.1 案例效果分析

本案例制作一个摄影机构的网页，界面采用黑色背景，黑白对比体现了婚纱摄影机构的专业化；导航条设计简洁而实用，极大地方便客户了解企业的产品，进行服务咨询、技术支持等；多张作品图片相互切换，展示了摄影机构精湛的摄影技术和实力。静帧效果如图 9-52 所示。

图 9-52

9.2.2 设计思路

（1）制作 3 种不同的"遮罩"元件。
（2）依次使用多个遮罩层，形成多张图片相互切换的效果。
（3）制作网站背景。

9.2.3 相关知识和技能点

使用影片剪辑元件制作"遮罩"图形；使用遮罩动画制作多张图片相互切换的效果；使用影片剪辑元件制作百叶窗效果。

9.2.4　任务实施

（1）新建一个 Animate CC 2019 影片文档，设置舞台尺寸为 800 像素×600 像素，其他参数保持默认，保存影片文档为"菲凡摄影.fla"。

（2）执行"文件"＞"导入"＞"导入到库"命令，将要使用的素材图片导入"库"面板中。

（3）按 Ctrl+F8 组合键新建图形元件"百叶"，使用"矩形"工具在"舞台"上绘制一个矩形条，如图 9-53 所示。

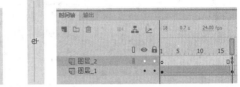

图 9-53　图 9-54　　　　　图 9-55

（4）新建影片剪辑元件"百叶动"，将"百叶"图形元件拖到"舞台"中，在第 18 帧添加关键帧。调整第 1 帧矩形条的宽度，如图 9-54 所示，创建传统补间动画，如图 9-55 所示。新建"图层 2"，在第 18 帧添加关键帧，调出"动作"面板，输入图 9-56 所示的代码。

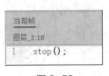

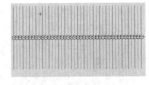

图 9-56　　　　　　　　　　图 9-57

（5）新建影片剪辑"多个百叶动"，将"百叶动"元件拖到"舞台"中，多次复制后，效果如图 9-57 所示。

（6）回到"场景 1"，重命名"图层 1"为"背景"，将"菲凡摄影背景.jpg"导入"舞台"中。调图片的位置和大小，在时间轴的第 75 帧按 F5 键添加帧，效果如图 9-58 所示。

（7）新建"图层 2"，将"4 月天.jpg"图片拖到"舞台"中，调整图片的大小和位置，效果如图 9-59 所示。

图 9-58　　　　　　　　　　　　　　　　图 9-59

（8）新建"图层 3"，在时间轴第 5 帧按 F6 键添加关键帧，将"1.jpg"素材图片拖至"舞台"，位置和大小和"图层 2"中图像相同，如图 9-60 所示。

（9）新建图层"多个百叶窗"，在第 5 帧添加关键帧，将影片剪辑"多个百叶动"拖到"舞台"中，调整其位置和大小，使其覆盖"图层 3"中的图片，如图 9-61 所示。选中该图层，用鼠标右键单击，在弹出的快捷菜单中选择"遮罩层"命令，将其设为遮罩层，如图 9-62 所示。

图 9-60　　　　　　　　　　　　　　　　图 9-61

（10）使用同样的方法制作多个遮罩层，面板效果如图 9-63 所示。适当调整影片剪辑"多个百叶动"的方向和位置，以产生不同的效果，如图 9-64 所示。例如，产生的另一种"遮罩"形状如图 9-65 所示。

图 9-62

图 9-63

图 9-64

图 9-65

（11）新建图层"小图片"，分别将"1.jpg"图片、"2.jpg"图片、"3.jpg"图片拖到"舞台"中，调整图片的大小和位置，如图 9-66 所示。

（12）最终运行效果如图 9-67 所示。

图 9-66

图 9-67

（13）按 Ctrl+Enter 组合键测试影片，然后保存文件。

9.3 任务二——制作平顶山学院招生网站

9.3.1 案例效果分析

本案例为平顶山学院制作一个招生网站，网站整体的色调为深蓝色，衬托校园如天空和大海般的深沉，搭配翠绿色的按钮图标，使页面更加醒目。网站通过图片和文字的结合，对学校简介、教学科研、专业介绍和招生计划等栏目进行了展示，效果如图 9-68 所示。

图 9-68

9.3.2　设计思路

网站分为首页和二级页面，首页以学院的图片为背景，添加简单的文字和学院标志做成的按钮，单击按钮便可以进入二级页面。

二级页面分为学校简介、教学科研、专业介绍和招生计划 4 个部分，只需单击每个部分对应的按钮，就可以对其进行浏览。二级页面由文字和图片构成，在文字部分添加了滚动条，在图片部分使用传统补间动画形成动态效果。

9.3.3　相关知识和技能点

使用文本图形法制作招生计划内容，使用 loadMovie 脚本命令装载外部 SWF 文件，使用传统补间动画和遮罩制作滚动文字，使用"变形"面板和形状补间动画制作文字转动效果。

9.3.4　任务实施

1．制作"学校简介"二级页面

（1）新建一个 Animate CC 2019 影片文档，设置舞台尺寸为 800 像素×600 像素，将背景颜色修改为深蓝色，其他参数保持默认，如图 9-69 所示，将相关素材导入"库"面板中，保存影片文档为"c1.fla"。

（2）按 Ctrl+F8 组合键，出现图 9-70 所示的对话框，输入名称"滚动文字"，选择类型为"图形"，单击"确定"按钮。将"学校简介.png"拖入"舞台"，如图 9-71 所示。

图 9-69　　　　　　　　　　图 9-70

图 9-71

（3）将"学校简介.png"选中，然后按 F8 键，将位图转化为图形元件"学校简介"，如图 9-72 所示。新建"图层_2"，如图 9-73 所示。

图 9-72

图 9-73

（4）选择"图层_2"，使用"矩形"工具绘制一个矩形，放在合适的位置，如图 9-74 所示。在"图层_1"的第 200 帧，按 F6 键插入关键帧。适当将文字向上移动，在"图层_1"上用鼠标右键单击，在弹出的快捷菜单中选择"创建传统补间"命令，制作文字的动画，面板效果如图 9-75 所示，使文字从下到上移动。

图 9-74

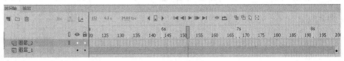

图 9-75

（5）在"图层_2"的第 200 帧按 F5 键，插入帧，然后在"图层_2"上用鼠标右键单击，在弹出的快捷菜单中选择"遮罩层"命令，将其设为遮罩层，如图 9-76 所示，完成"滚动文字"的制作。

（6）按 Ctrl+F8 组合键，新建图形元件"文字"，如图 9-77 所示。输入垂直方向的文字，如图 9-78 所示。

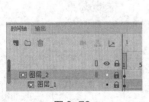

图 9-76

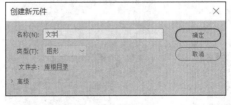

图 9-77

图 9-78

（7）新建"文字动画"影片剪辑元件，将"文字"元件拖至"舞台"，调出"变形"面板，将变形中心点移动到左侧，如图 9-79 所示。在"图层_1"的第 20 帧插入关键帧，然后在第 1 帧上将水平方向缩放比改为 1.5%，如图 9-80 所示。在"属性"面板，将"Alpha"值改为 0，如图 9-81 所示。在"图层_1"上用鼠标右键单击，在弹出的快捷菜单中选择"创建传统补间"命令，完成文字由左到右转动的效果。

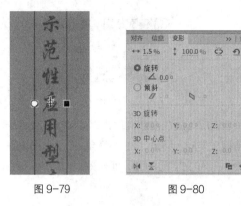

图 9-79　　　　　　　　图 9-80　　　　　　　　　　图 9-81

（8）新建"图层_2"，使用同样的方法完成文字由左到右逐渐消失的效果。注意，应将"文字"元件的变换中心点移动到右侧，在"图层_2"的第 20 帧上，将"文字"的水平缩放比改为 1%，在"属性"面板中将其"Alpha"值改为 0，完成"文字动画"元件的制作。

（9）新建按钮元件"隐形按钮"，在"按下"帧按 F5 键插入帧，在"点击"帧按 F6 键插入关键帧，如图 9-82 所示。在舞台上使用"矩形"工具绘制一个矩形，如图 9-83 所示，完成隐形按钮的制作。

图 9-82　　　　　　　　　　　　　　　图 9-83

（10）将"图层_1"重命名为"边框"，如图 9-84 所示。选择"矩形"工具，将笔触颜色设置为线性渐变色，填充颜色设置为无，调出"属性"面板，修改其参数，如图 9-85 所示。在"舞台"上绘制出大小合适的矩形，完成边框的制作，效果如图 9-86 所示。

图 9-84　　　　　　　　图 9-85　　　　　　　　图 9-86

（11）新建图层，并命名为"标题"，如图 9-87 所示。使用"文本"工具在适当的位置添加图 9-88所示的文字。

（12）新建图层"文字动画"，如图 9-89 所示。将影片剪辑"文字动画"拖到"舞台"中，调整其位置和大小，如图 9-90 所示。

| 图 9-87 | 图 9-88 | 图 9-89 | 图 9-90 |

（13）新建图层"滚动文字"，将影片剪辑"滚动文字"拖到"舞台"中。新建图层"隐形按钮"，如图 9-91 所示，将"隐形按钮"元件拖到场景中，调整其大小和位置，如图 9-92 所示。选择按钮，按 F9 键调出"动作"面板，单击"动作片段"，执行"actionscripts" > "事件处理函数" > "Mouse Click 事件"命令，进入代码编辑窗口，修改完善代码如图 9-93 所示。

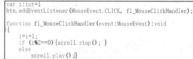

| 图 9-91 | 图 9-92 | 图 9-93 |

（14）按 Ctrl+Enter 组合键测试影片，保存文件。

2. 制作"教学科研"二级页面

（1）按照"学校简介"二级页面的制作方法，新建空白文档，修改其属性。重命名"图层_1"为"边框"，绘制与"学校简介"二级页面相同的边框。新建图层"标题"，同样绘制该二级页面的标题，如图 9-94 所示。

（2）新建影片剪辑元件"滚动图片"，执行"文件" > "导入" > "导入到库"命令，将素材图片导入"库"面板中，如图 9-95 所示。执行"视图" > "标尺"命令显示"舞台"标尺，拖曳出两条水平的辅助线，如图 9-96 所示。

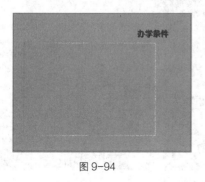

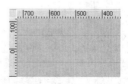

| 图 9-94 | 图 9-95 | 图 9-96 |

（3）将"北校区.jpg"图片拖到"舞台"中，用鼠标右键单击，将其转换为图形元件，并命名为"学校 1"。双击图片，进入该图形元件的编辑界面，调出"属性"面板，修改元件大小为 120

像素×90 像素，如图 9-97 所示。调整其到合适的位置，并将图片打散后，使用"墨水瓶"工具为图片加上白色的边框。使用同样的方法，将另外 9 张图片分别转化为元件，调整其大小和位置，如图 9-98 所示。

（4）选中所有图片，按 Ctrl+G 组合键将图片成组，在"图层_1"的第 60 帧插入关键帧，向上移动图片到图 9-99 所示的位置。在第 1～60 帧创建传统补间动画，面板效果如图 9-100 所示。

| 图 9-97 | 图 9-98 | 图 9-99 | 图 9-100 |

（5）在"图层_2"中使用"矩形"工具绘制一个矩形，如图 9-101 所示。在"图层_2"上用鼠标右键单击，选择"遮罩层"命令，将其设置为遮罩层，如图 9-102 所示，完成"滚动图片"影片剪辑元件的制作。

（6）回到"场景 1"，新建图层"滚动图片"，将"滚动图片"元件拖到"舞台"中，调整其位置和大小，如图 9-103 所示。

（7）新建图层"内框"，将笔触颜色设为白色，填充颜色设为无，使用"矩形"工具绘制图 9-104 所示的矩形框。

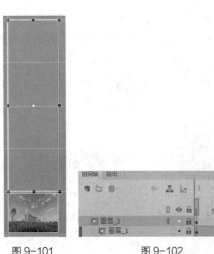

| 图 9-101 | 图 9-102 | 图 9-103 | 图 9-104 |

（8）新建图层"滚动文字"，按照步骤（2）的方法建立"滚动文字"影片剪辑元件，时间轴设置

如图 9-105 所示。新建"图层_1",将素材中的"教学科研 1.png""教学科研 2.png"导入"库"面板,从库中拖入到"舞台"中,调整至合适大小和位置,并转换为图形元件,在第 400 帧插入关键帧,将图形元件向上拖动到合适位置,在第 1 帧选中元件后,插入传统补间动画,静帧效果如图 9-106 所示。使用"矩形工具"在"图层_2"上建立遮罩层,调整其位置和大小,如图 9-107 所示。返回"场景 1",并将"滚动文字"影片剪辑元件拖入"舞台",调整其大小和位置。

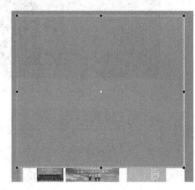

| 图 9-105 | 图 9-106 | 图 9-107 |

(9)按 Ctrl+Enter 组合键测试影片,保存文件。

3. 制作"专业介绍"二级页面

该页面的制作方法与"学校简介"二级页面完全相同,可参考上述内容,这里不再赘述,效果如图 9-108 所示。

4. 制作"招生计划"二级页面

修改"专业介绍"二级页面,重新制作"滚动文字"影片剪辑元件,导入"招生计划 1.jpg"和"招生计划 2.jpg"文件到"库"面板中,分别拖入到舞台,调整大小和位置,按 Ctrl+G 组合键组合图形,转化成图形元件,分别在"图层_1"第 1 帧和第 400 帧插入关键帧,调整第 400 帧图片元件位置,创建传统补间动画,静帧效果如图 9-109 所示。

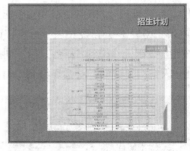

| 图 9-108 | 图 9-109 |

5. 制作网站主场景

(1)新建文档,修改其属性,使其与其他文档一致。进入"场景 1",重命名"图层_1"为"背景",制作背景效果如图 9-110 所示。

(2)新建图形元件"背景 2",如图 9-111 所示。进入场景 1,新建"图层_2",重命名为"图片",将图形文件"背景 2"拖到"舞台"中,改变其"Alpha"值和大小,如图 9-112 所示。在第 24 帧插入关键帧,调整其"Alpha"值和大小,如图 9-113 所示。在第 1~24 帧创建传统补间动画。

(3)新建图形元件"圆环",在"图层_1"上绘制图 9-114 所示的图形。新建"图层_2",绘制

图 9-115 所示的图形。新建"圆环转"影片剪辑元件，将"圆环"拖到"舞台"中，在第 20 帧插入
关键帧，在第 1~20 帧创建传统补间动画，设置属性如图 9-116 所示。

图 9-110

图 9-111

图 9-112

图 9-113

图 9-114

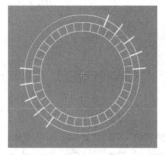

图 9-115

图 9-116

（4）新建"标志"影片剪辑元件，将素材图片拖到"舞台"中，将其选中
后按 Ctrl+B 组合键打散，将多余部分删除后，形成图 9-117 所示的图形。新
建按钮元件"标志按钮"，将"标志"元件拖到"舞台"中。

（5）进入"场景 1"，新建图层"标志按钮"，在第 11 帧插入空白关键帧，
将"标志按钮"按钮元件拖到"舞台"中，如图 9-118 所示。新建图层"圆环"，
在第 11 帧插入空白关键帧，将圆环拖到"舞台"中，如图 9-119 所示。

图 9-117

图 9-118

图 9-119

（6）新建图层"文字 1"，在第 12 帧插入关键帧，导入素材中"文字 1.png"到"库"面板中，
从库中拖入到"舞台"，调整其大小和位置，并将其转换为图形元件"文字 1"，效果如图 9-120 所示。

在第 25 帧插入关键帧，将"文字 1"元件移动到图 9-121 所示的位置。在第 12～25 帧创建传统补间动画，制作"文字 1"由上到下移动的动画。

（7）新建图层"文字 2"，按 Ctrl+F8 组合键，新建"文字 2"图形元件，在第 12～25 帧制作"文字 2"由左到右移动的动画效果，静帧效果如图 9-122 所示。

图 9-120

图 9-121

图 9-122

（8）新建图层"文字 3"，在第 26 帧插入关键帧，使用"文本"工具输入文字，并将其分离，如图 9-123 所示。在第 40 帧插入关键帧，将已有文字删除后，重新输入图 9-124 所示的文字，在第 26～40 帧创建形状补间动画。

（9）新建图层"动作"，在第 40 帧插入关键帧，选择第 40 帧，进入"动作"面板，输入图 9-125 所示的代码。

图 9-123

图 9-124

图 9-125

（10）在第 40 帧选中"标志按钮"，进入"动作"面板，执行"动作片段">"ActionScript">"事件处理函数">"Mouse Click 事件"命令，进入动作代码编辑窗口，修改完善代码如图 9-126 所示。

```
Actions:40
1    stop();
2
3    logo.addEventListener(MouseEvent.CLICK, fl_MouseClickHandler);
4
5    function fl_MouseClickHandler(event:MouseEvent):void
6    {
7        this.gotoAndStop(1,"场景 2");
8    }
```
图 9-126

（11）新建图层"场景 2"，在时间轴第 1 帧插入一个关键帧，在"文字 1"和"标志按钮"图层的第 60 帧插入关键帧，调整其大小和位置，效果如图 9-127 所示。

（12）新建图层"边框"，利用前面介绍的"矩形"工具绘制边框，并在其内部插入"库"面板中的"图书馆.jpg"图片，调整其大小和位置，效果如图 9-128 所示。

（13）新建"导航按钮"图层，新建按钮元件"学校简介按钮"，利用"矩形"和"文字"工具在"舞台"上绘制成图 9-129 所示的图形。在"点击"帧插入关键帧，如图 9-130 所示。

（14）使用同样的方法，制作其余 3 个导航按钮，并将各个按钮放置在合适的位置，如图 9-131 所示。

图 9-127　　　　　　　　　　　图 9-128

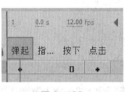

图 9-129　　　　　　　图 9-130　　　　　　　　图 9-131

（15）选中 4 个导航按钮，在其"属性"面板中分别为实例命名为"xxjj_btn""jxky_btn"
"zyjs_btn"和"zsjh_btn"，如图 9-132 所示。

（16）在时间轴的第 1 帧，选择"学校简介"按钮，按 F9 键，进入"动作"面板，执行"动作片
段"＞"ActionScript"＞"加载和卸载"＞"单击加载/卸载 SWF 或图像"命令，修改完善代码，加
载"c1.swf"文件，如图 9-133 所示。

图 9-132　　　　　　　　　　　　图 9-133

（17）使用步骤（16）相同的方法，选择图层"导航按钮"中的其他按钮，进入其"动作"面板，
分别给其他 3 个按钮添加链接，加载"c2.swf""c3.swf"和"c4.swf"等网站动画页面。

（18）按 Ctrl+Enter 组合键测试影片，然后保存文件。

9.4　实训任务——制作平高电气销售网站

9.4.1　实训概述

1．网站的制作目的与效果

本实训的制作效果如图 9-134 所示。

图 9-134

该网站的制作目的是对平高电气公司进行简单的介绍和宣传，对平高电气公司的基本情况、产品、客服承诺和联系方式进行介绍。通过浏览本动态式网站，人们能对平高电气公司有更多的了解。

2．网站整体风格设计

网站整体颜色为天蓝色，色调高贵淡雅，搭配白色的边框和黑色的文字，增添网站的正式感。在显示网站的各个子页面时，配合有背景音乐，使网站正式中又不失活泼。

3．素材收集与处理

网站运用的素材包括文字和图片，这些内容可以在平高电气公司官网上收集，对于图片的裁剪和处理，则可以使用 Photoshop 软件完成。

9.4.2　实训要点

（1）本网站分为首页、产品、展示、客服承诺和联系我们 5 个页面，在整体布局不变的基础上，改变每个子页面的内容。在子页面出现的过程中，伴随音乐播放和边框的变动。

（2）使用透明按钮制作网站导航条，使用"gotoAndPlay("产品");"跳转到内页。

（3）网站内页内容由两部分构成，左侧是文字介绍，右侧是各个子页面内容。

（4）使用"变形"面板和形状补间动画制作内容背景。

9.4.3　实训步骤

（1）启动 Animate CC 2019，新建一个"角色动画"空白文档，平台类型选择"ActionScript 3.0"。

（2）按 Ctrl+J 组合键，出现图 9-135 所示的对话框，将文档尺寸修改为 770 像素×600 像素，单击"确定"按钮。

（3）重命名"图层_1"为"背景"，使用"矩形"工具绘制一个矩形，调整其大小和位置。调出

"颜色"面板，参照图 9-136 为其添加渐变色，效果如图 9-137 所示。然后使用"线条"工具绘制几条直线，如图 9-138 所示。在时间轴第 279 帧插入帧。

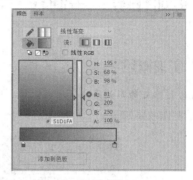

图 9-135　　　　　　　　　　　　　　　图 9-136

（4）按 Ctrl+F8 组合键新建图形元件"白色矩形"，使用"矩形"工具在"舞台"上绘制一个长方形，然后回到"场景 1"，新建图层"白色背景"，将 "白色矩形"元件拖到"舞台"中，如图 9-139 所示。在时间轴第 14 帧插入关键帧，改变长方形的大小，如图 9-140 所示。在时间轴第 1 ~ 14 帧创建传统补间动画。

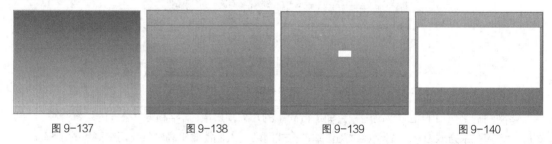

图 9-137　　　　　　　　图 9-138　　　　　　　　图 9-139　　　　　　　　图 9-140

（5）新建图形元件"左长方形"，使用"矩形"工具绘制一个长方形。新建图层"左背景"，在第 19 帧添加关键帧，将"左长方形"元件拖到"舞台"中，如图 9-141 所示。在第 39 帧插入关键帧，使用"变形"工具调整元件的大小和位置，如图 9-142 所示。然后在第 19 ~ 39 帧创建传统补间动画。

（6）使用同样的方法，新建图层"右背景"，在第 19 帧插入关键帧，添加"右长方形"元件，如图 9-143 所示。在第 39 帧插入关键帧，改变其大小和位置，如图 9-144 所示。在第 19 ~ 39 帧创建传统补间动画。

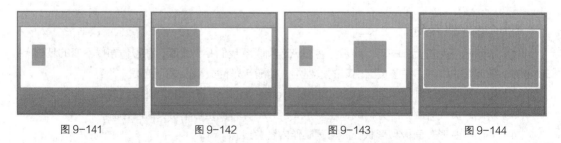

图 9-141　　　　　　　　图 9-142　　　　　　　　图 9-143　　　　　　　　图 9-144

（7）新建图形元件"圆圈"，使用"椭圆"工具绘制图 9-145 所示的图形。在"场景 1"中新建图层"圆圈"，在第 19 帧插入空白关键帧，将"圆圈"元件拖到"舞台"中，修改其属性，将其"Alpha"值改为 40%，如图 9-146 所示。

（8）新建图形元件"导航条"，使用"矩形"工具绘制一个圆角矩形，然后使用"文本"工具输入文字，如图 9-147 所示。在场景中新建图层"导航条"，在第 19 帧添加空白关键帧，将"导航条"元件拖到图 9-148 所示的位置。在时间轴第 34 帧插入关键帧，使用"移动"工具改变元件的位置，如图 9-149 所示。在第 19~34 帧创建传统补间动画。

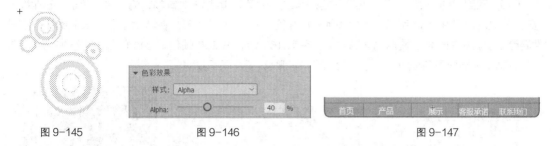

图 9-145　　　　　图 9-146　　　　　　　　　　图 9-147

（9）新建按钮元件"透明按钮"，在"点击"帧插入空白关键帧，使用"矩形"工具绘制图 9-150 所示的矩形。新建图层，在"指针经过"帧插入空白关键帧，将素材中的音乐文件"Media10.wav" 拖到"舞台"中，在"指针经过"帧添加空白关键帧，如图 9-151 所示。

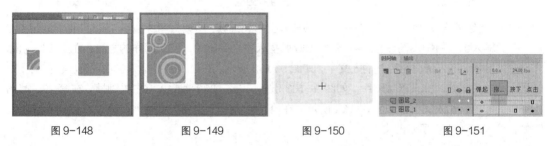

图 9-148　　　　　图 9-149　　　　　图 9-150　　　　　图 9-151

（10）回到"场景 1"，新建图层"透明按钮"，在第 34 帧插入关键帧，然后将 "透明按钮"元件拖到"舞台"中 5 次，调整其位置和大小，如图 9-152 所示。

（11）在"场景 1"中新建图层"标题"，在第 19 帧插入关键帧，使用"矩形"工具绘制一个白色矩形，从"库"面板中拖入"logo"图形元件，调整其大小和位置，效果如图 9-153 所示。

图 9-152　　　　　图 9-153

（12）新建图形元件"蓝色渐变矩形"，使用"矩形"工具绘制矩形，并为其填充渐变色，如图 9-154 所示。新建图形元件"轴"，将素材图片导入"舞台"中，按 Ctrl+B 组合键将其打散，如图 9-155 所示。新建图形元件"内容背景"，将"蓝色渐变矩形"元件拖到"舞台"中，调出"变形"面板，如图 9-156 所示。调整其大小，在第 15 帧插入关键帧，将其大小改为 100%，在第 1~15 帧创建传统补间动画。

（13）新建图层，在第 10 帧插入空白关键帧，将"轴"元件拖到"舞台"中，调整其位置和大小，如图 9-157 所示。调出"变形"面板，调整其水平宽度，如图 9-158 所示。在第 15 帧插入关键帧，调整其水平宽度为 100%，在第 10~15 帧创建传统补间动画。

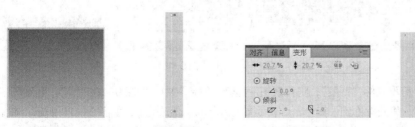

图 9-154　　　　　图 9-155　　　　　图 9-156　　　　　图 9-157

（14）新建图层，使用同样的方法制作出右轴的动画，如图 9-159 所示。

（15）回到"场景 1"，新建图层"内容背景"，在第 79 帧插入关键帧，将"内容背景"元件拖到"舞台"中，如图 9-160 所示，并为该帧添加标签，命名为"首页"。在第 120 帧插入关键帧，将元件删除后重新添加元件。使用同样的方法，在第 160 帧、第 200 帧和第 240 帧都重新添加元件，各个帧分别添加的标签名称为"产品""展示""客服承诺""联系我们"。

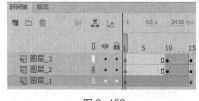

图 9-158　　　　　　　　　　图 9-159　　　　　　　　　　图 9-160

（16）新建图层"网页内容"，在第 109 帧插入空白关键帧，将素材图片拖到"舞台"中，使用"文本"工具输入图 9-161 所示的文字，在第 120 帧插入空白关键帧。使用同样的方法，在第 149 帧插入空白关键帧，拖入素材图片并输入文字，如图 9-162 所示。在第 160 帧插入空白关键帧。在第 189 帧插入空白关键帧，拖入素材图片，如图 9-163 所示。在第 200 帧插入空白关键帧。在第 229 帧插入空白关键帧，输入文字，如图 9-164 所示。在第 240 帧插入空白关键帧。在第 269 帧插入空白关键帧，输入图 9-165 所示的文字。

图 9-161　　　　　　图 9-162　　　　　　图 9-163　　　　　　图 9-164

（17）新建图层"内容遮罩"，在第 109 帧插入关键帧，使用"矩形"工具绘制图 9-166 所示的矩形。在第 119 帧插入关键帧，调整矩形的大小和位置，如图 9-167 所示。在第 109～119 帧创建形状补间动画。使用同样的方法，在第 149～159 帧、第 189～199 帧、第 229～239 帧和第 269～279 帧创建形状补间动画。

（18）在图层名称处用鼠标右键单击，在弹出的快捷菜单中选择"遮罩层"命令，将其设置为遮罩层，如图 9-168 所示。

图 9-165　　　　　　图 9-166　　　　　　图 9-167　　　　　　图 9-168

（19）新建影片剪辑元件"背景"，将背景图片拖到"舞台"中，如图 9-169 所示。回到场景中，新建图层"虚背景"，将元件拖到"舞台"中，将其"Alpha"值改为 0，如图 9-170 所示。在第 39 帧插入关键帧，将其"Alpha"值修改为 19%，在第 1～39 帧创建传统补间动画。

（20）新建图层"AS"，在第 119、第 159、第 199、第 239 和第 279 帧分别插入关键帧，调出"动作"面板，输入图 9-171 所示的代码。

图 9-169 · · · · · · · · · · · · · · · 图 9-170 · · · · · · · · · · · · · · · 图 9-171

（21）新建图层"公司简介"，在第 39 帧插入空白关键帧，使用"文本"工具输入图 9-172 所示的文字。

（22）新建元件"标志"，将素材图片拖到"舞台"中，如图 9-173 所示。回到场景 1 中，新建图层"标志"，在第 21 帧插入空白关键帧，将元件"标志"拖到"舞台"中，如图 9-174 所示。在第 39 帧插入关键帧，在第 21 帧选中元件，将其"Alpha"值改为 0，然后在第 21~39 帧创建传统补间动画。

图 9-172 · · · · · · · · · · · · · · · 图 9-173 · · · · · · · · · · · · · · · 图 9-174

（23）选择图层"按钮"，选择第一个按钮，调出"动作"面板，输入图 9-175 所示的代码。使用同样的方法依次为其他 4 个按钮添加代码，如图 9-176 所示。

```
btn2.addEventListener(MouseEvent.CLICK, fl_MouseClickHandler_2);
function fl_MouseClickHandler_2(event:MouseEvent):void
{
    this.gotoAndPlay("产品");
}
```

```
btn3.addEventListener(MouseEvent.CLICK, fl_MouseClickHandler_3);
function fl_MouseClickHandler_3(event:MouseEvent):void
{
    this.gotoAndPlay("展示");
}
```

```
btn4.addEventListener(MouseEvent.CLICK, fl_MouseClickHandler_4);
function fl_MouseClickHandler_4(event:MouseEvent):void
{
    this.gotoAndPlay("客服承诺");
}
```

```
btn1.addEventListener(MouseEvent.CLICK, fl_MouseClickHandler);
function fl_MouseClickHandler(event:MouseEvent):void
{
    this.gotoAndPlay("首页");
}
```

```
btn5.addEventListener(MouseEvent.CLICK, fl_MouseClickHandler_5);
function fl_MouseClickHandler_5(event:MouseEvent):void
{
    this.gotoAndPlay("联系我们");
}
```

图 9-175 · 图 9-176

（24）按 Ctrl+Enter 组合键测试影片。

9.5 评价考核

项目九　任务评价考核表

能力类型	考 核 内 容		评 价		
	学 习 目 标	评 价 项 目	3	2	1
职业能力	掌握常用影片剪辑控制函数的使用方法； 会运用 Animate 设计网站	能够使用影片剪辑控制函数			
		能够使用网页元素控制函数			
		能够使用 Animate 设计主题网站			
通用能力	造型能力				
	审美能力				
	组织能力				
	解决问题能力				
	自主学习能力				
	创新能力				
综合评价					

9.6 课外拓展——制作个人网站

9.6.1 参考制作效果

本案例的主页如图 9-177 所示，主页上有"首页""取得证书""创作作品""自荐信"和"联系方式"5 个按钮。单击主页上的相关按钮，可以进入子页面，其中按钮有收缩方块的动态效果。

图 9-177

9.6.2 知识要点

（1）本网站分为 5 个模块，每个页面单独制作为一个 SWF 文件。

（2）在主页 index.swf 中，使用 loadMovieNum 命令调用其他子页面。使用 loadMovieNum 命令调用 SWF 文件时，被调用 SWF 文档的左上角会与调用文档的左上角（即(0,0)位置）对齐。

9.6.3　参考制作过程

1. 制作"取得证书"页面

（1）新建一个 Animate CC 2019 影片文档，设置舞台尺寸为 988 像素×600 像素，其他参数保持默认，保存影片文档为"证书.fla"。

（2）在时间轴上创建 8 个图层，分别重命名为"背景""花""标题""证 1""证 2""证 3""证 4"和"AS"。

（3）在"背景"图层上，用"矩形"工具创建两个矩形。选择"颜料桶"工具，设置填充类型为"背景线"，效果如图 9-178 所示。

（4）将"背景"图片导入"舞台"，调整其大小，效果如图 9-179 所示。

图 9-178　　　　　　　图 9-179

（5）新建影片剪辑元件"花"，将"果实.tif"图片拖至"舞台"，调整其大小，如图 9-180 所示。

（6）新建影片剪辑元件"花_action"，将"花"影片剪辑元件拖至"舞台"，调整其大小，在"属性"面板中将"Alpha"值改为 0，效果如图 9-181 所示。在"图层 1"的第 40 帧插入关键帧，在"属性"面板将"Alpha"值改为 100%，效果如图 9-182 所示。

图 9-180　　　　　　　图 9-181　　　　　　　图 9-182

（7）在"图层 1"上用鼠标右键单击，在弹出的快捷菜单中选择"创建传统补间"命令，完成"花"由左到右逐渐出现的效果。

（8）新建"图层 2"，使用"矩形"工具绘制一个矩形，如图 9-183 所示。在"图层 1"的第 40 帧插入关键帧，调整矩形大小，如图 9-184 所示。选择"图层 2"的第 1 帧，创建形状补间动画。在"图层 2"上用鼠标右键单击，在弹出的快捷菜单中选择"遮罩层"命令，将其设置为遮罩层，如图 9-185 所示。

（9）回到"场景 1"中，选择"花"图层，将"花_action"影片剪辑元件拖至"舞台"，位置如图 9-186 所示。

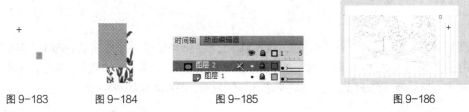

图 9-183　　　　图 9-184　　　　图 9-185　　　　　　　图 9-186

（10）新建影片剪辑元件"证书标题"，输入静态文本，效果如图 9-187 所示。选择"标题"图层，在第 18 帧插入空白关键帧，拖入"证书标题"影片剪辑。在第 32 帧插入关键帧，在"标题"上用鼠标右键单击，创建传统补间动画，面板效果如图 9-188 所示，完成标题文字由左向右出现的效果。

在校期间获得证书

图 9-187　　　　　　　　　　　　　　图 9-188

（11）选择"证 1"图层，在第 1 帧插入空白关键帧，拖入"证 1"图形元件，如图 9-189 所示。在第 18 帧插入关键帧，在"证 1"图层上用鼠标右键单击，创建传统补间动画，面板效果如图 9-190 所示，完成"证 2"由左向右出现的效果。

（12）同样，选择"证 2"图层，在第 1 帧插入空白关键帧，拖入"证 2"图形元件。在第 18 帧插入关键帧，在"证 2"图层上用鼠标右键单击，在弹出的快捷菜单中选择"创建传统补间"命令，完成"证 2"由右向左出现的效果。

（13）选择"证 3"图层，在第 1 帧插入空白关键帧，拖入"证 3"图形元件，如图 9-191 所示。在第 17 帧插入关键帧，在"证 3"图层上用鼠标右键单击，在弹出的快捷菜单中选择"创建传统补间"命令，面板效果如图 9-192 所示，完成"证 3"由下向上出现的效果。

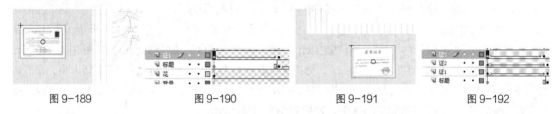

图 9-189　　　　　　　图 9-190　　　　　　　图 9-191　　　　　　　图 9-192

（14）同样，选择"证 4"图层，在第 1 帧插入空白关键帧，拖入"证 4"图形元件。在第 17 帧插入关键帧，在"证 4"图层上用鼠标右键单击，在弹出的快捷菜单中选择"创建传统补间"命令，完成"证 4"由下向上出现的效果。

（15）选择"AS"图层，在第 1 帧插入空白关键帧，在第 34 帧插入空白关键帧，在"动作"面板中输入代码"stop();"。

2．制作"创作作品"页面

（1）新建一个 Animate CC 2019 影片文档，设置舞台尺寸为 988 像素×600 像素，其他参数保持默认，保存影片文档为"作品.fla"。

（2）在时间轴上创建 5 个图层，分别重命名为"背景""花""标题""作品"和"AS"。

（3）在"背景"图层上，将"作品背景"图片拖到"舞台"，调整其大小，效果如图 9-193 所示。

（4）选择"花"图层，将"花_action"影片剪辑元件拖至"舞台"，位置如图 9-194 所示。

图 9-193　　　　　　　　　　　　　　图 9-194

（5）新建影片剪辑元件"作品标题"，输入静态文本，效果如图 9-195 所示。选择"作品标题"图层，在第 1 帧插入空白关键帧，拖入"作品标题"影片剪辑。在第 20 帧插入关键帧，在第 1～20 帧创建传统补间动画，完成标题文字由左向右出现的效果，静帧效果如图 9-196 所示。

在校期间完成的作品

图 9-195　　　　　　　　　　　　　　图 9-196

（6）选择"作品"图层，在第 1 帧插入空白关键帧，拖入"作品 1"图片，如图 9-197 所示。在第 4 帧插入空白关键帧，拖入"作品 2"图片，如图 9-198 所示。依次在第 7 帧、第 10 帧、第 13 帧、第 16 帧拖入"作品 3""作品 4""作品 5""作品 6"，完成后的图层效果如图 9-199 所示。

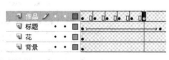

图 9-197　　　　　　　　　图 9-198　　　　　　　　　图 9-199

（7）选择"AS"图层，在第 1 帧插入空白关键帧，在第 34 帧插入空白关键帧，在"动作"面板中输入代码"stop();"。

3．制作"自荐信"页面

（1）新建一个 Animate CC 2019 影片文档，设置舞台尺寸为 988 像素×600 像素，其他参数保持默认，保存影片文档为"自荐信.fla"。

（2）在时间轴上创建 5 个图层，分别重命名为"背景""花""标题""信"和"AS"。

（3）在"背景"图层上，将"自荐信背景"图片拖到"舞台"，调整其大小，效果如图 9-200 所示。

（4）选择"花"图层，将"花_action"影片剪辑元件拖至"舞台"，位置如图 9-201 所示。

（5）新建影片剪辑元件"自荐信"，输入静态文本，效果如图 9-202 所示。选择"标题"图层，在第 1 帧插入空白关键帧，拖入"作品标题"影片剪辑。在第 20 帧插入关键帧，在第 1～20 帧创建传统补间动画，完成标题文字由左向右出现的效果，静帧效果如图 9-203 所示。

图 9-200　　　　　　　　　图 9-201　　　　　　　图 9-202　　　　　　　图 9-203

（6）新建影片剪辑元件"信"，使用"文本"工具将"自荐信 text"复制并粘贴到"舞台"，调整文字的属性，效果如图 9-204 所示。

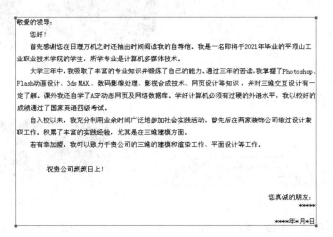

图 9-204

（7）选择"信"图层，拖入"信"影片剪辑元件，如图 9-205 所示。

图 9-205

（8）选择"AS"图层，在第 1 帧插入空白关键帧，在第 34 帧插入空白关键帧，在"动作"面板中输入代码 stop();。

4. 制作"联系方式"页面

该页面的制作方法与"自荐信"二级页面完全相同，可参考上述内容，这里不再赘述。

5. 制作网站主页

（1）新建一个 Animate CC 2019 影片文档，设置舞台尺寸为 988 像素×600 像素，其他参数保持默认，保存影片文档为"主页.fla"。

（2）在时间轴上创建 7 个图层，分别重命名为"背景""花""图片""底""导航背景""标志"和"按钮"。

（3）在"背景"图层上，用"矩形"工具创建两个矩形。选择"颜料桶"工具，设置填充类型为"背景线"，效果如图 9-206 所示。

（4）选择"花"图层，将"花_action"影片剪辑元件拖至"舞台"，位置如图 9-207 所示。

（5）选择"图片"图层，在第 1 帧插入空白关键帧，将"bj1.jpg"图片拖至"舞台"，如图 9-208 所示。在第 10 帧插入空白关键帧，拖入"bj2.jpg"图片，如图 9-209 所示。依次在第 18 帧和第 26 帧拖入"bj3.jpg""bj4.jpg"图片，完成后的图层效果如图 9-210 所示。选择第 26 帧，在"动作"面板中输入代码"stop();"。

| 图 9-206 | 图 9-207 | 图 9-208 | 图 9-209 |

（6）选择"底"图层，拖入"底"影片剪辑元件，位置如图 9-211 所示。

图 9-210

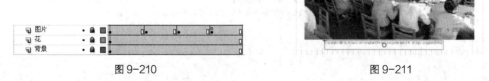

图 9-211

（7）选择"导航背景"图层，选择"矩形"工具，将笔触颜色设置为无，填充颜色设置为"线性渐变"，在"舞台"上绘制大小合适的矩形，如图 9-212 所示。

（8）新建 4 个图形元件，分别命名为"个""人""简""介"，选择"文本"工具，调出"属性"面板，修改其参数，如图 9-213 所示。分别在 4 个图形元件中输入静态文本，效果如图 9-214 所示。

图 9-212

图 9-213

（9）选择"标志"图层，拖入"logo"图形元件，并拖入 4 个图形元件"个""人""简""介"，调整位置，效果如图 9-215 所示。

图 9-214

图 9-215

（10）新建图形元件"元件 1"，选择"矩形"工具，将笔触颜色设置为无，填充颜色设置为白色，创建矩形，如图 9-216 所示。

（11）新建影片剪辑元件"收缩的方块"，拖入"元件 1"图形元件。在第 10 帧插入关键帧，将"元件 1"缩小成图 9-217 所示的效果。在第 12 帧插入关键帧，在第 11 帧用鼠标右键单击，在弹出的快捷菜单中选择"创建补间动画"命令，创建动作补间动画，面板如图 9-218 所示。

图 9-216   图 9-217   图 9-218

（12）新建按钮元件"首页"，在按钮"弹起"状态，输入静态文本"首页"，如图 9-219 所示。新建"图层 2"，在"指针经过"状态拖入"收缩的方块"影片剪辑元件。在"属性"面板中设置"Alpha"的属性，如图 9-220 所示。在"点击"状态，拖入"元件 1"图形元件，完成后的图层结构如图 9-221 所示。

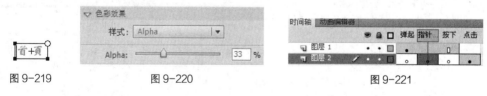

图 9-219   图 9-220   图 9-221

（13）同样，制作"联系方式""创作作品""自荐信""取得证书"4 个按钮。

（14）选择"按钮"图层，拖入"首页""联系方式""创作作品""自荐信""取得证书"5 个按钮元件，如图 9-222 所示。

（15）选择"首页"按钮元件，在"动作"面板中输入代码，如图 9-223 所示。选择"取得证书"按钮元件，在"动作"面板中输入代码，如图 9-224 所示。选择"创作作品"按钮元件，在"动作"面板中输入代码，如图 9-225 所示。选择"自荐信"按钮元件，在"动作"面板中输入代码，如图 9-226 所示。选择"联系方式"按钮元件，在"动作"面板中输入代码，如图 9-227 所示。

图 9-222

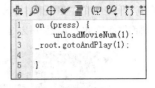

图 9-223

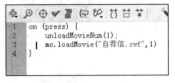

图 9-224　　　　　　　　　　图 9-225　　　　　　　　　　图 9-226

"主页"完成后的图层结构如图 9-228 所示。

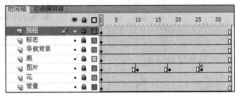

图 9-227　　　　　　　　　　　　　　图 9-228